21 世纪高等学校规划教材精品系列

机械工业出版社精品教材

机械制造工艺与夹具

第 2 版

主　编　兰建设

副主编　吴　锐　余承辉　方长福　李成思

参　编　庞建跃　董泽坤　顾善明　赵丹阳

　　　　刘才勇　任丕顺　侯勇强

主　审　徐政坤

机械工业出版社

本书的内容符合高等职业教育的发展方向和培养目标,具有精练清晰、重点突出和适用性强的特点,同时力求做到文字叙述简明扼要、通俗易懂,侧重理论联系实际和具体应用。

全书共分 7 章,主要内容有:机械加工工艺规程及工件的装夹,典型零件加工,机床专用夹具,机械加工精度,机械加工表面质量,机械装配工艺基础和先进制造技术简介。各章均附有复习思考题。

本书可作为各类高等职业院校、普通专科学校机械制造类、数控技术应用、模具设计与制造等专业的教材,也可供工程技术人员参考。

为方便教学,本书配有电子课件、习题答案等教学资源。凡选用本书作为教材的教师均可登录机械工业出版社教育服务网 www.cmpedu.com 注册后免费下载。如有问题请致信 cmpgaozhi@sina.com,或致电 010-88379375 联系营销人员。

图书在版编目(CIP)数据

机械制造工艺与夹具/兰建设主编. —2 版. —北京:机械工业出版社,2018.4(2023.1 重印)

21 世纪高等学校规划教材精品系列

ISBN 978-7-111-59692-9

Ⅰ.①机… Ⅱ.①兰… Ⅲ.①机械制造工艺-高等职业教育-教材②机床夹具-高等职业教育-教材 Ⅳ.①TH16②TG75

中国版本图书馆 CIP 数据核字(2018)第 077492 号

机械工业出版社(北京市百万庄大街 22 号 邮政编码 100037)
策划编辑:赵志鹏 责任编辑:陈 宾 赵志鹏
责任校对:佟瑞鑫 肖 琳 封面设计:鞠 杨
责任印制:郜 敏
中煤(北京)印务有限公司印刷
2023 年 1 月第 2 版第 5 次印刷
184mm×260mm·14.75 印张·359 千字
标准书号:ISBN 978-7-111-59692-9
定价:46.00 元

电话服务 网络服务
客服电话:010-88361066 机 工 官 网:www.cmpbook.com
　　　　　010-88379833 机 工 官 博:weibo.com/cmp1952
　　　　　010-68326294 金 书 网:www.golden-book.com
封底无防伪标均为盗版 机工教育服务网:www.cmpedu.com

第 2 版前言

根据目前高等职业教育的发展要求,以增强实用性、提高应用能力和综合素质为目的,在认真总结和充分吸收高职高专"机械制造工艺与夹具"课程教学发展与改革成功经验的基础上编写了本书。

本书的特点有:

1. 将"机械制造工艺学"和"机床夹具设计"的知识有机结合起来,达到课程综合化的目的,提高学生综合素质,培养学生综合应用工艺理论和夹具设计原理解决实际问题的能力。

2. 本书在内容上贯彻理论联系实际、少而精的原则,以讲清概念、强化应用为重点,强调基本理论在实践中的应用。

3. 全书采用最新国家标准,在内容表达上力求通俗易懂。

4. 各章节均附有复习思考题。全书还配有习题参考答案,以方便读者进行自学,更好地理解和掌握所学的知识,培养分析问题和解决问题的能力。

本书由河南工业职业技术学院兰建设主编(第1章),洛阳理工学院吴锐(第1章)、安徽水利水电职业技术学院余承辉(第1章)、常州轻工职业技术学院方长福(第4章)、河南工业职业技术学院李成思(第1章、习题答案及电子课件)为副主编;参与编写的还有太原理工大学长治学院庞建跃(第5章)、靖江市工业学校董泽坤(第2章)、江苏省无锡交通高等职业技术学校顾善明(第6章)、大连理工大学赵丹阳(第2章)、佳木斯大学刘才勇(第2章)、湖南机电职业技术学院任丕顺(第3章)、辽宁机电职业技术学院侯勇强(第7章)。本书由张家界航空工业职业技术学院徐政坤主审。

本书在编写及修订过程中参考了大量的文献资料,也得到了出版社和兄弟院校的支持,在此一并表示真诚的谢意。由于编者水平有限,书中难免有一些疏漏和不足,恳请广大读者批评指正。

编 者

目　录

绪 论

1. 机械制造工艺与夹具在机械制造工业中的作用

机械制造工业是国民经济最重要的部门之一，是一个国家或地区经济发展的支柱产业，其发展水平标志着该国家或地区的经济实力、科技水平、生活水准和国防实力。机械制造工业是制造农业机械、动力机械、运输机械、矿山机械等机械产品的工业生产部门，也是为国民经济各部门提供冶金机械、化工设备和工作母机等装备的部门。机械制造业是国民经济的"装备部"，是为国民经济提供装备和为人民生活提供耐用消费品的产业。不论是传统产业，还是新兴产业，都离不开各种各样的机械装备。机械制造业的生产能力和发展水平标志着一个国家或地区国民经济现代化的程度，而机械制造业的生产能力主要取决于机械制造装备的先进程度，产品性能和质量的好坏则取决于制造过程中工艺水平的高低。将设计图样转化成产品，离不开机械制造工艺与夹具，因而它是机械制造业的基础，是生产高科技产品的保障。离开了它，就不能开发制造出先进的产品和保证产品质量，不能提高生产率、降低成本和缩短生产周期。

2. 机械制造工艺技术的现状和发展

机械制造工艺技术是在人类生产实践中产生并不断发展的。在20世纪50年代"刚性"生产模式下，通过大量使用的专用设备和工装夹具，提高生产率和加工的自动化程度，进行单一或少品种的大批量生产，以"规模经济"实现降低成本和提高质量的目的。在70年代主要通过改善生产过程管理来进一步提高产品质量和降低成本。到了80年代，则较多地采用数控机床、机器人、柔性制造单元和系统等高技术的集成来满足产品个性化和多样化的要求，以满足社会各消费群体的不同要求。从20世纪90年代开始，机械制造工艺技术向着高精度、高效率、高自动化发展。精密加工精度已经达到亚微米级，而超精密加工已经进入 $0.01\mu m$ 级。传统的机械制造过程是一个离散的生产过程，它是以制造技术为核心的一个狭义的制造过程。随着科学技术的发展，传统的机械制造技术与计算机技术、数控技术、微电子技术、传感技术等相互结合，形成了以系统性、设计与工艺一体化、精密加工技术、产品生命全过程制造和人、组织、技术三结合为特点的先进制造技术，其涉及的领域可概括为与新技术、新工艺、新材料和新设备有关的几项制造技术和与生产类型有关的综合自动化技术两方面，其发展方向主要体现在制造系统的自动化、工程与微型机械精密加工、特种加工、表面工程技术、快速成型制造（RPM）、智能制造技术、敏捷制造、虚拟制造、精良生产、清洁生产等方面。

3. "机械制造工艺与夹具"课程的性质、研究内容、任务及学习方法

"机械制造工艺与夹具"课程是以机械制造中的工艺和工装设计问题为研究对象的一门应用型技术课程。所谓工艺，是使各种原材料、半成品成为产品的方法和过程；机械制造工艺是各种机械制造方法和过程的总称。在生产过程中，准确、迅速、方便、安全地安装工件的工艺装备，称为夹具。所谓制造技术学科就是在深入了解实际的基础上，利用各种基础理论知识（如数学、物理、化学、力学、机械原理和金属切削原理等），经过实事求是地分析

对比，找出客观规律，解决面临的工艺问题的学科。

机械制造工艺的内容极其广泛，它包括零件的毛坯制造、机械加工及热处理和产品的装配等方面。"机械制造工艺与夹具"课程的研究范围主要是零件的机械加工及加工过程中工件的装夹和产品的装配两个方面。"机械制造工艺与夹具"课程所研究的内容涉及百余种行业，产品品种成千上万，但是研究的工艺问题则可归纳为质量、生产率和经济性三类。

（1）保证和提高产品的质量　产品质量包括整台机械的装配精度、使用性能、使用寿命和可靠性，以及零件的加工精度和加工表面质量。由于宇航、精密机械、电子工业和国防工业的需要，对零件的精度和表面质量的要求越来越高，相继出现了各种新工艺和新技术，如精密加工、超精密加工和微细加工等，加工精度由 $1\mu m$ 级提高到 $0.1 \sim 0.01\mu m$ 级，目前正在向纳米（$0.001\mu m$）级精度迈进。

（2）提高劳动生产率　提高劳动生产率的方法，一是提高切削用量，采用高速切削、高速磨削和重磨削。近年来出现的聚晶金刚石和聚晶立方氮化硼等新型刀具材料，其切削速度可达 1200m/min；高速磨削的磨削速度可达 200m/s。重磨削是高效磨削的发展方向，它包括大进给、深切进给的强力磨削，荒磨和切断磨削等。二是改进工艺方法，创造新工艺。例如，利用锻压设备实现少无切削加工，对高强度、高硬度的难切削材料采用特种加工等。三是提高自动化程度，实现高度自动化。

（3）降低成本　降低成本的新途径有研究新材料，合理使用和改进现有设备，研制新的高效设备等。

对上述三类问题要辩证地，全面地进行分析。要在满足质量要求的前提下，不断提高劳动生产率和降低成本。以优质、高效、低耗的工艺去完成零件的加工和产品的装配，这样的工艺才是合理的和先进的工艺。

"机械制造工艺与夹具"课程是机械类各专业的一门主要专业课。通过本课程的学习（包括课堂理论教学、现场教学、实验和习题等）及相关实践教学环节（如生产实习和课程设计等）的训练，使学生初步具备分析和解决工艺技术问题的能力。具体有以下三点要求：

1）掌握机械制造工艺的基本理论（包括定位和基准的理论、工艺和装配尺寸链理论、加工精度和误差分析理论、表面质量和机械振动理论等）和夹具设计方法及典型结构，注重建立基本概念和理论的具体应用，学会对较复杂零件进行工艺分析和夹具设计的方法。

2）具有制定中等复杂零件的机械加工工艺规程，设计夹具，制定一般产品的装配工艺规程和主管产品工艺的初步能力。

3）树立生产制造系统的观点，了解先进制造技术的新成就、发展方向和一些重要的先进制造技术，以扩大视野、开阔思路、提高工艺设计水平，使毕业生具有较强的专业竞争力及就业能力。

本课程涉及工艺理论中最基本的内容，无论工艺水平发展到何种程度，都和这些基本内容有着密切的关系。因此，要掌握最基本的内容，为今后通过工作实践和继续学习，不断增加工艺知识和提高分析、解决工艺等制造技术问题的能力打好基础。

4. 本课程的特点和学习方法

（1）实践性强　本学科的内容来自生产和科研实践，而工艺理论的发展又促进和指导生产的发展。学习工艺学的目的在于应用，在于提高工艺水平。因此，要多下工厂、多实践，要重视试验、生产实习和专业实习。有了一定的感性知识，就容易理解和掌握工艺学的概念、理论和方法。在学习过程中，要着重理解和掌握基本概念及其在实际中的应用，要多做习题和思考题，要重视课程设计。

（2）涉及面广、内容丰富　传统的制造技术本来面就很广，涉及各类制造方法和过程，从毛坯制造、热处理到机械加工、表面处理和装配，还涉及设备及工艺装备等"硬件"。先进制造技术还要涉及产品设计、管理和市场甚至经济学等人文学科。各学科间相互渗透、结合、互补和促进是现代科学技术的特点和发展趋势，人才培养必须适应这种要求。课程在理论上和内容体系上要不断改革和完善，要进行多种而不是一种课程组合方案的试验研究。学习时要善于综合运用已学过的基础知识和专业知识，如金属工艺学、机械工程材料、计算机应用技术、电工电子学、检测技术、金属切削原理、工艺装备、液压与气动、金属切削机床、企业管理与技术经济等。此外，还要更深入地接触社会，了解我国的经济政策和亚洲及世界的经济形势，拓宽知识面。这也是制造业全球战略的需要。

（3）灵活多变　机械制造工艺学是制造技术学科中的核心内容，属"软技术"范畴，特别是工艺理论和工艺方法的应用灵活性很大。必须根据具体条件和情况实事求是地进行辩证的分析。要多学点辩证法，学会抓主要矛盾和矛盾的主要方面，特别要注意矛盾和矛盾主要方面的转化。例如：设计和制造这样一对矛盾，一般情况下，设计是矛盾的主要方面，制造要服从设计，但是当情况特殊时，如市场竞争剧烈，要求迅速提供新品种时，矛盾的主要方面就会转化，把制造提到和设计并列的地位，甚至强调设计适应制造。这种符合辩证观点的灵活多变，根本目的是为了适应企业的根本利益。

第1章 机械加工工艺规程及工件的装夹

1.1 基本概念

1.1.1 生产过程和工艺过程

机械产品制造时，将原材料转变为成品的全过程，称为生产过程。对于结构比较复杂的机械产品，其生产过程主要包括：

1) 生产技术准备过程 产品投入生产前的各项生产和技术准备工作。如产品的试验研究和设计、工艺设计和专用工艺装备的设计与制造、各种生产资料的准备以及生产组织等。

2) 毛坯的制造过程 如铸造、锻造和冲压等。

3) 零件的各种加工过程 如机械加工、焊接、热处理和其他表面处理等。

4) 产品的装配过程 包括部装、总装、调试和涂装等。

5) 各种生产服务活动 如生产中原材料、半成品和工具的供应、运输、保管以及产品的包装和发运等。

在现代工业生产中，一台机器的生产往往是由许多工厂以专业化生产的方式合作完成的。这时，某工厂所用的原材料，却是另一工厂的产品。例如，制造汽车时，汽车上的轮胎、仪表、电器元件、液压元件甚至发动机等许多零部件都是由专业厂协作生产，由汽车厂完成关键零部件的生产，并装配成完整的产品——汽车。产品按专业化组织生产后，各有关工厂的生产过程就比较简单，有利于保证质量、提高生产率和降低成本。

在机械产品的生产过程中，对于那些与原材料变为成品直接有关的过程，如毛坯制造、机械加工、热处理和装配等，称为工艺过程。采用机械加工的方法，直接改变毛坯的形状、尺寸和表面质量，使之成为产品零件的过程称为机械加工工艺过程。

1.1.2 工艺过程的组成

在机械加工工艺过程中，根据被加工零件的结构特点和技术要求，常需要采用各种不同的加工方法和设备，并通过一系列加工步骤，才能将毛坯变成零件。因此，机械加工工艺过程是由一个或若干个顺次排列的工序组成的，而工序又可细分为若干个工步、装夹和进给。

(1) 工序 工序是指一个或一组工人，在一个工作地，对一个或同时对几个工件所连续完成的那部分工艺过程。工序是工艺过程的基本单元。

区分工序的主要依据，是工作地（或设备）是否变动，零件加工的工作地变动后，即构成另一工序。例如图 1-1 所示的阶梯轴，当加工数量较少时，其加工工艺及工序划分如表 1-1 所示。当加工数量较多时，其工序划分如表 1-2 所示。

工序不仅是制定工艺过程的基本单元，也是制定劳动定额、配备工人、安排作业计划和进行质量检验的基本单元。

（2）工步与进给 在一个工序内，往往需要采用不同的刀具和切削用量对不同的表面进行加工。为了便于分析和描述工序的内容，工序还可进一步划分工步。工步是指加工表面（或装配时的连接表面）和加工（或装配）工具不变的情况下，所连续完成的那一部分工序。一个工序可包括几个工步，也可以只包括一个工步。例如，在表 1-2 的工序 2 中，包括有粗精车外圆表面及切槽等工步，而工序 3 当采用键槽铣刀铣键槽时，就只包括一个工步。

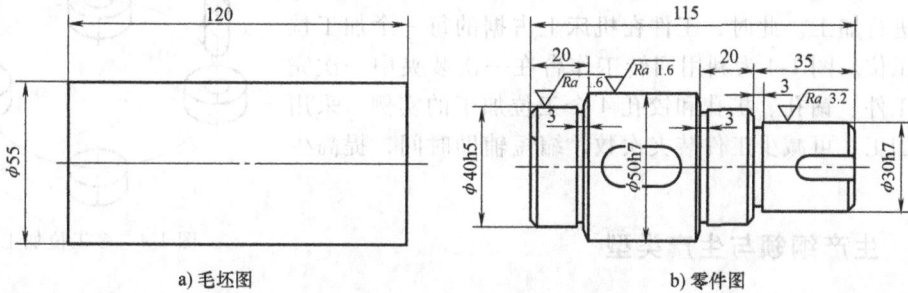

a) 毛坯图

b) 零件图

图 1-1 阶梯轴

表 1-1 阶梯轴加工工艺过程（单件小批生产）

工序号	工 序 内 容	设 备
1	车端面、钻中心孔、车全部外圆、切槽与倒角	车床
2	铣键槽、去毛刺	铣床
3	磨外圆	外圆磨床

表 1-2 阶梯轴加工工艺过程（中批生产）

工序号	工 序 内 容	设 备
1	铣端面、钻中心孔	铣端面钻中心孔机床
2	车外圆、切槽与倒角	车床
3	铣键槽	铣床
4	去毛刺	钳工台
5	磨外圆	外圆磨床

构成工步的任一因素（加工表面、刀具或切削用量）改变后，一般即变为另一工步。但是对于那些在一次安装中连续进行的若干相同的工步，为简化工序内容的叙述，通常多看作一个工步。例如，对于图 1-2 所示零件上 4 个 $\phi15$mm 孔的钻削，可写成一个工步——钻 $4 \times \phi15$mm 孔。

为了提高生产率，用几把刀具同时加工几个表面的工步，称为复合工步（见图 1-3）。在工艺文件上，复合工步应视为一个工步。

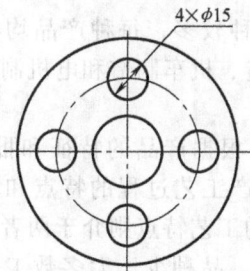

图 1-2 包括 4 个相同表面加工

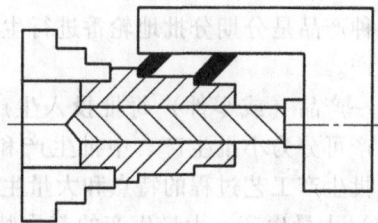

图 1-3 复合工步

在一个工步内，若被加工表面需切去的金属层很厚，需要分几次切削，则每进行一次切削就是一次进给。一个工步可包括一次或几次进给。

（3）装夹与工位 工件在加工之前，将工件在机床或夹具中定位、夹紧的过程称为装夹。在一个工序内，工件的加工可能只需要装夹一次，也可能需要装夹几次。例如，表 1-2 中的工序 3，一次装夹即铣出键槽，而工序 2 中，为车削全部外圆表面则最少需两次装夹。工件加工中应尽量减少装夹次数，因为多次装夹会增加装夹误差，而且还增加了装夹工件的辅助时间。

为了减少工件的装夹次数，常采用各种回转工作台、回转夹具或移位夹具，使工件在一次装夹中先后处于几个不同的位置进行加工。此时，工件在机床上占据的每一个加工位置称为工位。图 1-4 为利用回转工作台在一次装夹中一次完成装卸工件、钻孔、扩孔和铰孔 4 个工位加工的实例。采用多工位加工，可减少工件装夹次数，缩短辅助时间，提高生产效率。

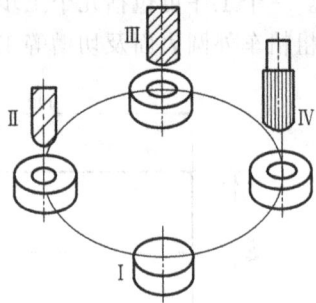

图 1-4　多工位加工

1.1.3　生产纲领与生产类型

产品（或零件）的生产纲领，是指企业在计划期内应当生产的产品产量和进度计划。计划期一般为一年。对于零件而言，除了制造机器所需的数量外，还应包括一定数量的备品和废品。

零件的生产纲领可按下式计算

$$N = Q \, n(1 + a\% + b\%)$$

式中　N——零件的生产纲领；

　　　Q——产品的生产纲领；

　　　n——每台产品中该零件的数量；

　　　a——备品的百分率（%）；

　　　b——废品的百分率（%）。

根据生产纲领和产品（或零件）的大小，机械制造业的生产可分为三种类型：单件生产，成批生产和大量生产。生产类型是指企业（或车间、工段、班组、工作地）生产专业化程度的分类。

（1）单件生产　单件生产的基本特点是生产的产品品种繁多，每种产品仅制造一个或少数几个，而且很少再重复生产。例如，重型机械产品制造和新产品试制时的生产都属于单件生产。

（2）成批生产　成批生产的基本特点是生产的产品品种较多，每种产品均有一定的数量，各种产品是分期分批地轮番进行生产。例如，机床制造、机车制造和电机制造等多属于成批生产。

同一产品（或零件）每批投入生产的数量称为批量。根据产品的特征和批量的大小，成批生产可分为小批生产、中批生产和大批生产。小批生产工艺过程的特点和单件生产相似，大批生产工艺过程的特点和大量生产相似，中批生产的工艺特点则介于两者之间。

（3）大量生产　大量生产的基本特点是产品的产量大，品种少，大多数工作地长期重复地进行某一零件的某一工序的加工。例如，汽车、拖拉机、轴承和自行车等的制造多属于大量生产。

生产类型不同，产品制造的工艺方法、所用的设备和工艺装备以及生产的组织均不相同。大批、大量生产采用高生产率的工艺及设备，经济效益好。单件、小批生产常采用通用设备及工装，生产率低，经济效果较差。各种生产类型的工艺特征见表 1-3。

表 1-3　各种生产类型的工艺特征

工艺特征＼生产类型	单件生产	成批生产	大量生产
毛坯的制造方法及加工余量	铸件用木模手工制造；锻件用自由锻。毛坯精度低，加工余量大	部分铸件用金属模；部分锻件用模锻。毛坯精度中等，加工余量中等	锻件广泛采用金属模锻，以及其他高生产率的毛坯制造方法。毛坯精度高，加工余量小
机床设备及其布置形式	采用通用机床。机床按类别和规格大小采用"机群式"排列布置	用部分通用机床和部分高生产率机床。机床按加工类别分工段排列布置	广泛采用高生产率的专用机床及自动机床。机床设备按流水线形式排列
夹　　具	多用标准附件，很少采用专用夹具，靠划线及试切法达到尺寸精度	广泛采用夹具，部分靠划线法达到加工精度	广泛采用高生产率夹具，靠夹具及调整法达到加工精度
刀具与量具	采用通用刀具与万能量具	较多采用专用刀具及专用量具	广泛采用高生产率刀具和量具
对工人的要求	需要技术精湛的工人	需要一定技术熟练程度的工人	对操作工人的技术要求较低，对调整工人的技术要求较高
工艺文件	有简单的工艺路线卡	有工艺规程，对关键零件有详细的工艺规程	有详细的工艺文件

生产类型的划分，主要取决于产品的复杂程度及生产纲领的大小。表 1-4 所列生产类型与生产纲领的关系，可供确定生产类型时参考。

表 1-4　生产类型和生产纲领的关系

生产类型	同类零件的年产量/件		
	重型（零件重大于 2000kg）	中型（零件重 100～2000kg）	轻型（零件重小于 100kg）
单件生产	<5	<20	<100
小批生产	5～100	20～200	100～500
中批生产	100～300	200～500	500～5000
大批生产	300～1000	500～5000	5000～50000
大量生产	>1000	>5000	>50000

1.1.4　机械加工工艺规程

工艺规程是规定产品或零部件制造工艺过程和操作方法等的工艺文件。机械加工工艺规程一般应包括下述内容：零件加工的工艺路线、各工序的具体加工内容、切削用量、工时定额以及所采用的设备和工艺装备等。

1. 工艺规程的作用

（1）工艺规程是指导生产的主要技术文件　合理的工艺规程是依据工艺理论和必要的工艺试验而制定的。按照工艺规程进行生产，可以保证产品的质量和较高的生产率和经济效果。因此，生产中一般应严格地执行既定的工艺规程。实践表明不按照科学的工艺进行生产，往往会引起产品质量的严重下降，生产率的显著降低，甚至使生产陷入混乱状态。

但是，工艺规程也不是固定不变的，工艺人员应注意总结工人的革新创造，及时地汲取国内外的先进工艺技术，对现行工艺不断地予以改进和完善，以便更好地指导生产。

（2）工艺规程是生产组织和管理工作的基本依据　由工艺规程所涉及的内容可以看出，在生产管理中，产品投产前原材料及毛坯的供应，通用工艺装备的准备，机床负荷的调整，专用工艺装备的设计和制造，作业计划的编排，劳动力的组织，以及生产成本的核算等，都是以工艺规程作为基本依据的。

（3）工艺规程是新建或扩建工厂或车间的基本资料　在新建或扩建工厂或车间时，只有根据工艺规程和生产纲领才能正确地确定生产所需的机床和其他设备的种类、规格和数量、车间的面积、机床的布置、生产工人的工种、技术等级及数量以及辅助部门的安排等。

因此，工艺规程是机械制造厂最主要的技术文件之一。

2. 工艺规程的格式

将工艺规程的内容，填入一定格式的卡片，即成为生产准备和施工依据的工艺文件，目前，工艺文件还没有统一的格式，各厂都是根据零件的复杂程度和生产类型自行确定，常见的有以下几种卡片：

（1）机械加工工艺过程卡　这种卡片主要列出了整个零件加工所经过的工艺路线（包括毛坯，机械加工和热处理等）。它是制定其他工艺文件的基础，也是生产技术准备、编制作业计划和组织生产的依据。在这种卡片中，由于各工序的说明不够具体，故一般不能直接指导工人操作，而多作为生产管理方面使用。在单件、小批生产中，通常不编制其他较详细的工艺文件，而是以这种卡片指导生产。因此，这种卡片（尤其对比较复杂的重要零件）应编制得比较详细。工艺过程卡（也称为工艺过程综合卡）的格式见表1-5。

表1-5　机械加工工艺过程卡

（单位）		机械加工工艺过程卡片		产品型号		零（部）件图号			共　页	
				产品名称		零（部）件名称			第　页	
材料牌号			毛坯种类		毛坯外形尺寸			每毛坯可制件数	每台件数	备注
工序号	工序名称	工　序　内　容				车间	工段	设备	工艺装备	工　时
										准终 | 单件
1										
2										
3										
4										
						编制（日期）	审核（日期）	会签（日期）		
标记	处记	更改	签字	日期	标记	处记	更改	签字	日期	

（2）机械加工工艺卡　工艺卡片是以工序为单位详细说明整个工艺过程的工艺文件。它是用来指导工人生产和帮助车间干部和技术人员掌握整个零件加工过程的一种主要技术文件，广泛用于成批生产的零件和小批生产中的重要零件。工艺卡的内容包括零件的工艺特性（材料、重量、加工表面及其精度和表面粗糙度等）、毛坯性质、各道工序的具体内容及加工要求等。工艺卡的格式见表1-6。

表 1-6　机械加工工艺卡

（单位）	机械加工工艺卡片		产品型号		零（部）件图号			共　页
（单位）	机械加工工艺卡片		产品名称		零（部）件名称			第　页
材料牌号		毛坯种类		毛坯外形尺寸		每毛坯可制件数	每台件数	备注
工序号	装卡	工步	工序内容	同时加工零件数	切削用量				设备名称及编号	工艺装备名称及编号				技术等级	工时定额	
工序号	装卡	工步	工序内容	同时加工零件数	背吃刀量/mm	切削速度/(m/min)	每分钟转数或往复次数	进给量/(mm/r)	设备名称及编号	夹具	刀具	量具	技术等级	单件	准终
1															
2															
3															
4															
							编制（日期）		审核（日期）		会签（日期）				
标记	处记	更改	签字	日期	标记	处记	更改	签字	日期						

（3）机械加工工序卡　工序卡片是用来具体指导工人进行操作的一种工艺文件。它是根据工艺卡片为每个工序制定的，多用于大批、大量生产的零件和成批生产中的重要零件。工序卡片中详细记载了该工序加工所必需的工艺资料，如定位基准的选择、工件的装夹方法、工序尺寸及公差以及机床、刀具、量具、切削用量的选择和工时定额的确定等。工序卡的格式见表1-7。

表 1-7　机械加工工序卡

（单位）	机械加工工序卡片	产品型号		零（部）件图号		共　页
（单位）	机械加工工序卡片	产品名称		零（部）件名称		第　页
材料牌号		毛坯种类	毛坯外形尺寸	每毛坯可制件数	每台件数	备注

	车间	工序号	工序名称	材料牌号
（工序图）				
	设备名称	设备编号		同时加工件数
	夹具编号		夹具名称	切削液
				工序工时
				准终	单件

工步号	工步内容	工艺装备	主轴转速/(r/min)	切削速度/(m/min)	进给量/(mm/r)	背吃刀量/mm	进给次数	工时定额	
工步号	工步内容	工艺装备	主轴转速/(r/min)	切削速度/(m/min)	进给量/(mm/r)	背吃刀量/mm	进给次数	机动	辅助
1									
2									
3									
			编制（日期）	审核（日期）	会签（日期）				
标记	处记	更改	签字	日期	标记	处记	更改	签字	日期

3. 制定工艺规程的步骤

1）分析研究零件图样，了解该零件在产品或部件中的作用，找出其要求较高的主要表面及主要技术要求，并了解各项技术要求制定的依据，审查其结构工艺性。

2）选择和确定毛坯。

3）拟订工艺路线。

4）详细拟订工序具体内容。

5）对工艺方案进行技术经济分析。

6）填写工艺文件。

1.2　零件的结构工艺性分析

在制定机械加工工艺规程前，首先要进行零件的结构工艺性分析。

1.2.1　零件的结构工艺性概念

零件结构工艺性是指零件在能满足设计功能和精度要求的前提下制造的可行性和经济性。它包括零件各个制造过程中的工艺性，如铸造、锻造、冲压、焊接、热处理、切削加工等工艺性。由此可见，零件结构工艺性涉及面很广，具有综合性，必须全面综合地分析。在制定机械加工工艺规程时，首先要进行零件的结构工艺性分析。

在不同的生产类型和生产条件下，同样结构的零件，其制造的可行性和经济性可能不同。例如图 1-5 所示双联斜齿轮，两齿圈之间的轴向距离很小，因而小齿圈不能用滚齿加工，只能用插齿加工。又因插斜齿需专用螺旋导轨，因而它的结构工艺性不好。若能采用电子束焊，先分别滚切两个齿圈，再将它们焊成一体，这样的结构工艺性就比较好，不但制造方便，生产率高，且能缩短齿轮间的轴向尺寸。由此可见，结构工艺性要根据具体的生产类型和生产条件来分析，它具有相对性。

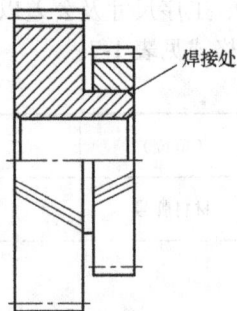

图 1-5　双联斜齿轮的结构

从上述分析可知，只有熟悉制造工艺、有一定实际经验并且掌握工艺理论，才能分析零件结构工艺性。

零件的结构工艺性分析，主要包括零件的尺寸和公差标注、零件的组成要素和零件的整体结构等三方面。

1.2.2　合理标注零件的尺寸、公差和表面粗糙度

零件图样上的尺寸和公差的标注对切削加工工艺性有较大的影响，它是零件结构工艺性的一个重要内容。

零件图样上的尺寸标注既要满足设计要求，又要便于加工。满足设计要求的尺寸，都是直接影响装配精度和使用性能的尺寸，但不一定完全符合工艺要求，要通过装配尺寸链的分析来标注。其余的尺寸（而且是大多数尺寸）则应按工艺要求标注，具体考虑以下几个方面。

（1）按照加工顺序标注尺寸，避免多尺寸同时保证　例如，图 1-6a 为齿轮轴零件的尺寸标注，端面 A 和 B 都要最终磨削。磨削 A 面后，同时获得尺寸 45mm 和 165mm；磨削 B

面后，同时获得尺寸 45mm、60mm 和 145mm。这两组尺寸中，都有一个尺寸可直接获得，其余尺寸则要进行工艺尺寸链换算才能获得。由工艺尺寸链理论可知，这将会增加零件的精度要求，故工艺性不好。若改成如图 1-6b 所示的尺寸标注，即两个 45mm 分别标成 120mm 和 100mm，并标注总长尺寸 370mm，则磨削端面 A 时，仅保证尺寸 165mm；磨削端面 B 时，仅保证尺寸 60mm，没有多尺寸同时保证问题，符合按照加工顺序标注尺寸，因而不必进行工艺尺寸链换算，不增加零件的加工难度，结构工艺性好。

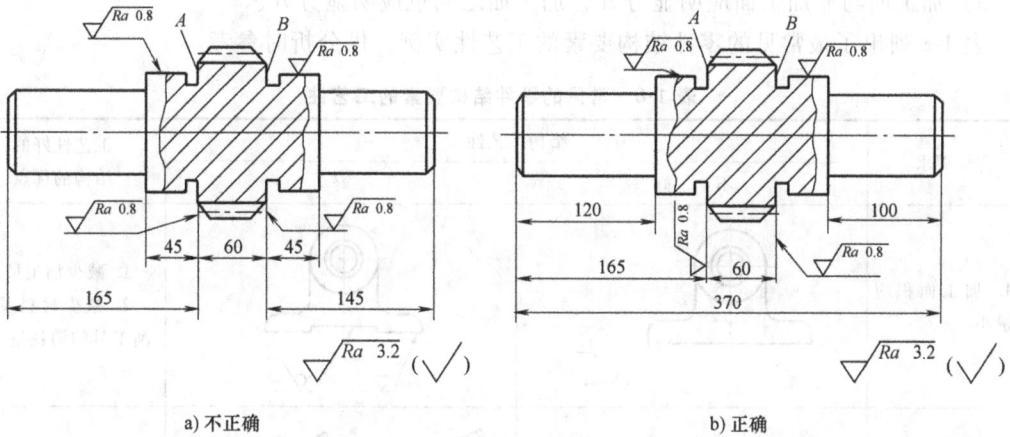

a) 不正确　　　　　　　　　　　　　　　　　b) 正确

图 1-6　按照加工顺序标注尺寸的实例

（2）由定位基准或调整基准标注尺寸，避免基准不重合误差　例如，图 1-7 是在多刀车床上加工阶梯轴时尺寸标注的实例。图 1-7a 所示阶梯轴以左端面为定位基准，紧靠在固定支承上，前顶尖轴向可以浮动。此时，零件上的轴向尺寸应以左端面为基准标注。若左端面距加工面较远，调整或测量不便时，可改用图 1-7b 所示以作为调整基准（即调整刀具位置的基准）的某轴肩为基准标注轴向尺寸，连接定位基准和调整基准。图 1-7a、b 所示两种方式标注尺寸，可避免基准不重合误差。

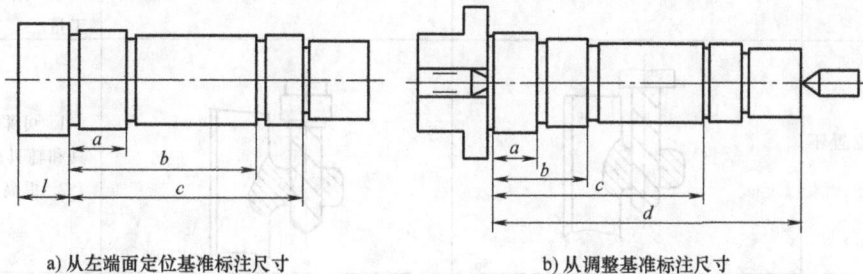

a) 从左端面定位基准标注尺寸　　　　　　　　b) 从调整基准标注尺寸

图 1-7　在多刀车床上加工阶梯轴的尺寸标注实例

（3）由形状简单和易接近的轮廓要素为基准标注尺寸，避免尺寸换算　若零件上的轮廓要素是平面或圆柱面，则应从这些表面标注尺寸。如果轮廓要素由一些复杂的不规则表面组成，则孔是较好的基准，由孔的中心线为基准标注尺寸。

零件上的尺寸公差、几何公差和表面粗糙度的标注，应根据零件的功能经济合理地决定，过高的要求会增加加工难度，过低的要求会影响工作性能，两者都是不允许的。

1.2.3　零件要素的工艺性

零件要素是指组成零件的各加工面。零件要素的工艺性会直接影响零件的工艺性。零件要素的切削加工工艺性归纳起来有以下三点要求：

1）各要素的形状应尽量简单，面积应尽量小，规格应尽量标准和统一。

2）能采用普通设备和标准刀具进行加工，且刀具易进入、退出和顺利通过加工表面。

3）加工面与非加工面应明显分开，加工面之间也应明显分开。

表 1-8 列出了最常见的零件结构要素的工艺性实例，供分析时参考。

表 1-8　常见的零件结构要素的工艺性

主要要求	结构工艺性		工艺性好的结构的优点
	不　好	好	
1. 加工面积应尽量小			1. 减少加工量 2. 减少材料及切削工具的消耗量
2. 钻孔的入端和出端应避免斜面			1. 避免刀具损坏 2. 提高钻孔精度 3. 提高生产率
3. 避免斜孔			1. 简化夹具结构 2. 几个平行的孔便于同时加工 3. 减少孔的加工量
4. 孔的位置不能距壁太近			1. 可采用标准刀具和辅具 2. 提高加工精度
5. 封闭平面有与刀具尺寸及形状相应的过渡面			1. 减少加工量 2. 采用高生产率的加工方法及标准刀具

（续）

主要要求	结构工艺性		工艺性好的结构的优点
	不　　好	好	
6. 槽与沟的表面不应与其他加工面重合		 $h>0.3\sim0.5$	1. 减少加工量 2. 改善刀具工作条件 3. 在已调整好的机床上有加工的可能性

1.2.4 零件整体结构的工艺性

零件是各要素、各尺寸组成的一个整体，所以更应考虑零件整体结构的工艺性，具体有以下五点要求：

1）尽量采用标准件、通用件、借用件和相似件。

2）有便于装夹的基准。例如图 1-8 所示车床小刀架，当以 C 面定位加工 A 面时，零件上为满足工艺的需要而在其上增设工艺凸台 B，就是便于装夹的辅助基准。

3）有位置要求或同方向的表面能在一次装夹中加工出来。

4）零件要有足够的刚度，便于采用高速和多刀切削。例如，图 1-9b 的零件有加强肋，图 1-9a 的零件无加强肋，显然是有加强肋的零件刚度好，便于高速切削，从而可提高生产率。

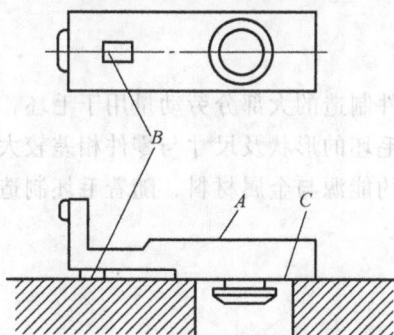

5）节省材料，减轻重量。

图 1-8　车床小刀架的工艺凸台
A—加工面　B—工艺凸台　C—定位面

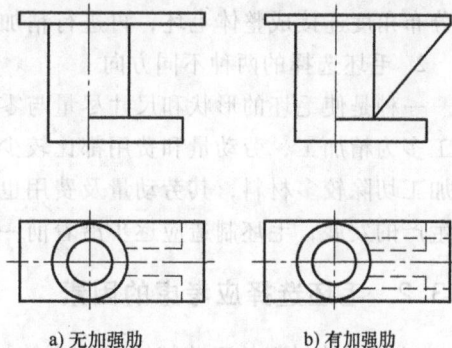

a) 无加强肋　　　b) 有加强肋

图 1-9　增设加强肋以提高零件刚性

1.3　毛坯的确定

在制定工艺规程时，正确地选择毛坯有着重大的技术经济意义。毛坯种类的选择，不仅影响着毛坯制造的工艺、设备及制造费用，而且对零件的机械加工工艺、设备和工具的消耗以及工时定额也都有很大的影响。因此，正确选择毛坯，需要毛坯制造和机械加工两方面的工艺人员紧密配合。

1.3.1　毛坯的种类及其选择

1. 机械加工中常见的毛坯

（1）铸件　形状复杂的毛坯，宜采用铸造方法制造。目前生产中的铸件大多数是用砂型铸造，少数尺寸较小的优质铸件可采用特种铸造（如金属型铸造，离心铸造和压力铸造等）。

（2）锻件　锻件有自由锻造锻件和模锻件两种。

自由锻造锻件，是在各种锻锤压力机上由手工操作而成形的锻件。这种锻件的精度低，加工余量大，生产率不高，且结构要简单，但锻造时不需要专用模具，适用于单件和小批生产，以及大型锻件的生产。

模锻件是用一套专用的锻模，在吨位较大的锻锤或压力机上锻出的锻件。这种锻件的精度、表面质量比自由锻造好，锻件的形状也可复杂一些，加工余量较小。模锻件的材料纤维组织分布比较有利，因而机械强度较高。模锻的生产率也高，适用于产量较大的中小型锻件。模锻后如再予以精压，则锻件的尺寸和形状可获得更高的精度。

（3）型材　机械制造中的型材按截面形状可分为圆钢、方钢、六角钢、扁钢、角钢、槽钢和其他特殊截面形状的型材。型材有热轧和冷拉两类。热轧型材尺寸较大，精度较低，多用于一般零件的毛坯；冷拉型材尺寸较小，精度较高，多用于毛坯精度要求较高的中小型零件，易实现自动送料，适宜于自动化加工。冷拉型材价格较贵，多用于批量较大的生产。

（4）组合毛坯　将铸件、锻件、型材或经局部机械加工的半成品组合在一起，也可作为机械加工的毛坯，组合的方法一般是焊接。例如，有些形状复杂的中小件，可用板材经冲压后焊成毛坯，一些大型机床底座也可先将板材或型材切下后焊成毛坯。有些零件先粗加工后再焊接成毛坯，如大型曲轴，先分段锻出各曲拐并将各曲拐粗加工，然后将各曲拐按规定的分布角度连接成整体毛坯，再进行精加工。

2. 毛坯选择的两种不同方向

一种是使毛坯的形状和尺寸尽量与零件接近，零件制造的大部分劳动量用于毛坯，机械加工多为精加工，劳动量和费用都比较少；另一种是毛坯的形状及尺寸与零件相差较大，机械加工切除较多材料，其劳动量及费用也较大。为节约能源与金属材料，随着毛坯制造专业化生产的发展，毛坯制造应逐步沿着前一种方向发展。

1.3.2　毛坯选择应考虑的因素

（1）零件材料的工艺特性（如可铸性及可塑性）及零件对材料组织和性能的要求　例如，铸铁和青铜不能锻造，只能选铸件；重要的钢质零件，为保证良好的力学性能，不论结构形状简单或复杂，均不宜直接选取轧制型材，而应选用锻件。

（2）零件的结构形状与外形尺寸　例如，常见各种阶梯轴，若各台阶直径相差不大，可直接选取圆棒料；若各台阶直径相差较大，为节约材料和减少机械加工的劳动量，则宜选择锻件毛坯。至于一些非旋转体的板条形钢质零件，一般则多为锻件。零件的外形尺寸对毛坯选择也有较大影响，如大型零件目前只能选择毛坯精度、生产率都比较低的砂型铸造或自由锻造的毛坯，中小型零件则可选择模锻及各种特种铸造的毛坯。

（3）生产纲领的大小　当零件的产量较大时，应选择精度和生产率都比较高的毛坯，这样用于毛坯制造的比较高的设备及装备费用，可以由材料消耗的减少和机械加工费用的降低来补偿。当零件的产量较小时，应选择精度和生产率较低的毛坯，如自由锻造锻件和手工造型生产的铸件等。

（4）现有生产条件　选择毛坯时，还要考虑现场毛坯制造的实际工艺水平、设备状况及外协的可能性和经济性。可能时应积极组织外部协作，这样既简化了本厂产品的制造和管理工作，又可促进全社会毛坯制造专业化生产的发展，从整体上取得较好的经济效益。

1.3.3　毛坯形状与尺寸

现代机械制造的发展趋势之一，是通过毛坯精化使毛坯的形状和尺寸尽量与零件接近，减少机械加工的劳动量，力求实现少、无屑加工。但是，由于现有毛坯制造工艺和技术的限制，加之产品零件的精度和表面质量的要求又越来越高，所以毛坯上某些表面仍需留有一定的加工余量，以便通过机械加工来达到零件的质量要求。毛坯尺寸和零件尺寸的差值称为毛坯加工余量，毛坯尺寸的公差称为毛坯公差。毛坯加工余量及公差同毛坯的制造方法有关，生产中可参照有关工艺手册和部门或企业的标准确定。

毛坯加工余量确定后，毛坯的形状和尺寸，除了将毛坯加工余量附加在零件相应的加工表面上之外，还要考虑毛坯制造、机械加工以及热处理等许多工艺因素的影响。下面仅从机械加工工艺角度来分析，在确定毛坯形状和尺寸时应注意的问题。

1）为了加工时工件装夹的方便，有些铸件毛坯需要铸出便于装夹的夹头，夹头在零件加工后再予以切除。

2）在机械加工中，有时会遇到一些像磨床主轴部件中的三瓦轴承、平衡砂轮用的平衡块以及车床进给系统中的开合螺母外壳（见图1-10）等零件。为了保证这些零件的加工质量，同时也为了加工方便，常将这些分离零件先作成一个整体毛坯，加工到一定阶段后再切割分离。

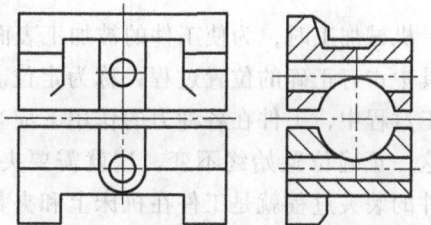

图 1-10　车床开合螺母外壳零件简图

3）为了提高零件机械加工的生产率，对于一些类似图1-11所示的需经锻造的小零件，可以将若干零件先合锻成零件毛坯，经平面加工后再切割分离成单个零件。显然，在确定毛坯的长度时，应考虑切割零件所用锯片铣刀的厚度和切割的零件数。

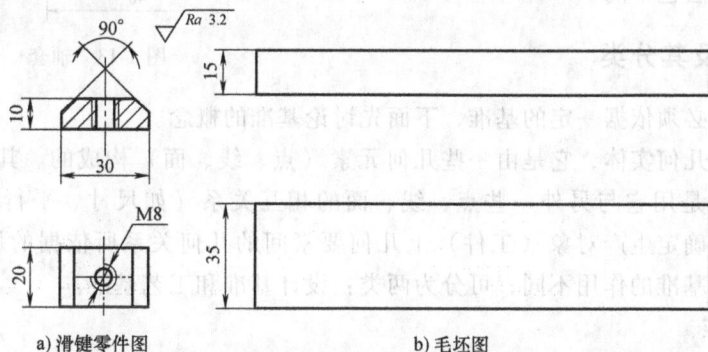

a) 滑键零件图　　　　　　b) 毛坯图

图 1-11　滑键的零件图与毛坯图

生产中，对于许多短小的轴套、垫圈和螺母等零件，在选择棒料、钢管及六角钢等为毛坯时都可采用上述方法，即采用较长的毛坯以提高机械加工的生产率。

4）为了减少工件装夹变形，确保加工质量，对一些薄壁环类零件，也应多件合成一个毛坯。图 1-12 为一薄环零件，毛坯可取一长的管料。毛坯装夹后，经过车外圆、切槽和套车分离成单件。这种方法既提高了生产率，零件加工中变形又很小，保证了加工质量。

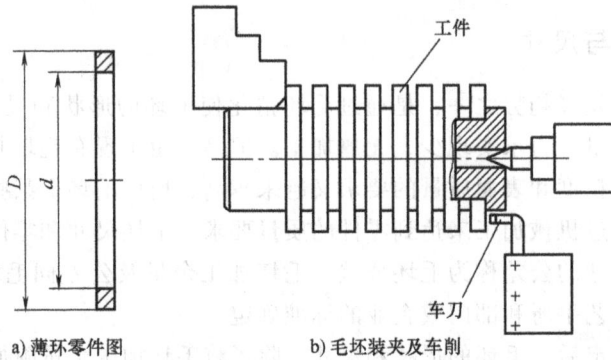

a) 薄环零件图　　　　b) 毛坯装夹及车削

图 1-12　薄环的整体毛坯及加工

1.4　工件的定位

机械加工时，为使工件的被加工表面获得规定的尺寸和位置要求，确定工件在机床上或夹具中占有正确的位置过程，称为定位。在加工过程中，工件在各种力的作用下应当保持这一正确位置始终不变，这就需要夹紧。工件的装夹过程就是工件在机床上和夹具中定位和夹紧的过程。工件在机床上装夹好以后，才能进行机械加工。工件的定位是通过定位基准与定位元件的紧密贴合接触来实现的，这就必须掌握基准的概念。不同的情况下工件的定位方法也不同。

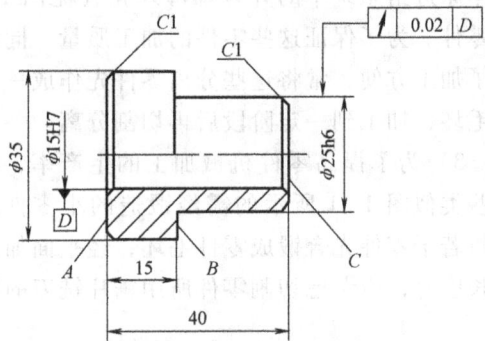

图 1-13　轴套

1.4.1　基准及其分类

工件装夹时必须依据一定的基准，下面先讨论基准的概念。

工件是一个几何实体，它是由一些几何元素（点、线、面）构成的。其上任何一个点、线、面的位置总是用它与另外一些点、线、面的相互关系（如尺寸、平行度、同轴度等）来确定的。用来确定生产对象（工件）上几何要素间的几何关系所依据的那些点、线、面叫做基准。根据基准的作用不同，可分为两类：设计基准和工艺基准。

1. 设计基准

在设计图样上所采用的基准为设计基准。如图 1-13 所示的轴套零件，外圆和内孔的设计基准是它们的中心线；端面 A 是端面 B、C 的设计基准；内孔的中心线是 φ25h6 外圆径向圆跳动的设计基准。

对于某一个位置要求（包括两个表面之间的尺寸或者位置精度）而言，在没有特殊指明的情况下，它所指向的两个表面之间常常是互为设计基准的。如图 1-13 中，对于尺寸40mm 来说，A 面是 C 面的设计基准，也可以认为 C 面是 A 面的设计基准。

零件上某一点、线、面的位置常由好几个尺寸或几何公差来确定，此时对应于每一个要求便有一个设计基准。

2. 工艺基准

在工艺过程中所采用的基准，称为工艺基准。按其用途不同工艺基准又可分为定位基准、测量基准、装配基准和工序基准。

（1）定位基准　在加工中用作定位的基准，称为定位基准。定位基准一般是由工艺人员选定的，它对于获得零件加工后的尺寸和位置精度，起着重要作用。关于这方面的内容，后面将有详细的介绍，此处不再详述。

（2）测量基准　测量工件时所采用的基准，称为测量基准。如图 1-13 所示，工件以内孔套在心轴上测量外圆 φ25h6 的径向圆跳动，则内孔为外圆的测量基准；用卡尺测量尺寸15mm 和 40mm，表面 A 是表面 B、C 的测量基准。

（3）装配基准　装配时用来确定零件或部件在产品中的相对位置所采用的基准，称为装配基准。如箱体零件的底面、主轴的轴颈以及齿轮的孔和端面等。

（4）工序基准　在工序图上用来确定本工序所加工表面加工后的尺寸、形状、位置的基准称为工序基准。工序基准应当尽量与设计基准相重合，当考虑定位或试切测量方便时也可以与定位基准或测量基准相重合。

1.4.2　工件的定位方法

根据定位的特点不同，工件在机床上的定位一般有三种方法：直接找正法、划线找正法和夹具安装法。

（1）直接找正法　工件定位时，用量具或量仪直接找正工件上某一表面，使工件处于正确的位置，称为直接找正装夹。在这种装夹方式中，被找正的表面就是工件的定位基准。如图 1-14 所示的套筒零件，为了保证磨孔时的加工余量均匀，先将套筒预夹在单动

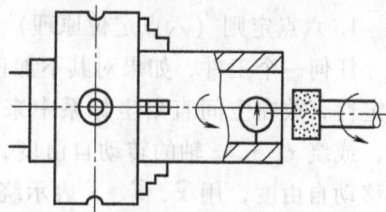

图 1-14　直接找正装夹

卡盘中，用划针或百分表找正内孔表面，使其中心线与机床回转中心同轴，然后夹紧工件。此时定位基准就是内孔而不是支承表面外圆。

这种装夹方式的定位精度与所用量具的精度和操作者的技术水平有关，找正所需的时间长，结果也不稳定，只适用于单件、小批生产。但是当工件加工要求特别高，而又没有专门的高精度设备或装备时，可以采用这种方式。此时必须由技术熟练的工人使用高精度的量具仔细地操作。

（2）划线找正法　这种装夹方式是先按加工表面的要求在工件上划线，加工时在机床上按线找正以获得工件的正确位置。图 1-15 为在牛头刨床上按划线找正装夹。找正时可在工件底面垫上适当的样片或铜片以获得正确的位置，也可将工件支承在几个千斤顶上，通过

调整千斤顶的高低以获得工件的正确位置。此时支承工件的底面不起定位作用，定位基准即为所划的线。此法受到划线精度的限制，定位精度比较低，多用于批量较小、毛坯精度较低以及大型零件的粗加工中。

（3）在夹具上定位　机床夹具是指在机械加工工艺过程中用以装夹工件的机床附加装置。常用的有通用夹具和专用夹具两种。车床的自定心卡盘和铣床的机用平口虎钳便是最常用的通用夹具。图 1-16 所示的钻模是专用夹具的一个例子。从图可以看出，工件 4 以其内孔为定位基准套在夹具定位销 2 上定位，用螺母和压板夹紧工件，钻头通过钻套 3 引导，在工件上钻孔。

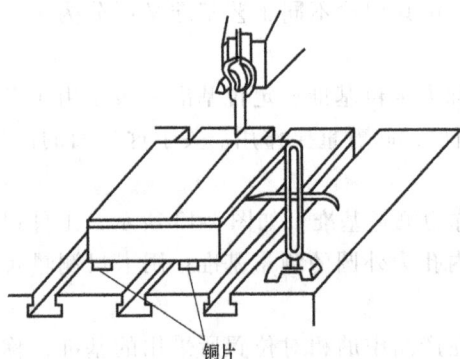

图 1-15　划线找正装夹

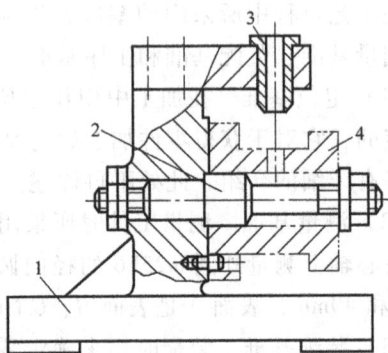

图 1-16　用钻模装夹工件
1—夹具体　2—定位销　3—钻套　4—工件

使用夹具装夹时，工件在夹具中迅速而正确地定位与夹紧，不需找正就能保证工件与机床、刀具间的正确位置。这种方式生产率高、定位精度好，广泛用于成批以上生产和单件、小批生产的关键工序中。专用夹具的设计原理和方法将在后面的章节中叙述。

1.4.3　工件定位的基本原理

1. 六点定则（六点定位原理）

任何一个工件，如果对其不加任何限制，那么，它的位置都是不确定的。这种位置的不确定性，放在空间直角坐标系中来描述，具有 6 个自由度。即：沿 x、y、z 轴的移动自由度，或绕 x、y、z 轴的转动自由度，如图 1-17 所示。分别用 $\vec{x}$、$\vec{y}$、$\vec{z}$ 表示沿 x、y、z 轴的移动自由度，用 $\hat{x}$、$\hat{y}$、$\hat{z}$ 表示绕 x、y、z 轴的转动自由度。

工件的定位，就是使得工件占据一致的正确的位置，实质上是限制工件的 6 个自由度。如图 1-18 所示，在空间直角坐标系的 xOy 面上布置 3 个支承点（1）、（2）、（3），使工件的底面与 3 点保持接触，则这 3 个点就限制了工件的 $\vec{z}$、$\hat{x}$、$\hat{y}$ 3 个自由度。同样的道理，在 zOx 面上布置 2 个支承点（4）、（5）与工件接触，就限制了工件的 $\vec{y}$、$\hat{z}$ 2 个自由度。在 zOy 面上布置 1 个支承点（6）与工件接触，就限制了工件的 $\hat{x}$ 1 个自由度。

在工件定位时，通常用 1 个支承点限制工件的 1 个自由度，用合理分布的 6 个支承点限制工件的 6 个自由度，使工件的位置完全确定。这种定位原则称作"六点定则"。

需要注意的是，底面上布置的 3 个支承点不能在一条直线上，且 3 个支承点所形成的三角形的面积越大越好。侧面上 2 个支承点所形成的连线不能垂直于 3 点所形成的平面，且 2

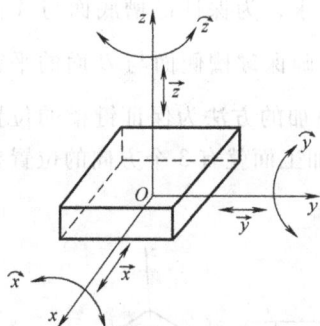

图 1-17　工件的 6 个自由度

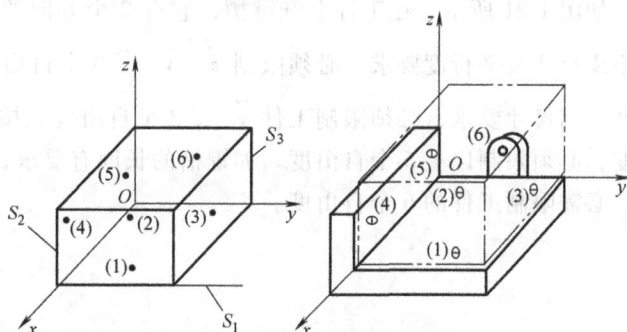

图 1-18　定位支承点分布

个点的连线越长越好。

　　"六点定则"可应用于任何形状、任何类型的工件，具有普遍的意义。无论工件的形状和结构有何不同，它们的 6 个自由度都可以用 6 个支承点限制，只是 6 个支承点的分布形式不同罢了。在夹具结构中，支承点是以定位元件来体现的。

　　欲使图 1-19a 所示轴类零件在坐标系中取得完全确定的位置，把支承钉按图 1-19b 所示分布，则支承钉 (1)、(2)、(3)、(4) 限制了工件的 $\vec{y}$、$\vec{z}$、$\widehat{y}$、$\widehat{z}$ 4 个自由度，支承钉 (5) 限制了工件的 $\widehat{x}$ 自由度，支承钉 (6) 限制了工件的 $\vec{x}$ 自由度。

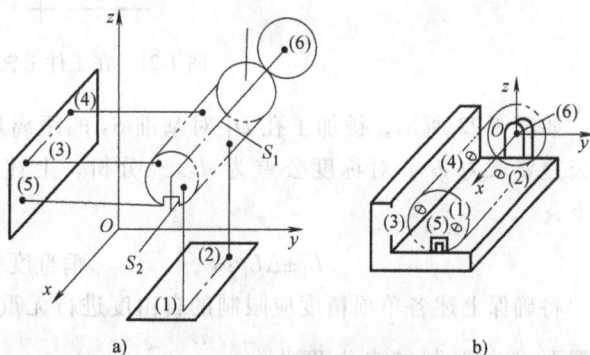

图 1-19　轴类零件六点定位

　　欲使图 1-20a 所示盘类零件在坐标系中取得完全确定的位置，把支承钉按图 1-20b 所示分布，则支承钉 (1)、(2)、(3) 限制了工件的 $\vec{z}$、$\widehat{x}$、$\widehat{y}$ 3 个自由度，支承钉 (4)、(5) 限制了工件的 $\vec{x}$、$\vec{y}$ 2 个自由度，支承钉 (6) 限制了工件的 $\widehat{z}$ 自由度。

　　2. 限制工件自由度与加工要求的关系

　　工件应被限制的自由度与工件被加工面的位置要求存在对应关系。工件应被限制的自由度数目与工件被加工面存在几个方位的位置要求有相应的关系。当被加工面只有 1

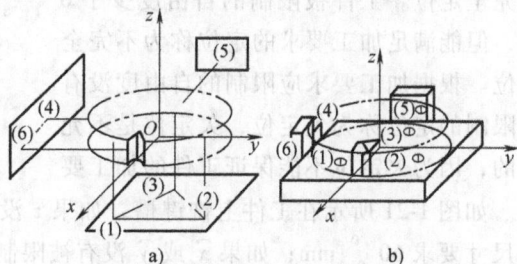

图 1-20　盘类零件六点定位

个方向的位置要求时，需要限制工件的 3 个自由度；当被加工面有 2 个方向的位置要求时，需要限制工件的 5 个自由度；当被加工面有 3 个方向的位置要求时，需要限制工件的 6 个自由度。另外，为确保被加工要素对基准要素的距离尺寸要求，所限制的自由度与工件定位基准的形状有关，而几何公差要求所需限制的自由度与被加工要素及基准要素的形状均有关系。其具体确定方法是：独立拟出确保各单项距离尺寸或几何公差要求而应限制的自由度后，再按综合叠加但不重复的方法便可得到确保多项精度要求应限制的自由度数。

如图 1-21 所示，在工件上铣键槽，它有 2 个方向的位置要求，为保证键槽底面与 A 面的距离尺寸及平行度要求，必须限制 $\vec{z}$、$\hat{y}$、$\hat{z}$ 3 个自由度。为确保键槽侧面与 B 面的平行度及距离尺寸要求，必须限制工件 $\vec{y}$、$\hat{z}$ 2 个自由度。按综合叠加的方法为保证键槽的位置精度，必须限制以上 5 个自由度。如键槽的长度有要求，则被加工面就有 3 个方向的位置要求，必需限制工件的 6 个自由度。

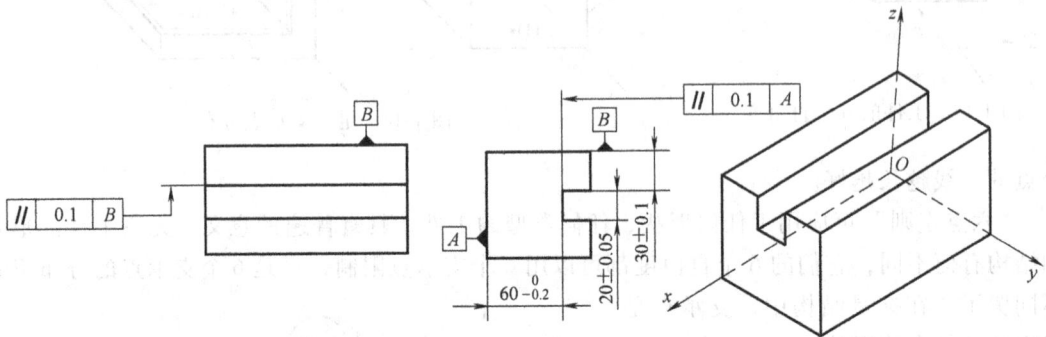

图 1-21　在工件上铣键槽

如图 1-22 所示，被加工孔 D_1 对基准 S_2 的距离尺寸要求为 $L_1 \pm \Delta L_1$；对基准 S_1 的垂直度公差要求为 ϕ_z，对称度公差为 d。经分析，上述各单项位置精度要求应限制的自由度如下：

$$L_1 \pm \Delta L_1 : \vec{x}、\vec{y}、\hat{z} \qquad 垂直度：\hat{y} \qquad 对称度：\vec{y}$$

将确保上述各单项精度应限制的自由度进行无重复叠加，可以得到确保被加工几何要素位置要求应限制的自由度为 $\vec{x}$、$\vec{y}$、$\hat{y}$、$\hat{z}$ 4 个自由度。

工件的 6 个自由度都被限制的定位称为完全定位。工件被限制的自由度少于 6 个，但能满足加工要求的定位称为不完全定位。根据加工要求应限制的自由度没有被限制的定位称为欠定位，欠定位是不允许的，因为欠定位不能保证工件的加工要

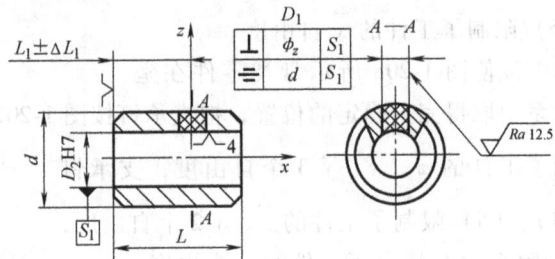

图 1-22　在工件上钻孔

求。如图 1-21 所示在工件上铣键槽，如果 z 没有被限制，就不能保证键槽底面与 A 面的距离尺寸要求 $60_{-0.2}^{\ 0}$ mm；如果 $\hat{x}$ 或 $\hat{y}$ 没有被限制，就不能保证键槽底面与 A 面的平行度要求。

3. 正确处理重复定位

2 个或 2 个以上的定位元件同时限制工件的同一个自由度称为重复定位，又称为过定位。

图 1-23 为插齿时常用的夹具。工件 3 以内孔在心轴 1 上定位，限制工件 $\vec{x}$、$\vec{y}$、$\hat{x}$、$\hat{y}$ 4 个自由度；又以端面在支承凸台 2 上定位，限制工件 $\vec{z}$、$\hat{x}$、$\hat{y}$ 3 个自由度，其中，$\hat{x}$、$\hat{y}$ 被重复限制，属重复定位。为了提高齿轮分度圆与齿轮内孔的同轴度，齿坯内孔与心轴的配合间隙很小，当齿坯内孔与端面的垂直度误差较大时，工件的定位将如图 1-24 所示，齿坯

端面与凸台只有一点接触。夹紧后，不是心轴变形就是工件变形，影响加工精度，因此，这种重复定位是不允许的。

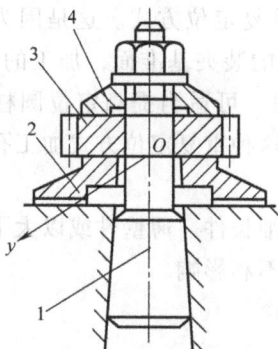

图 1-23　插齿夹具

1—心轴　2—支承凸台　3—工件　4—压板

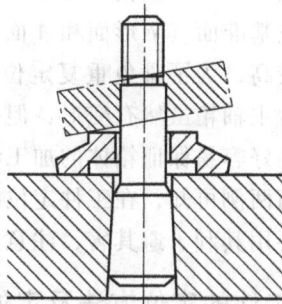

图 1-24　内孔与端面垂直度误差
较大时齿坯定位情况

防止重复定位的方法有以下两种。

（1）改变定位装置结构　如图 1-25 所示，使用球面垫圈，去掉重复限制 $\hat{x}$、$\hat{y}$ 2 个自由度的支承点，避免了重复定位。定位装置的结构改变后，即使齿坯内孔与端面的垂直度误差较大，工件或心轴也不会在夹紧力的作用下变形。但增加球面垫圈后，夹具的结构复杂了，结构刚度也差了。

（2）提高工件定位基准之间与定位元件之间的方向精度　在图 1-24 所示夹具中，如果齿坯内孔与端面的垂直度误差与夹具心轴与凸台的垂直度误差之和，小于或等于心轴与齿坯内孔之间的间隙，那么，工件在夹具上定位时，就不会出现图 1-24 的情况。工件和夹具有关表面的方向精度提高后，虽然仍是重复定位，但工件或心轴就不会在夹紧力的作用下变形，而且定位精度高、刚度好，因此，这种定位方式在生产实践中应用比较广泛。

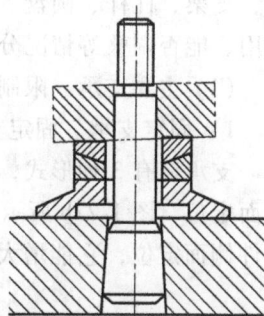

图 1-25　改变定位装置
结构避免重复定位

由于齿坯内孔与端面可在同一次装夹中车出，垂直度误差很小，心轴的制造精度更高，所以，在插齿和滚齿夹具上，都采用图 1-23 所示的方法。

图 1-26 为主轴箱孔系加工时的定位简图。两个短圆柱 1 限制工件的 4 个自由度，长条支承板 2 限制 2 个自由度，挡销 3 限制 1 个自由度，$\hat{y}$ 被重复限制了，是重复定位。当主轴箱在夹具上定位时，会出现长条支承板只有一端与工

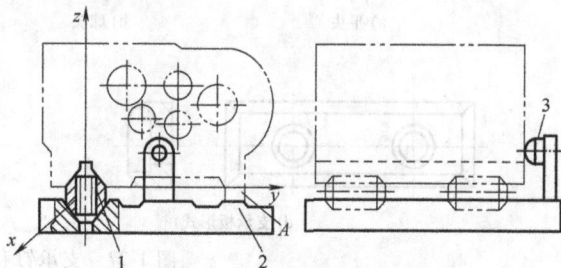

图 1-26　主轴箱孔系定位简图

1—短圆柱　2—长条支承板　3—挡销

件接触，或只有一个短圆柱与工件接触两种可能。无论出现哪种情况，都会使主轴箱定位不稳定，夹紧后变形。

如果将长条支承板改为一个支承钉，支承在工件 A 面（图 1-26 的中部），这样便去掉了

重复限制 $\hat{y}$ 的支承点，消除了重复定位。但这样做，工件的两角悬空，刚度差，镗孔时，在切削力的作用下容易振动，影响加工精度和表面粗糙度。

实际生产中，主轴箱的孔系加工常采用图1-26所示重复定位方式。这是因为：主轴箱的两个定位基准面（V形面和A面）就是主轴箱在床身上的装夹基准面，加工的相互位置、方向精度较高，为了避免重复定位产生的定位不稳定现象，可适当提高定位圆柱的制造精度，夹紧后主轴箱虽然有变形，但变形很小。主轴箱采用这种重复定位方式加工孔系时，因定位稳定性好容易保证箱体的加工精度，利大于弊。

由上面两例可知，在工件定位时，重复定位往往用于细长件、薄壁件或以大平面定位的情况，但要用其利、避其害，注意避免或减少重复定位的不利影响。

1.4.4　工件的定位方法及定位元件

在生产实践中，常用的定位方法和定位元件主要有以下几种：

1. 工件以平面定位

在机械加工中，以平面作为定位基准的定位方法是一种常用的定位方式，如箱体、机座、支架、杠杆、圆盘、板状类零件等。平面定位所用定位元件，根据是否起限制自由度的作用、能否调整等情况分为下列数种：

（1）主要支承　限制工件自由度、起定位作用的支承。

1）固定支承。固定支承有支承钉和支承板两种类型，如图1-27所示。

支承钉有3种形式，各用于不同的场合。图1-27a为平头支承钉用于工件上已加工过的平面定位，图1-27b所示球头支承钉用于工件以毛面定位，图1-27c所示齿纹头支承钉用于工件侧面定位，它能增大摩擦因数，防止工件滑动。需要更换的支承钉应加衬套。

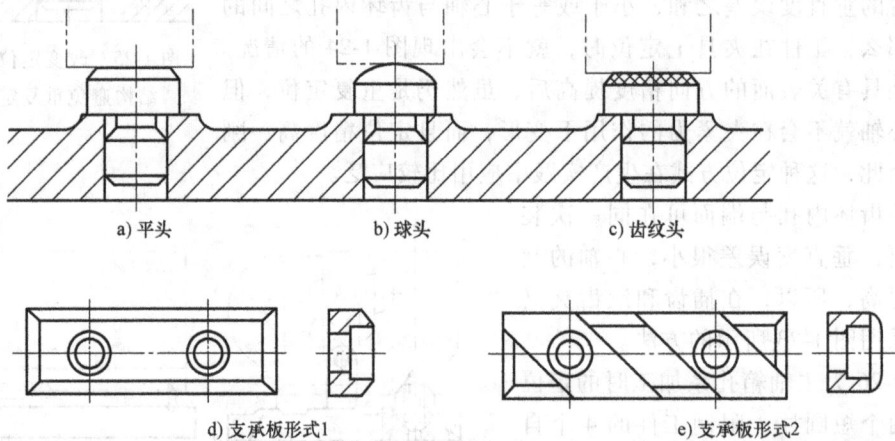

图1-27　支承钉和支承板

支承板有两种形式，都可用于工件已加工过平面定位。图1-27d所示支承板结构简单，但孔边切屑不易清除干净，故适用于侧面和顶面定位。图1-27e所示支承板便于清除切屑，适用于底面定位。

当要求几个支承钉或支承板在装配后等高时，可采用装配后补充加工的方法进行磨削，以保证它们的等高要求，如图1-28所示。

支承钉、支承板和衬套都已标准化，其公差配合、材料、热处理等可查国家机械行业标准《机床夹具零件及部件》。

2）可调支承。在工件定位过程中，有些情况下要求支承钉的高度定期或不定期的调整时，可采用如图 1-29 所示的可调支承。

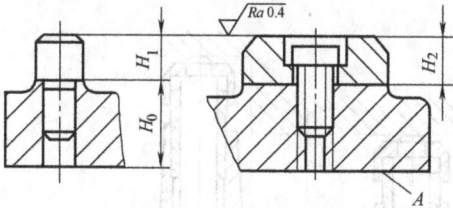

图 1-28　支承的等高要求

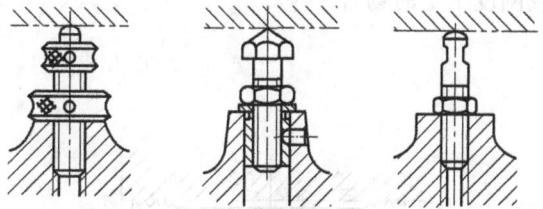

图 1-29　可调支承

可调支承用于分批铸造的毛坯，其形状尺寸变化较大、而又以粗基准定位的场合。若采用固定支承，由于各批毛坯尺寸不稳定，将引起后续工序的加工余量发生较大变化，影响加工质量。如图 1-30a 所示，工件为砂型铸件，先以 A 面定位铣 B 面，再以 B 面定位镗双孔。若采用固定支承定位铣 B 面，由于不同批毛坯定位基准 A 面相对于两孔的位置尺寸变化较大，将引起铣完后的 B 面与两毛坯孔（图中虚线所示）的距离尺寸 H_1、H_2 变化较大，当

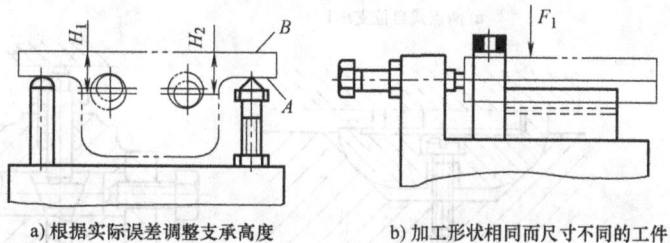

a) 根据实际误差调整支承高度　　b) 加工形状相同而尺寸不同的工件

图 1-30　可调支承

再以 B 面定位镗双孔时，会使镗孔余量严重不均匀，甚至余量不够的现象。因此，图中采用了可调支承，根据每批毛坯的实际误差大小调整支承钉的高度，以保证镗孔工序质量。

可调支承也可用于同一夹具加工形状相同而尺寸不同的工件。如图 1-30b 所示，在轴上钻径向孔，只要调整支承钉的轴向工作位置，就可适用于孔与左端面不同的工序尺寸要求。

应该注意，可调支承在一批工件加工前调整一次。在同一批工件加工中，其作用相

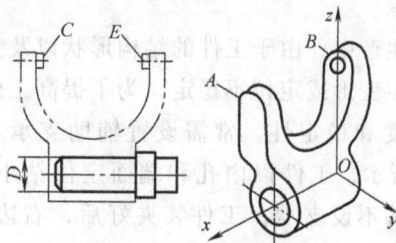

图 1-31　自位支承的应用

当于固定支承。所以，可调支承在调整后都需用锁紧螺母锁紧。

3）自位支承（或称浮动支承）。在工件定位过程中，能自动调整位置的支承称为自位支承，或浮动支承。其作用是提高工件的装夹刚度和稳定性。

如图 1-31 所示叉形零件，以加工过的孔 D 及端面定位，铣平面 C 和 E。用长心轴及端面共限制了 $\vec{y}$、$\vec{z}$、$\hat{y}$、$\hat{z}$ 及 $\vec{x}$ 5 个自由度，为了限制自由度 $\hat{x}$，需要设置一个防转支承。此支承单独设在 A 处或 B 处，都因工件刚度差而无法加工。若 A、B 两处均设防转支承，则出现过定位。这时可采用图 1-32a、b 之类的两点式自位支承。图 1-32c、d 为三点式的结构。

这类支承的工作特点是：浮动支承点的位置能随着工件定位基准位置的变化而自动调节，使与之适应。当基准面有误差时（如图 1-31 中 A 与 B 不等高），压下其中一点，另一点即上升，直至全部接触为止，故其作用仍相当于一个固定支承，只限制一个自由度。由于增加了接触点数，故可提高工件的装夹刚度和稳定性，但夹具结构稍复杂。适用于工件以毛面定位或刚度不足的场合。

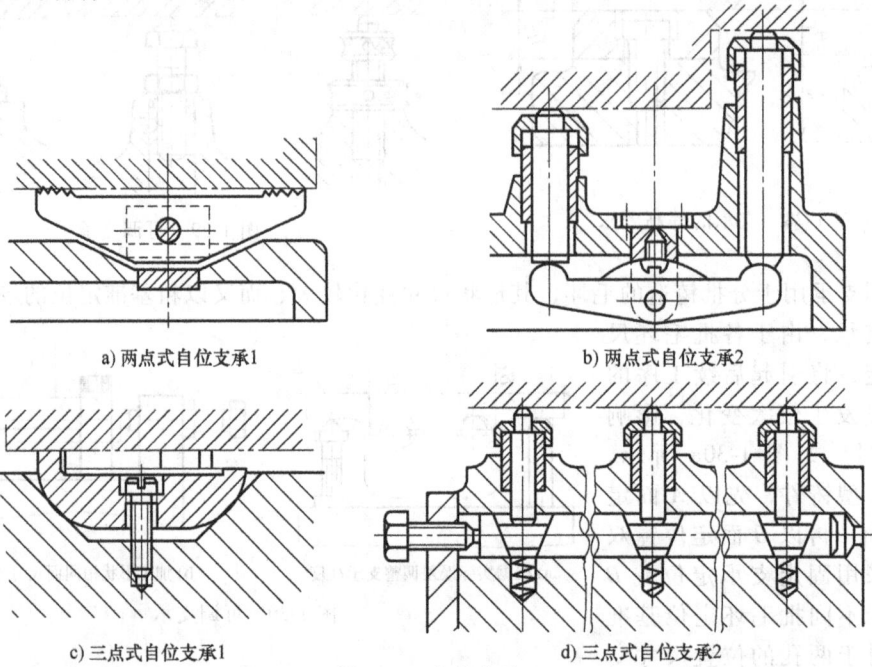

a) 两点式自位支承1　　　　　　　　　　b) 两点式自位支承2

c) 三点式自位支承1　　　　　　　　　　d) 三点式自位支承2

图 1-32　自位支承

（2）辅助支承　在工件定位过程中，不限制工件自由度、用于辅助定位的支承称为辅助支承。

生产中，由于工件的结构形状以及夹紧力、切削力、工件重力等原因可能使工件在定位后产生变形或定位不稳定，为了提高工件的装夹刚度和稳定性，常需设置辅助支承。如图 1-33 所示，工件以内孔和端面定位钻小头孔。若右端不设支承，工件装夹好后，右边悬空，刚度差。若在 A 处设置固定支承，属重复定位，有可能破坏左端的定位。若在 A 处设置辅助支承，则能增加工件的装夹刚度，但此支承不起限制自由度的作用，也不允许破坏原有的定位。因此，它必须逐个工件进行调整，以适应工件支承表面（B 面）的位置误差。

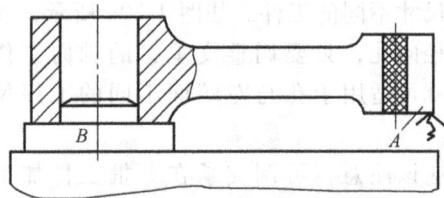

图 1-33　辅助支承的应用

辅助支承有以下几种类型：

1）螺旋式辅助支承。如图 1-34a 所示，这种支承结构简单，但效率较低。

2）自位式辅助支承。如图 1-34b 所示，弹簧 2 推动滑柱 1 与工件接触，用滑块 3 锁紧。弹簧力的大小应能使滑柱弹出，但不能顶起工件。斜楔的斜面角不能大于自锁角（一般为 6°），否则锁紧时会使滑柱 1 顶起工件而破坏原定位。

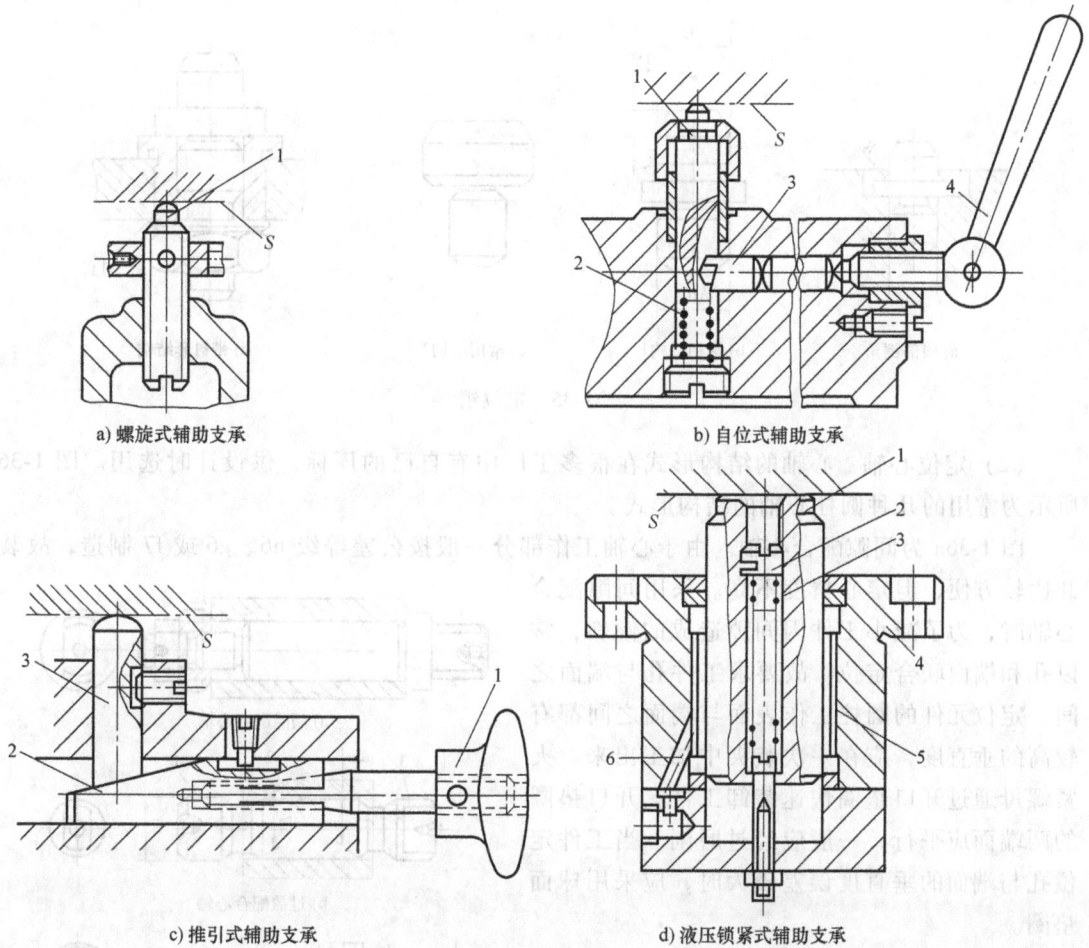

a) 螺旋式辅助支承

b) 自位式辅助支承

c) 推引式辅助支承

d) 液压锁紧式辅助支承

图 1-34　辅助支承

S—工件支承面

3）推引式辅助支承。如图 1-34c 所示，它适用于工件较重、垂直作用的切削负荷较大的场合。工件定位后，推动手轮 1 使滑柱 3 与工件接触，然后转动手轮使斜楔 2 开槽部分胀开而锁紧。斜楔 2 的斜面角可取 8°～10°，过小则滑柱升程短，过大则可能失去自锁作用。

4）液压锁紧的辅助支承。如图 1-34d 所示，滑柱 1 依靠弹簧 3 与工件接触，弹簧力可用螺钉 2 调节。由斜孔 6 通入压力油，使薄壁夹紧套 5 锁紧滑柱。这种辅助支承结构紧凑、操作方便、动作快速。用螺栓通过螺栓孔固定在夹具体中，接通油路，便可使用。

2. 工件以圆柱孔定位

工件以圆柱孔作为定位基准，常用以下定位元件。

（1）定位销（圆柱销）　图 1-35b、c 为常用定位销结构。当工作部分直径 $D>3 \sim 10mm$ 时，为增加刚度，避免销子因撞击而折断或热处理时淬裂，通常把根部倒成圆角 R （图 35a）。夹具体上应有沉孔，使定位销圆角部分沉入孔内而不影响定位。大批、大量生产时，为了便于更换定位销，可设计如图 1-35d 所示带衬套的结构。为了便于工件顺利装入，定位销的头部应有 15°倒角。定位销的有关参数可查国家机械行业标准《机床夹具零件及部件》。

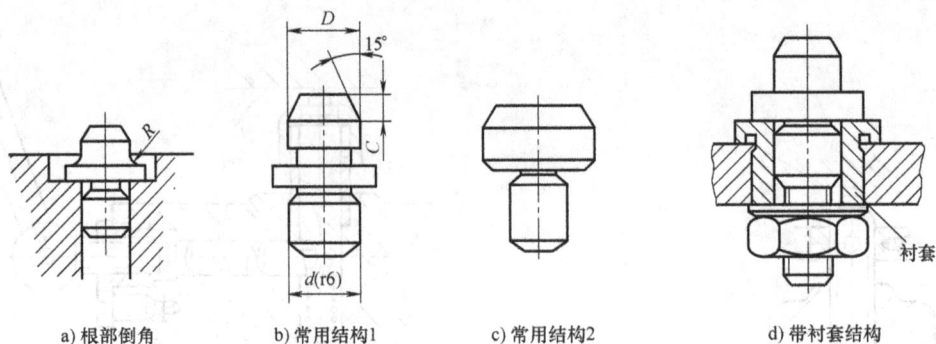

a) 根部倒角　　　　b) 常用结构1　　　　c) 常用结构2　　　　d) 带衬套结构

图 1-35　定位销

（2）定位心轴　心轴的结构形式在很多工厂中有自己的厂标，供设计时选用。图 1-36 所示为常用的几种圆柱心轴的结构形式。

图 1-36a 为间隙配合心轴。由于心轴工作部分一般按公差等级 h6、g6 或 f7 制造，故装卸比较方便，但定心精度不高。采用间隙配合心轴时，为了减小工件因间隙造成的倾斜，常以孔和端面联合定位。故要求工件孔与端面之间、定位元件的圆柱工作表面与端面之间都有较高的垂直度，应在一次装夹中加工出来。夹紧螺母通过开口垫圈快速装卸工件。开口垫圈的两端面应平行，一般应经过磨削。当工件定位孔与端面的垂直度误差较大时，应采用球面垫圈。

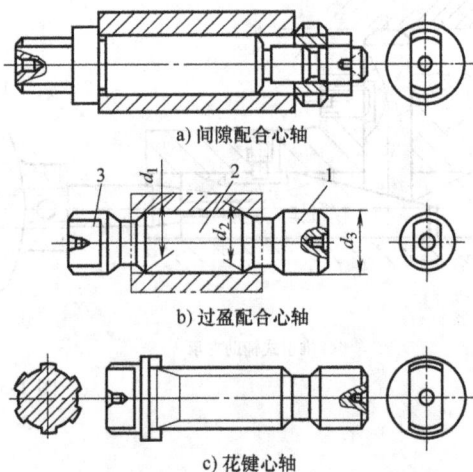

a) 间隙配合心轴

b) 过盈配合心轴

c) 花键心轴

图 1-36　圆柱心轴
1—引导部分　2—工作部分　3—传动部分

图 1-36b 为过盈配合心轴。心轴由引导部分 1、工作部分 2 以及与传动装置（如拨盘、鸡心夹头等）相联系的传动部分 3 组成。引导部分的作用是使工件迅速而正确地套入心轴。其直径 d_3 按公差等级 e8 制造。d_3 的公称尺寸为工件孔的下极限尺寸，其长度约为基准孔长度的一半。工作部分直径按公差等级 r6 制造，其公称尺寸为工件孔的上极限尺寸。当工件孔的长径比 $L/d>1$ 时，心轴的工作部分应稍带锥度。这时，直径 d_1 应按公差等级 r6 制造，其公称尺寸为孔的上极限尺寸；直径 d_2 应按公差等级 h6 制造，其公称尺寸为孔的下极限尺寸。这种心轴制造简单、定心精度高，无需另设夹紧装置，但装卸工件不便，且易损伤工件定位孔。因此，多用于定心精度要求高的精加工场合。

图 1-36c 为花键心轴，用于加工以花键孔定位的工件。设计花键心轴时，应根据工件的不同定心方式来确定定位心轴的结构，其配合可参考上述两种心轴。

为保证工件的同轴度要求，在设计定位心轴时，夹具总装配图上应标注心轴各外圆柱面之间、外圆柱面与顶尖孔之间或与锥柄之间的相互位置精度要求，其同轴度可取工件相应同轴度的 1/2~1/3。

心轴在机床上的常用装夹方式如图 1-37 所示。

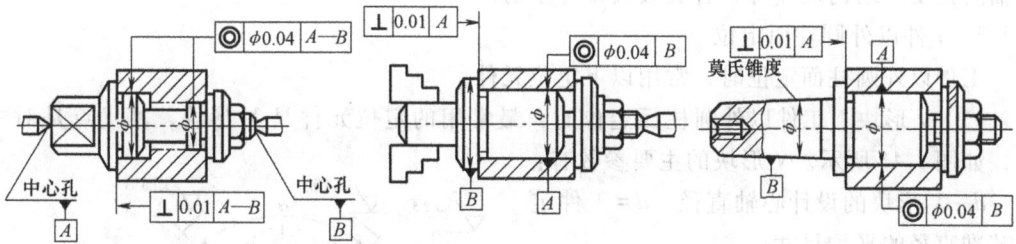

图 1-37　心轴在机床上的装夹方式

（3）圆锥销　图 1-38 为工件以圆孔在圆锥销上定位的示意图，固定圆锥销限制工件 3 个移动自由度。图 1-38a 用于粗基准定位，图 1-38b 用于精基准定位。

工件在单个圆锥销上定位容易倾斜，因此，圆锥销一般要与其他定位元件组合使用，如图 1-39 所示。图 1-39a 为圆锥-圆柱组合心轴，圆锥部分使工件准确定心，圆柱部分可减少工件的倾斜。图 1-39b 为平面-浮动圆锥销组合定位方式，工件是以底面作为主要定位基准，采用浮动圆锥销，即使工件孔径变化较大，也能准确定心。图 1-39c 为工件在双圆锥销上定位。以上 3 种定位方式均限制工件 5 个自由度。

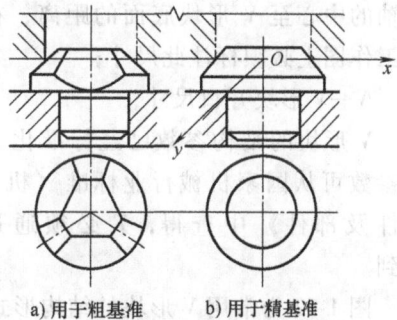

a) 用于粗基准　　b) 用于精基准

图 1-38　圆锥销定位

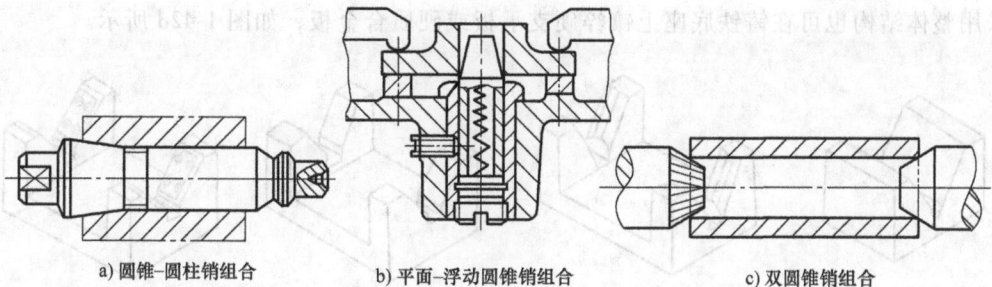

a) 圆锥–圆柱销组合　　　b) 平面–浮动圆锥销组合　　　c) 双圆锥销组合

图 1-39　圆锥销组合定位

（4）小锥度心轴　如图 1-40 所示，工件以圆柱孔在小锥度心轴上定位，并以工件圆柱孔与心轴表面的弹性变形夹紧工件。

这种定位方式定心精度高，可达 $\phi 0.02 \sim \phi 0.01$mm，但工件的轴向位移误差较大，装卸工件不便，传递转矩小，且不能加工端面。所以，一般只用于工件定位孔精度不低于 IT7 的精车和磨削加工。

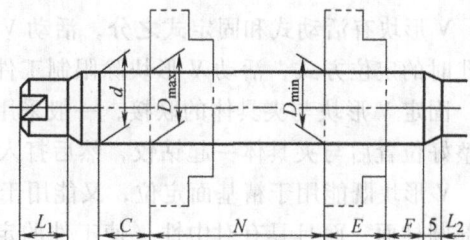

图 1-40　小锥度心轴

设计小锥度心轴，主要是确定锥度及其结构尺寸。为保证心轴有足够的刚度，当心轴的

长径比 $L/d > 8$ 时，应将工件按定位孔的公差范围分成 2~3 组，每组设计一根心轴。小锥度心轴的锥度及结构尺寸可查有关夹具设计手册。

3. 工件以外圆柱面定位

工件以外圆柱面定位时，常用以下定位元件：

（1）V 形块　工件以外圆柱面定位时，最常用的定位元件是 V 形块，其优点是对中性好，如图 1-41 所示。V 形块的主要参数有：

d—V 形块的设计心轴直径。d = 工件定位基准直径的平均尺寸；

α—V 形块两工作面之间的夹角。一般取 60°、90°、120°，以 90° 应用最广；

H—V 形块高度；

T—V 形块的定位高度，即 V 形块设计心轴的中心至 V 形块底面的距离，在 V 形块工作图上必须标注此尺寸；

N—V 形块开口尺寸；

V 形块的结构参数已经标准化。H、N 等参数可从国家机械行业标准《机床夹具零件及部件》中查得，T 必须通过计算得到。

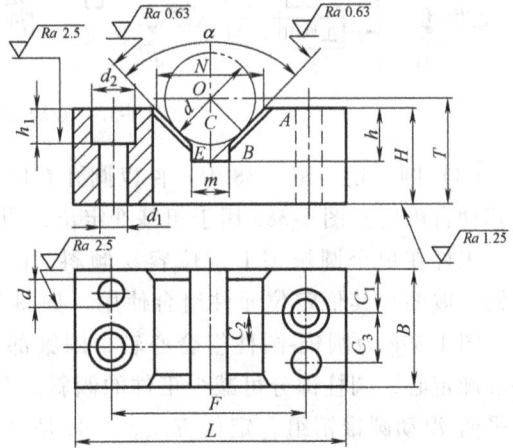

图 1-41　V 形块的结构尺寸

图 1-42 为常用 V 形块的结构形式。图中 1-42a 用于较短的精基面定位；图 1-42b 用于粗基面定位和阶梯定位面；图 1-42c、d 用于较长的精基面和相距较远的两个定位面。V 形块可采用整体结构也可在铸铁底座上镶淬硬支承板或硬质合金板，如图 1-42d 所示。

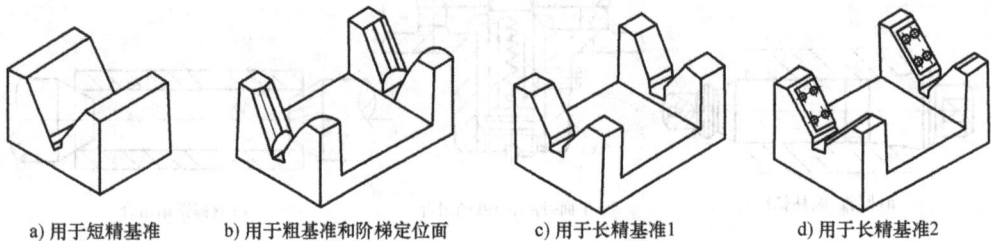

a) 用于短精基准　　b) 用于粗基准和阶梯定位面　　c) 用于长精基准1　　d) 用于长精基准2

图 1-42　V 形块的结构形式

V 形块有活动式和固定式之分，活动 V 形块的应用如图 1-43 所示。图 1-43 为加工轴承座孔时的定位方式，活动 V 形块除限制工件 1 个自由度之外，还兼有夹紧作用。

固定 V 形块与夹具体的联接，一般采用 2 个定位销和 2~4 个螺钉，定位销孔在装配时调整好位置后与夹具体一起钻铰，然后打入定位销。

V 形块既能用于精基面定位，又能用于粗基面定位，既能用于完整的圆柱面，也能用于局部圆柱面，而且具有对中性（使工件的定位基准总处在 V 形块两工作表面的对称面内），活动 V 形块还可兼作夹紧元件。因此，当工件以外圆柱面定位时，V 形块是用得最多的定位元件。

（2）定位套　工件以外圆柱面在圆孔中定位时，其定位元件常作成钢套。图 1-44 为常

用的几种定位套。为了限制工件的轴向自由度，常与端面联
合定位。当工件端面作为主定位基准时，应控制套的长度，
以免夹紧时工件产生不允许的变形。

　　定位套结构简单、容易制造，但定心精度不高，只适用
于精定位基面。

　　（3）半圆套　图 1-45 为工件在半圆套中定位，下面的半
圆套是定位元件，上面的半圆套起夹紧作用。这种定位方式
主要用于大型轴类零件及不便于轴向装夹的零件。定位基面
的精度不低于 IT8～IT9，半圆套的最小内径应取工件定位基
面的最大直径。

　　（4）圆锥套　图 1-46 为通用的反顶尖，由顶尖体 1、螺
钉 2 和圆锥套 3 组成。工件以圆柱面的端部在圆锥套 3 的锥
孔中定位，锥孔中有齿纹，以便带动工件旋转。顶尖体 1 的
锥柄部分插入机床主轴孔中，螺钉 2 用来传递转矩。

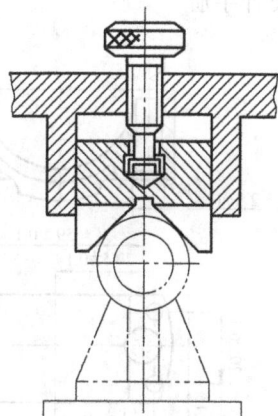

图 1-43　活动 V 形块的应用

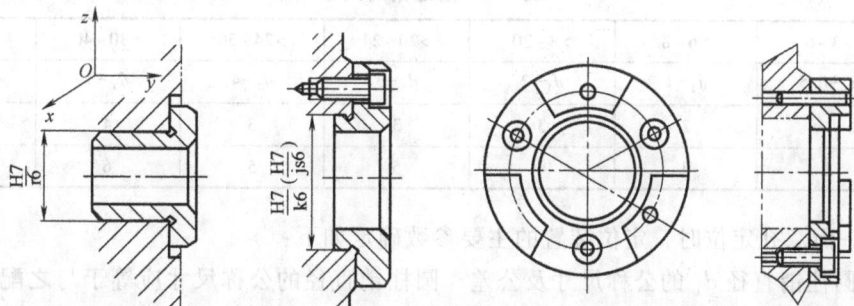

图 1-44　常用定位套

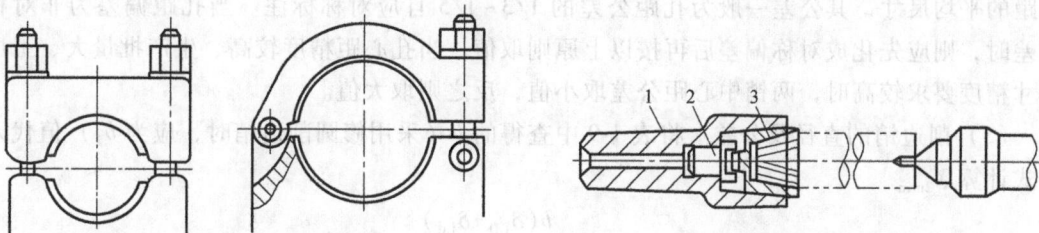

图 1-45　工件在半圆套中定位

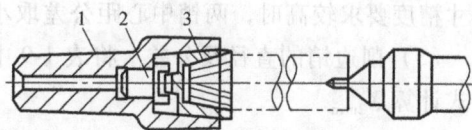

图 1-46　通用反顶尖

4. 工件以一面两孔定位

　　在加工箱体、杠杆、盖板等零件时，工件以两个轴线互相平行的孔和与之相垂直的底面
作为定位基准应用最为普遍，如图 1-47 所示。工件上的两孔可以是结构上原有的，也可以
为定位需要专门设置的工艺孔。采用一面两孔定位，易于做到工艺过程中的基准统一，保证
工件的相互位置精度。工件以一面两孔定位时，为避免产生重复定位一般采用一圆柱销和一
削边销。

　　削边销已标准化，有两种结构形式，如图 1-48 所示。B 型结构简单，容易制造，但刚
度较差。A 型又名菱形销，应用较广，其尺寸见表 1-9。削边销的有关参数可查有关机床夹

具设计手册。

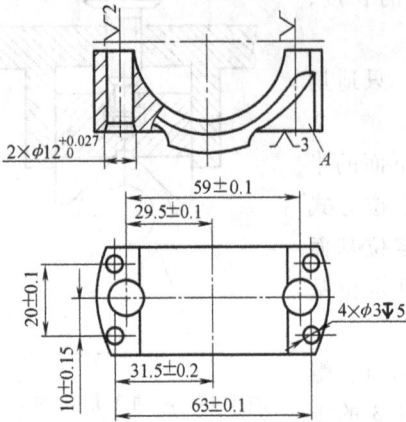

图 1-47　连杆盖工序图

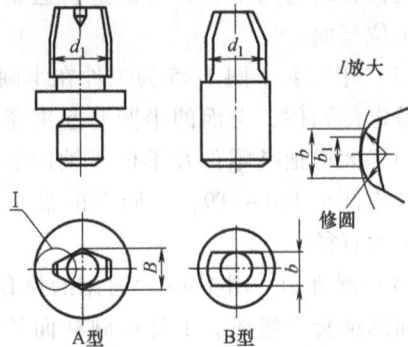

图 1-48　削边销的结构

表 1-9　削边销的尺寸　　　　　　　　　（单位：mm）

d_1	>3~6	>6~8	>8~20	>20~24	>24~30	>30~40	>40~50
B	$d_1-0.5$	d_1-1	d_1-2	d_1-3	d_1-4	d_1-5	d_1-6
b_1	1	2	3	3	3	4	5
b	2	3	4	5	5	6	8

采用一面双孔定位时，定位装置的主要参数确定如下：

（1）圆柱销直径 d_1 的公称尺寸及公差　圆柱销直径的公称尺寸应等于与之配合的工件孔的上极限尺寸，其公差一般取 g6 或 f7。

（2）两定位销的中心距及公差　两定位销的中心距的公称尺寸应等于工件两定位孔中心距的平均尺寸，其公差一般为孔距公差的 1/3~1/5 且应对称标注。当孔距偏差为非对称偏差时，则应先化成对称偏差后再按以上原则取值。当孔心距精度较高、生产批量大、工序尺寸精度要求较高时，两销中心距公差取小值，反之则取大值。

（3）削边销的直径及公差　将表 1-9 中查得的 b（采用修圆削边销时，应为 b_1）值代入公式计算 X_{2min}

$$X_{2min} = \frac{b(\delta_{LD} + \delta_{Ld})}{D_{2min}}$$

将 X_{2min} 代入公式计算 d_{2max}

$$d_{2max} = D_{2min} - X_{2min}$$

公差配合一般取 h6。

式中　b（或 b_1）——削边销圆柱部分宽度（mm）；

　　　δ_{LD}——孔间距公差（mm）；

　　　δ_{Ld}——销间距公差（mm）；

　　　X_{2min}——孔与销最小配合间隙（mm）；

　　　D_{2min}——孔下极限尺寸（mm）；

$d_{2\max}$——削边销的下极限尺寸（mm）。

1.4.5　定位基准的选择

在制定零件的加工工艺规程时，正确选择工件的定位基准有着十分重要的意义。定位基准选择合理与否，不仅影响加工表面的位置与方向精度，而且对于零件各表面的加工顺序也有很大影响。

1. 粗基准的选择

在起始工序中，只能选择未经加工的毛坯表面做定位基准，这种基准称为粗基准。选择粗基准时，应重点考虑两个问题：一是保证主要加工面有足够而均匀的余量和各待加工表面有足够的余量。二是保证加工面与不加工面之间的相互位置与方向精度。具体选择原则是：

1）为了保证加工面与不加工面之间的位置与方向要求，应选不加工面为粗基准。如图 1-49 所示的毛坯，铸造时孔 B 和外圆 A 有偏心。只有采用不加工面（外圆 A）为粗基准加工孔 B，才能保证加工后的孔 B 与外圆 A 的轴线是同轴的，即壁厚是均匀的，但孔 B 的加工余量不均匀。

当工件上有多个不加工面与加工面之间有位置要求时，则应以其中要求最高的不加工面为粗基准。

2）合理分配各加工面的余量。在分配加工余量时应考虑以下两点：

①为了保证各加工面都有足够的加工余量，应选择毛坯余量最小的面为粗基准。例如，图 1-50 所示的阶梯轴，因 $\phi55$mm 外圆的余量较小，故应选 $\phi55$mm 外圆为粗基准。如果选 $\phi108$mm 外圆为粗基准加工 $\phi50$mm 孔，当两外圆有 3mm 的偏心时，则可能因 $\phi50$mm 的余量不足而使工件报废。

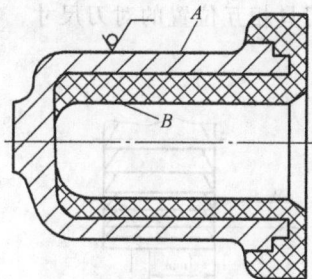

图 1-49　粗基准选择的实例　　　　　　　　图 1-50　阶梯轴加工的粗基准选择

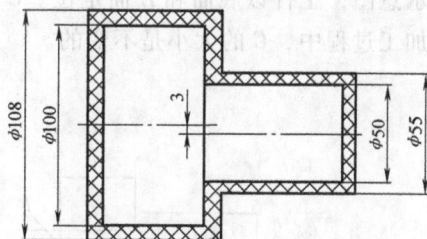

② 为了保证重要加工面的余量均匀，应选重要加工面为粗基准。例如，床身加工时，为保证导轨面较高的耐磨性，应使其加工余量小而均匀。为此，应选择导轨面为粗基准来加工底面，如图 1-51a 所示。然后，再以底面为精基准加工导轨面，如图 1-51b 所示。当工件上有多个重要加工面都要求保证余量均匀时，则应选精度要求最高的面为粗基准。

3）粗基准应避免重复使用，在同一尺寸方向上（即同一自由度方向上）通常只允许使用一次。

粗基准是毛面，一般来说表面比较粗糙，形状误差也大，如重复使用就会造成较大的定位误差，因此，粗基准应避免重复使用。当应以粗基准定位时，应首先把精基准加工好，为后续工序准备好精基准。例如，图 1-52 所示的小轴，如重复使用毛坯 B 面定位去加工表面

A 和 C，则必然会使 A 与 C 表面的轴线产生较大的同轴度误差。

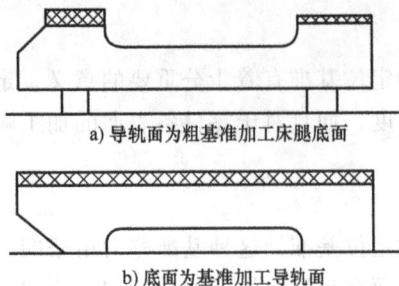

a) 导轨面为粗基准加工床腿底面

b) 底面为基准加工导轨面

图 1-51　床身加工的粗基准选择

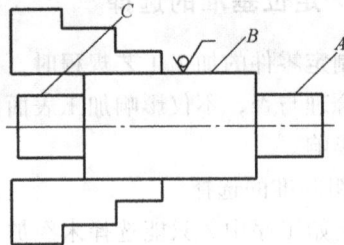

图 1-52　重复使用粗基准实例

A、C—加工面　B—毛坯面

4）选作粗基准的表面应平整光洁，要避开锻造飞边和铸造浇冒口、分型面、飞翅等缺陷，以保证定位准确，夹紧可靠。当使用夹具装夹时，选择的粗基准面最好使夹具结构简单，操作方便。

2. 精基准的选择

在最终工序和中间工序，应采用已加工表面定位，这种定位基面称为精基准。选择精基准时，重点是考虑如何减小工件的定位误差、保证工件的加工精度、同时也要考虑装夹工件的方便、夹具结构简单。选择精基准时一般应遵循下列原则：

（1）基准重合原则　即选用设计基准（或工序基准）作为定位基准，以避免定位基准与设计基准（或工序基准）不重合而引起的加工尺寸误差。

图 1-53a 为工序简图，用调整法加工在工件上铣缺口，加工尺寸为 A 和 B。图 1-53b 为加工示意图，工件以底面和 E 面定位。C 是确定夹具与刀具相互位置的对刀尺寸，在一批工件的加工过程中，C 的大小是不变的。

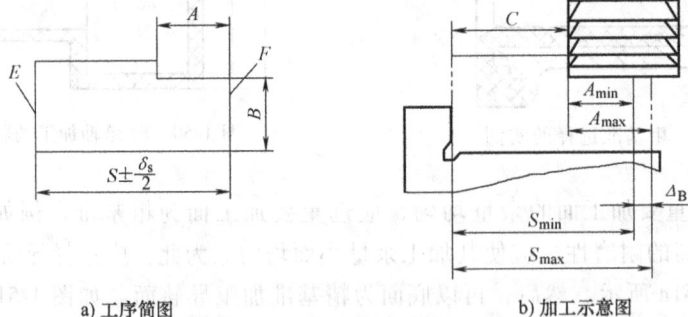

a) 工序简图

b) 加工示意图

图 1-53　基准不重合误差

加工尺寸 A 的工序基准是 F，定位基准是 E，两者不重合。当一批工件逐个在夹具上定位时，受尺寸 S 变化的影响，工序基准 F 的位置将随 S 的变化而变化，而 F 的变化直接影响工序尺寸 A 的大小，造成加工尺寸 A 的误差，这个误差就是基准不重合误差 Δ_B。

显然，基准不重合误差的大小等于定位基准与工序基准不重合而造成的加工尺寸的变动

范围。由图 1-53b 可知

$$\Delta_B = A_{max} - A_{min} = S_{max} - S_{min} = \delta_S$$

S 是定位基准 E 与工序基准 F 之间的联系尺寸，而定位基准与工序基准之间的这种联系尺寸称为定位尺寸。计算基准不重合误差的关键就是找到定位尺寸公差 δ_S。它分两种情况：

当定位尺寸与加工尺寸平行时，基准不重合误差就等于定位尺寸公差，即

$$\Delta_B = \delta_S$$

当定位尺寸与加工尺寸不平行时，基准不重合误差等于定位尺寸公差与两者之间夹角 α 的余弦的积，即

$$\Delta_B = \delta_S cos\alpha$$

如果以 F 面为定位基准，工序基准和定位基准重合，$\Delta_B = 0$。

上面分析的是工序基准与定位基准不重合而产生的基准不重合误差。同样，基准不重合误差也可引伸到其他基准不重合的场合。如装配基准与设计基准，设计基准与工序基准，工序基准与定位基准，工序基准与测量基准，设计基准与测量基准等基准不重合时，都会产生基准不重合误差。所以，在选择定位基准时，应遵循基准重合原则。

在应用本原则时需要注意的是：定位过程中的基准不重合误差是在采用调整法加工一批工件时产生的。若用试切法加工，每一个工件都可直接保证尺寸 A，就不存在基准不重合误差。

（2）基准统一原则　在加工过程中尽可能地采用统一的定位基准称为基准统一原则（也称基准单一原则或基准不变原则）。这样做可以简化工艺规程的制定工作，减少夹具设计、制造工作量和成本，缩短生产准备周期。由于减少了基准转换，便于保证各加工表面的相互位置与方向精度。例如，加工轴类零件时经常采用两顶尖孔定位加工各外圆表面，就符合基准统一原则。箱体零件采用一面两孔定位进行加工通常也符合基准统一原则。

基准重合原则和基准统一原则是选择精基准的两个重要原则。但有时两者互相矛盾，必须处理好。当遇有尺寸精度较高的表面，应以基准重合为主，以免给加工带来困难，这时不易做到基准统一。除此之外，均应考虑基准统一原则。

（3）自为基准原则　当要求加工余量小而均匀时，选择加工表面本身作为定位基准称为自为基准原则。遵循自为基准原则时，不能提高加工面的位置与方向精度，只是提高加工面本身的精度。例如，图 1-54 所示是在导轨磨床上，以自为基准原则磨削床身导轨。方法是用百分表（或观察磨削火花）找正工件的导轨面，然后加工导轨面保证对导轨的质量要求。另外，如浮动镗刀、浮动铰刀和珩磨等加工孔的方法也都是自为基准的实例。

（4）互为基准原则　两个有相互位置与方向要求的表面，可以认为是互为设计基准的。为了使加工面间有较高的相互位置与方向精度，又为了使其加工余量小而均匀，可采取反复加工、互为基准的原则。例如加工内、外圆柱面时，为了保证内、外圆柱面的同轴度，就得以内、外圆柱面互为基准，反复加工，以保证内、外圆柱面的同轴度。

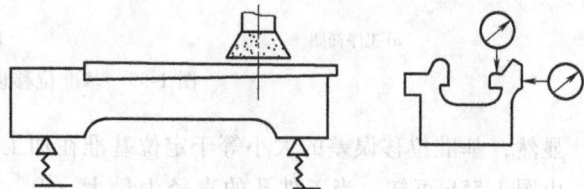

图 1-54　磨削床身导轨面自为基准

实际上，无论是粗基准的选择原则还是精基准的选择原则，都是从不同方面提出的要

求。这些原则都不可能同时满足，有时，这些要求会出现相互矛盾的情况，这就要求全面地、辩证地分析问题，分清主次，抓住主要矛盾，正确运用原则和规律。

1.4.6　定位误差的分析与计算

　　能否保证工件的加工精度，取决于刀具与工件之间的相互位置关系。当一批工件逐个在夹具上定位用调整法加工工件时，各个工件在夹具中所占据的位置并不完全一致，各个工件位置的不一致性必然引起工件相对于刀具之间位置的变化，加工后，各个工件的加工尺寸必然大小不一，形成误差。这种只与工件定位有关的误差，称为定位误差，用 Δ_D 表示。

　　一批工件逐个在夹具上定位时，各个工件位置不一致的原因有二：一是定位基准与工序基准不重合；二是定位基准位置的变化。

　　（1）基准不重合误差　由于定位基准与工序基准不重合而引起的加工尺寸误差，称为基准不重合误差，用 Δ_B 表示。基准不重合误差在定位基准选择中已作过讨论，在此，不再赘述。

　　（2）基准位移误差　工件在夹具中定位时，由于定位副的制造误差和最小配合间隙的影响，导致各个工件定位基准的位置不一致，从而给加工尺寸造成误差，这个误差称为基准位移误差，用 Δ_Y 表示。

　　图1-55a为工序简图，在圆柱面上铣键槽，加工键槽深度尺寸为 A。图1-55b为加工示意图，工件以内孔 D 在水平放置的圆柱心轴上定位，O 是心轴中心，C 是对刀尺寸。尺寸 A 的工序基准是内孔中心线，定位基准也是内孔中心线，两者重合，$\Delta_B = 0$。但是，由于各个工件定位孔的直径实际尺寸不同，使得各个工件的定位基准在加工尺寸方向上位置不一致，定位基准位置的变动将直接影响到加工尺寸 A 的大小，给 A 造成误差，这个误差就是基准位移误差。

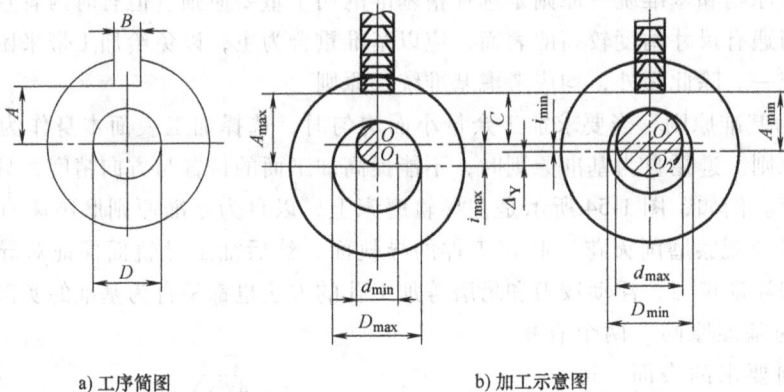

a) 工序简图　　　　　　　　　b) 加工示意图

图 1-55　基准位移误差

　　显然，基准位移误差的大小等于定位基准在加工尺寸方向上的最大变化量。

　　由图1-55b可知，当工件孔的直径为最大（D_{max}）、心轴直径为最小（d_{min}）时，定位基准即工件内孔中心线处于最低点 O_1，得到最大加工尺寸（A_{max}）。当工件内孔直径为最小（D_{min}）、心轴直径为最大（d_{max}）时，定位基准即工件内孔中心线处于最高位置 O_2，得到最小加工尺寸（A_{min}）。由于各件内孔直径的实际尺寸（在公差范围内）不一致，导致定位基准即工件内孔中心定位后在 O_1、O_2 范围内位置的变化，考虑到心轴的制造公差，从而

使得加工尺寸因定位基准的位移产生误差。因此

$$\Delta_Y = A_{max} - A_{min} = O_1 O_2 = \frac{\delta_D + \delta_d}{2} = \delta_i$$

式中 δ_i——一批工件定位基准的最大变化量

δ_D——工件孔径的制造公差;

δ_d——心轴直径的制造公差。

当定位基准的变化方向与加工尺寸方向相同时,基准位移误差等于定位基准的最大变化量,即

$$\Delta_Y = \delta_i$$

当定位基准的变化方向与加工尺寸方向不同时,基准位移误差等于定位基准的最大变化量与两者之间夹角 α 的余弦的积,即

$$\Delta_Y = \delta_i \cos\alpha$$

(3) 定位误差的计算

例 1-1 如图 1-56 所示,工件以平面定位铣削 A、B 表面,要求保证尺寸 60mm ± 0.05mm 和 30mm±0.1mm,分析计算定位误差(忽略 D 面对 C 面的垂直度误差)。

解 1) 尺寸 60mm±0.05mm 的定位误差

$\Delta_B = 0$ （定位基准与工序基准重合,均为 C 面）

$\Delta_Y = 0$ （平面 C 与支承钉接触不产生位移）

$\Delta_D = 0 < [(2×0.05)/3]$mm

2) 尺寸 30mm+0.1mm 的定位误差

该尺寸的工序基准为 ϕ12H8,定位基面是 D 面,故基准不重合,二者以尺寸 52mm ± 0.02mm 相联系,则一批工件的工序基准在加工尺寸 30mm±0.01mm 方向上的最大变化量,即基准不重合误差为

$\Delta_B = 0.02×2$mm $= 0.04$mm

$\Delta_Y = 0$

$\Delta_D = \Delta_B + \Delta_Y = 0.04$mm $< [(2×0.1)/3]$mm

该定位方式满足加工尺寸要求。

例 1-2 如图 1-57 所示,工件以孔 $\phi60^{+0.15}_{0}$mm 定位,加工孔 $\phi10^{+0.1}_{0}$mm,定位销直径为 $\phi60^{-0.03}_{-0.06}$mm,要求保证尺寸 40mm±0.1mm,计算定位误差。

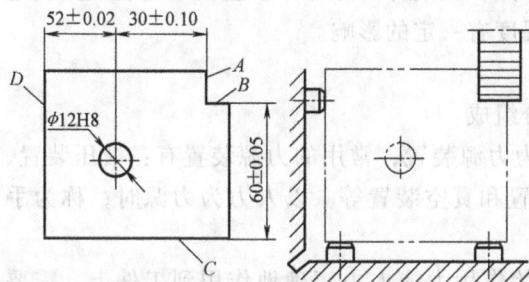

图 1-56 定位误差计算示例之一

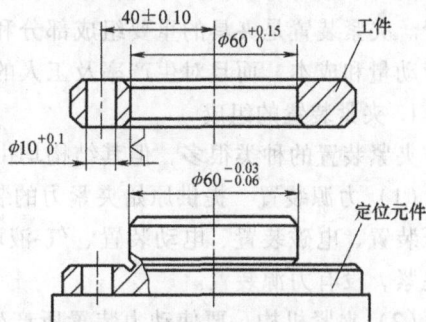

图 1-57 定位误差计算示例之二

解　　　　　　　$\Delta_B = 0$　　　　　　　　（定位基准与工序基准重合）

$$\Delta_Y = \delta_D + \delta_{d0} + X_{min} = (0.15 + 0.03 + 0.03)\,mm = 0.21\,mm$$

$$\Delta_D = \Delta_B + \Delta_Y = (0 + 0.21)\,mm = 0.21\,mm > [(2 \times 0.1)/3]\,mm$$

该定位方式不能满足加工尺寸要求。

例 1-3　　如图 1-58 所示，工件以外圆 d_1 定位，加工 $\phi10H8$ 孔。已知 $d_1 = \phi30_{-0.01}^{\ 0}\,mm$，$d_2 = \phi55_{-0.056}^{-0.010}\,mm$，$H = 40\,mm \pm 0.15\,mm$，$t = 0.03\,mm$，求加工尺寸 $40\,mm \pm 0.15\,mm$ 的定位误差。

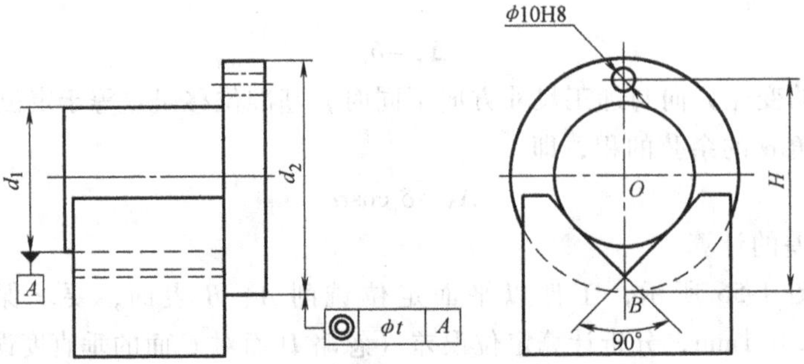

图 1-58　定位误差计算示例之三

解　定位基准是圆柱 d_1 的轴线 A，工序基准则在 d_2 外圆的素线 B 上。

$$\Delta_B = \sum_{i=1}^{n} \delta_i = \left(\frac{0.046}{2} + 0.03 \right)\,mm = 0.053\,mm$$

$$\Delta_Y = 0.707\delta_{d1} = 0.707 \times 0.01\,mm = 0.007\,mm$$

$$\Delta_D = \Delta_B + \Delta_Y = (0.053 + 0.007)\,mm = 0.06\,mm < [(2 \times 0.15)/3]\,mm$$

该定位方式满足加工尺寸要求。

1.5　工件的夹紧

1.5.1　夹紧装置的组成和基本要求

工件定位后，为使加工过程顺利实现，必须采用一定的装置将工件压紧夹牢，防止工件在切削力、重力、惯性力等的作用下发生位移或振动，这种将工件压紧夹牢的装置称为夹紧装置。夹紧装置是夹具的重要组成部分和设计难点，其设计的好坏不仅直接影响着夹具制造的劳动量和成本，而且对生产率及工人的劳动强度有一定的影响。

1. 夹紧装置的组成

夹紧装置的种类很多，但其结构均由两部分组成。

（1）力源装置　提供原始夹紧力的装置称为力源装置，常用的力源装置有：液压装置、气压装置、电磁装置、电动装置、气-液联动装置和真空装置等。以人力为力源时，称为手动夹紧，没有力源装置。

（2）夹紧机构　要使动力装置所产生的原始作用力或人力正确地作用到工件上，需要有力的传递机构和最终作用在工件上的执行元件，力的传递机构和执行元件通称为夹紧机构。力的传递机构在传递夹紧力的过程中，起着改变力的大小、改变力的方向和自锁作用。

图 1-59 为铣床夹具上的气压夹具。配气阀 6、气缸体 4、活塞 5、活塞杆 3 等组成了气压力源装置，连杆 2 是力的传递机构，压板 1 是执行元件，它们共同组成了铰链压板夹紧机构。

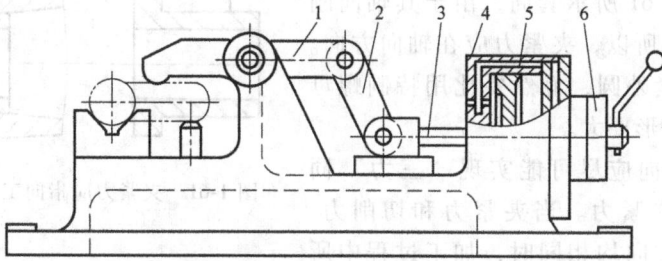

图 1-59　气压夹紧装置

1—压板　2—连杆　3—活塞杆　4—气缸体　5—活塞　6—配气阀

2. 对夹紧装置的基本要求

1）在夹紧过程中应能保持工件定位后获得的正确位置。

2）夹紧力大小适当，既要保证工件在整个加工过程中其位置稳定不变、不振动，又不允许使工件产生不适当的夹紧变形和表面损伤。

3）工艺性好。夹紧装置的复杂程度应与生产纲领相适应，在保证生产率的前提下，其结构应力求简单，便于制造和维修。

4）使用性好。夹紧装置的操作应当方便、安全、省力。

1.5.2　夹紧力的确定

确定夹紧力就是确定夹紧力的大小、方向和作用点三个要素。在确定夹紧力的三要素时，要分析工件的结构特点、加工要求、切削力及其他外力作用于工件的情况，而且必须考虑定位装置的结构形式和布置方式。

1. 夹紧力方向的确定

1）夹紧力应朝向主要定位基准。如图 1-60 所示，在直角支座上镗孔，本工序要求所镗孔与 A 面垂直，故应以 A 面为主要定位基准（图 1-60a），在确定夹紧力 F_J 方向时，应使夹紧力朝向 A 面即主要定位基准（图 1-60b），以保证孔与 A 面的垂直度。反之，若朝向 B 面（图 1-60c），当工件 A、B 两面有垂直度误差，就无法实现主要定位基准定位，因而，也无法保证所镗孔与 A 面垂直的工序要求。

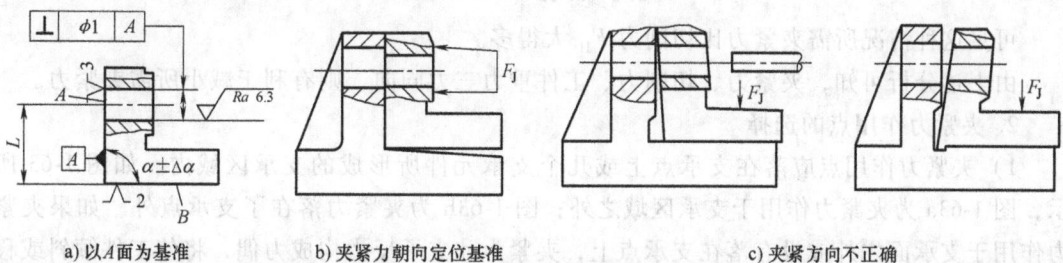

a) 以 A 面为基准　　　　b) 夹紧力朝向定位基准　　　　c) 夹紧方向不正确

图 1-60　夹紧力应朝向主要定位基准

2）夹紧力应朝向工件刚度较好的方向，使工件变形尽可能小。由于工件在不同的方向上刚度是不同的，不同的受力表面也因其接触面积大小而变形各异。尤其在夹压薄壁零件时，更需注意，如图 1-61 所示套筒，由于其轴向刚度大于径向刚度，所以，夹紧力应在轴向方向。用自定心卡盘夹紧外圆，显然要比用特制螺母从轴向夹紧工件变形要大。

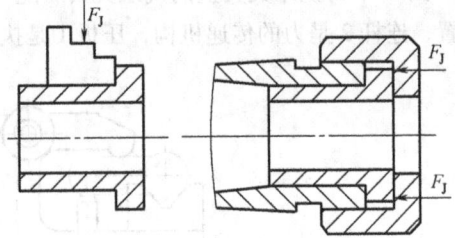

图 1-61　夹紧力应指向工件刚性较好方向

3）夹紧力方向应尽可能实现"三力"同向，以利于减小夹紧力。当夹紧力和切削力、工件自身重力的方向均相同时，加工过程中所需的夹紧力为最小，从而能简化夹紧装置的结构和便于操作。

如图 1-62 所示工件，孔 A 和孔 B 分别在两道工序中进行加工，如工件均在夹具平面上定位，当钻削孔 A 时，夹紧力 F_J、轴向切削力 F 和工件重力 G 三者同向且都垂直于定位基面、这些同向力为支承反力所平衡，钻削转矩由三个力的作用而在支承面上所产生的摩擦阻力矩平衡，由于轴向切削力和工件重力的作用有利于减小夹紧力，故这种情况所需夹紧力为最小。在大型工件上钻小孔时，工件重力所产生的摩擦阻力矩一般比钻削转矩大得多，此时可以不施加夹紧力。但在镗孔 B 时，水平切削力 F_H 与夹紧力 F_J、工件重力 G 相垂直，此时只依靠夹紧力和工件重力在支承面上产生的摩擦来平衡切削力。由静力平衡得

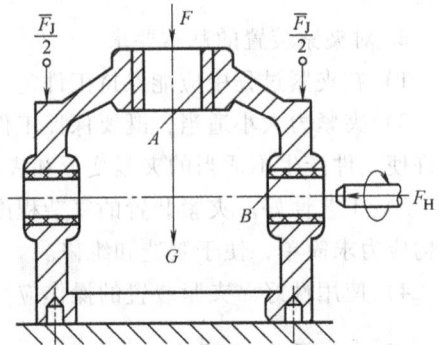

图 1-62　夹紧力与切削力、工件重力关系

$$F_H = (F_J + G)f$$

故夹紧力

$$F_J = \frac{F_H}{f} - G$$

式中　f——摩擦因数，通常取 0.1 ~ 0.15。

当工件不大时，工件重力可不考虑，则

$$F_J = \frac{F_H}{0.1 \sim 0.15} = (7 \sim 8)\,F_H$$

可见这种情况所需夹紧力比切削力 F_H 大得多。

由上述分析可知，夹紧力、切削力、工件重力三力同向，则有利于减小所需夹紧力。

2. 夹紧力作用点的选择

1）夹紧力作用点应落在支承点上或几个支承元件所形成的支承区域内。如图 1-63 所示，图 1-63a 为夹紧力作用于支承区域之外；图 1-63b 为夹紧力落在了支承点外。如果夹紧力作用于支承面之外或没有落在支承点上，夹紧力和支承反力构成力偶，将使工件倾斜或移动，破坏工件的定位。正确的夹紧力作用点应施于支承区域内并靠近其几何中心或落在支承

点上，如图 1-63 中虚线箭头的位置。

　　2）夹紧力作用点应作用在工件刚度较好的部位。如图 1-64a 所示，若把夹紧力作用点作用在刚度较差的顶部中点，则工件就会产生较大的变形。正确的做法应是将夹紧力作用点作用在刚度较好部位，如图 1-64b 所示。作用点作用在工件刚度较好的实体部位，并改单点夹紧为两点夹紧，避免了工件产生不必要的变形且夹紧牢固可靠。

图 1-63　夹紧力应作用在支承区域内或支承点上
1—夹具体　2—工件

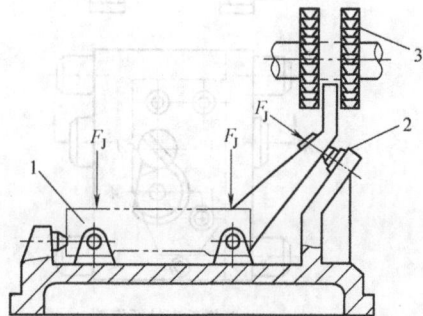

　　3）夹紧力作用点应尽量靠近加工部位。夹紧力作用点靠近加工部位可提高加工部位的夹紧刚度，防止或减少工件振动。如图 1-65 所示，主要夹紧力 F_J 垂直作用于主要定位基准，如果不再施加其他夹紧力，因夹紧力 F_J 没有靠近加工部位，加工过程中易产生振动。所以，应在靠近加工部位处采用辅助支承施加夹紧力 F_J 或采用浮动夹紧机构，既可提高工件的夹紧刚度，又可减小振动。

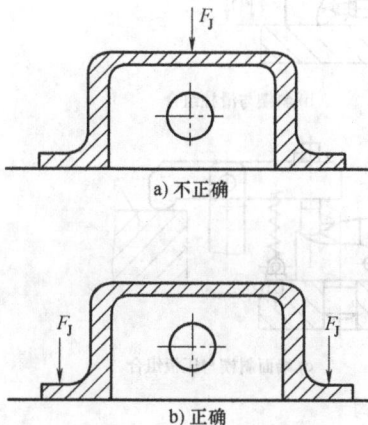

图 1-64　夹紧力应作用在工件
刚度较好的部位

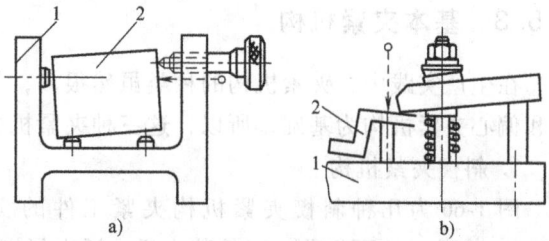

图 1-65　夹紧力作用点应靠近加工部位
1—工件　2—辅助支承　3—铣刀

3. 夹紧力大小的确定

　　在夹紧力的方向、作用点确定之后，必须确定夹紧力的大小。夹紧力过小，难以保证工件定位的稳定性和加工质量。夹紧力过大，将会增大夹紧装置的规格、尺寸，还会使夹紧系统的变形增大，从而影响加工质量。

　　在加工过程中，工件受到切削力、离心力、惯性力及重力的作用，要使工件保持正确的位置，夹紧力的作用应与上述力（矩）的作用相平衡。实际上，夹紧力的大小还与工艺系统的刚度、夹紧机构的传递效率等有关。而且，切削力的大小在加工过程中是变化的，因此，夹紧力的计算只能在静态下利用力学原理、考虑到各种因素进行计算。计算夹紧力时可查阅有关机床夹具设计手册。

1.5.3　基本夹紧机构

在生产实践中，夹紧机构的种类虽然很多，但其结构都是以斜楔夹紧机构、螺旋夹紧机构和偏心夹紧机构为基础，所以，这三种夹紧机构统称为基本夹紧机构。

1. 斜楔夹紧机构

图 1-66 为几种斜楔夹紧机构夹紧工件的实例。图 1-66a 为在工件上钻互相垂直的 ϕ8mm、ϕ5mm 的两组孔。工件装入后，锤击斜楔大头，夹紧工件。加工完成后，锤击小头，松开工件。由于用斜楔直接夹紧工件夹紧力小且费时费力，所以，生产实践中单独应用的不多，一般情况下是将斜楔与其他机构联合使用。图 1-66b 为将斜楔与滑柱压板组合而成的机动夹紧机构，图 1-66c 为由端面斜楔与压板组合而成的手动夹紧机构。

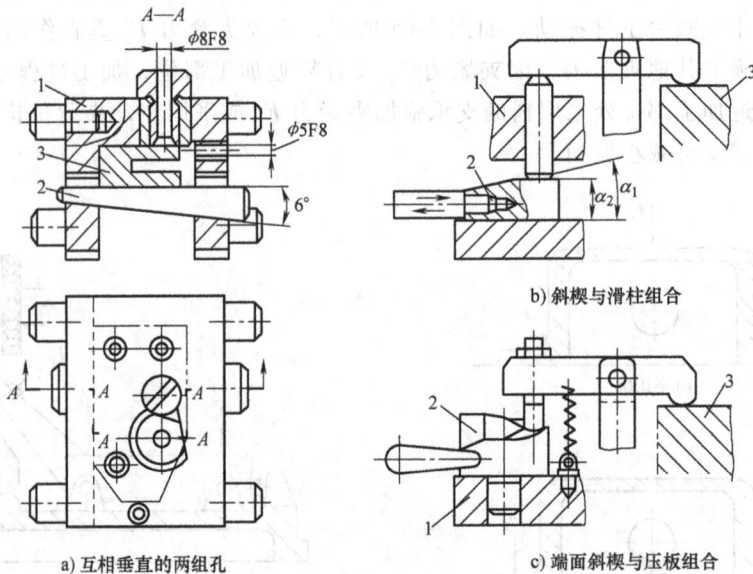

图 1-66　斜楔夹紧机构
1—夹具体　2—斜楔　3—工件
α_1、α_2—斜楔升角

（1）斜楔的夹紧力计算　斜楔夹紧工件时的受力情况如图 1-67a 所示，在原始作用力 F_Q 的作用下，斜楔受到以下各力的作用：工件对斜楔的反作用力（斜楔对工件的夹紧力的反力）F_J；和由此产生的摩擦力 F_1；夹具体对它的反作用力 F_N 和由此产生的摩擦力 F_2。根据静力平衡原理

$$F_1 + F_{RX} = F_Q$$
$$F_1 = F_J \tan\phi_1 \qquad F_{RX} = F_J \tan(\alpha+\phi_2)$$

所以
$$F_J = \frac{F_Q}{\tan\phi_1 + \tan(\alpha+\phi_2)}$$

式中　α——斜楔升角；

ϕ_1——斜楔与工件之间的摩擦角；

ϕ_2——斜楔与夹具体之间的摩擦角。

由于斜楔、工件、夹具体一般为金属件，所以，它们之间的摩擦角比较接近。若 $\phi_1 = \phi_2 = \phi$，当 $\alpha \leqslant 10°$ 时，可用下式近似计算

$$F_J = \frac{F_Q}{\tan\ (\alpha + 2\phi)}$$

增力系数 i_p 是指夹紧力与原始作用力之比。它是衡量夹紧机构的重要指标，对斜楔夹紧机构，其增力系数为

$$i_p = \frac{F_J}{F_Q} = \frac{1}{\tan\phi_1 + \tan\ (\alpha + \phi_2)}$$

一般 $\phi_1 = \phi_2 = 6°$，若 $\alpha = 10°$ 代入上式得 $i_p = 2.6$。可见，在原始作用力不大的情况下，斜楔产生的夹紧力是不大的。

（2）斜楔的自锁条件　所谓自锁是指当原始作用力撤销以后斜楔仍处于夹紧工件的状态，图 1-67b 为原始作用力撤销后斜楔的受力情况。从图中可以看出，要保持自锁，必须满足下列条件

$$F_1 > F_{RX}$$

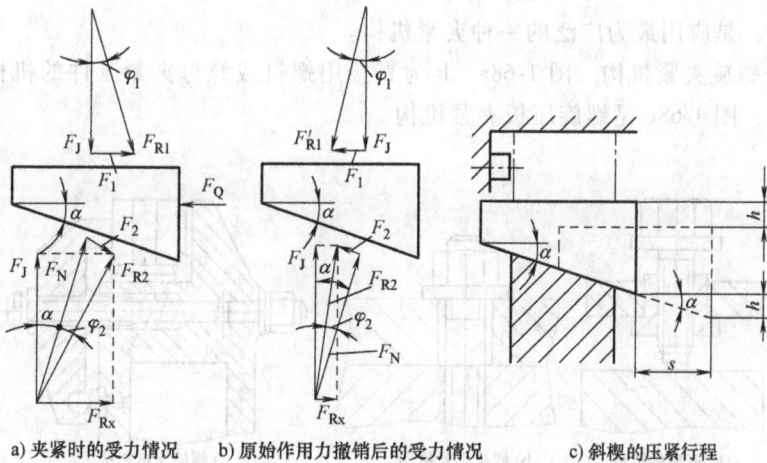

a) 夹紧时的受力情况　　b) 原始作用力撤销后的受力情况　　c) 斜楔的压紧行程

图 1-67　斜楔受力分析

因 　　　　　　　　　　$F_1 = F_J \tan\phi_1$　　$F_{RX} = F_J \tan\ (\alpha - \phi_2)$

代入上式　　　　　　　$F_J \tan\phi_1 > F_J \tan\ (\alpha - \phi_2)$　　$\tan\phi_1 > \tan\ (\alpha - \phi_2)$

由于正切函数在 0° 到 90° 范围内为增函数，所以

$$\phi_1 > \alpha - \phi_2$$

$$\alpha < \phi_1 + \phi_2$$

因此，斜楔的自锁条件是：斜楔的升角必须小于其两工作表面处（斜楔与工件、斜楔与夹具体之间）的摩擦角之和。

（3）斜楔的夹紧行程　斜楔的夹紧行程是指夹压工件的行程 h，由图 1-67c 所示，s 是斜楔夹紧工件过程中移动的距离，则

$$h = s \tan\alpha$$

行程扩大系数 i_S 也是衡量夹紧机构的重要指标，对斜楔夹紧机构，其系数为

$$i_S = \frac{h}{s} = \tan\alpha$$

从以上分析可以看出，斜楔升角 α 是设计斜楔夹紧机构的重要参数，但它对衡量斜楔夹紧机构的重要指标的影响是不同的。α 越小，其增力系数 i_p 越大，自锁性能越好，但夹紧行程扩大系数 i_S 越小，这是斜楔夹紧机构的一个重要特性。因此，在选择升角 α 时，必须同时考虑机构的增力、夹紧行程和自锁三方面的问题。为保证自锁和具有适当的夹紧行程，一般 α 角不得大于 12°。如果机构要求自锁而又要求有较大的夹紧行程时，可以采用双升角的斜楔，如图 1-66b 所示。斜楔升角大的一段用来使机构迅速趋近工件，而斜楔升角小的一段用来夹紧工件。

2. 螺旋夹紧机构

由螺钉、螺母、垫圈、压板等元件组成的夹紧机构，称为螺旋夹紧机构。图 1-68 所示是应用这种机构夹紧工件的实例。

螺旋夹紧机构不仅结构简单、容易制造，而且，由于螺旋是由平面斜楔缠绕在圆柱表面形成的，所以，螺旋夹紧机构的夹紧力计算、自锁性能等与斜楔相似。由于螺旋线长、升角小（$\alpha = 2°30' \sim 3°30'$），所以，螺旋夹紧机构自锁性能好、夹紧力（增力系数 $i_p = 65 \sim 140$）和夹紧行程大，是应用最为广泛的一种夹紧机构。

（1）单个螺旋夹紧机构　图 1-68a、b 为直接用螺钉或螺母夹紧工件的机构，称为单个螺旋夹紧机构，图 1-68c 是螺旋压板夹紧机构。

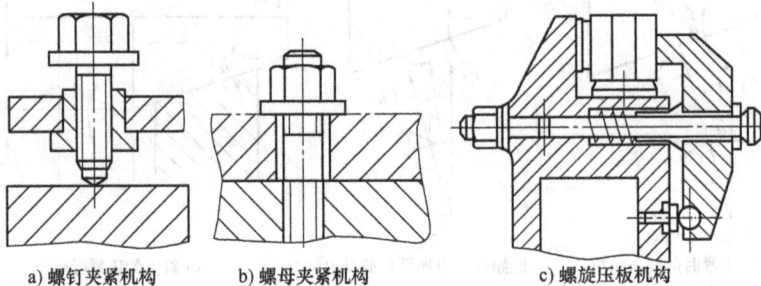

a) 螺钉夹紧机构　　　b) 螺母夹紧机构　　　c) 螺旋压板机构

图 1-68　螺旋夹紧机构

在图 1-68a 中，螺钉头直接压在工件表面上，接触面小、压强大，螺钉转动时，可能会损伤工件已加工表面，或带动工件旋转。克服这一缺点的办法是在螺钉头部装上图 1-69 所示的摆动压块。由于压块与工件间的接触面积大大增加，压强大大减小，不会损伤工件表面，而且由于压块与工件间的摩擦力矩大于压块与螺钉间的摩擦力矩，压块也不会随螺钉一起转动。如图 1-69a、b 所示，A 型的端面是光滑的，用于夹紧工件已加工表面。B 型端面有齿纹，用于夹紧工件的毛坯面。当要求螺钉只移动不转动时，可采用图 1-69c 所示结构。

夹紧动作慢，工件装卸费时是单个螺旋夹紧机构的另一个缺点。如图 1-68b 所示，装卸工件时，要将螺母拧紧或卸掉，费时费力。为克服这一缺点，图 1-70 为常见的几种提高螺旋夹紧机构工作效率的机构。图 1-70a 使用了开口垫圈，且所用螺母的外径小于工件的内

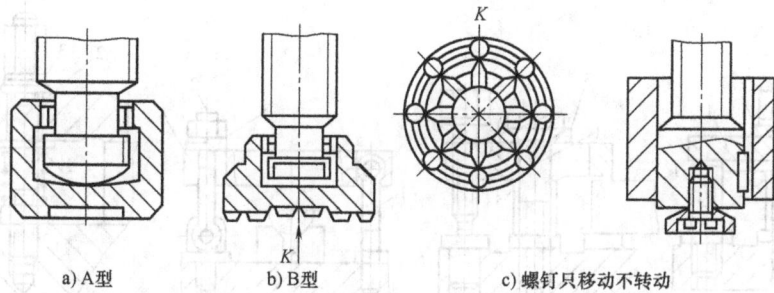

a) A型　　　　b) B型　　　　c) 螺钉只移动不转动

图 1-69　摆动压块

孔，当松夹时，螺母拧松半扣，抽出开口垫圈，工件即可从螺母上卸掉。图 1-70b 采用了快卸螺母，松夹时，将螺母旋松后，让其向右摆动即可直接卸掉螺母，实现快速装夹的目的。图 1-70c 所示为夹紧轴 1 上的直槽连着螺旋槽，先推动手柄 2，使摆动压块 3 迅速靠近工件，继而转动手柄，夹紧工件并自锁。图 1-70d 中的手柄 4 带动螺母旋转时，因手柄 5 的限制，螺母不能右移，致使螺杆带动摆动压块 3 向左移动，从而夹紧工件。松夹时，只要反转手柄 4，稍微松开后，即可转动手柄 5，为手柄 4 的快速右移让出了空间。拉动手柄 4 快速右移，实现快速装夹的目的。

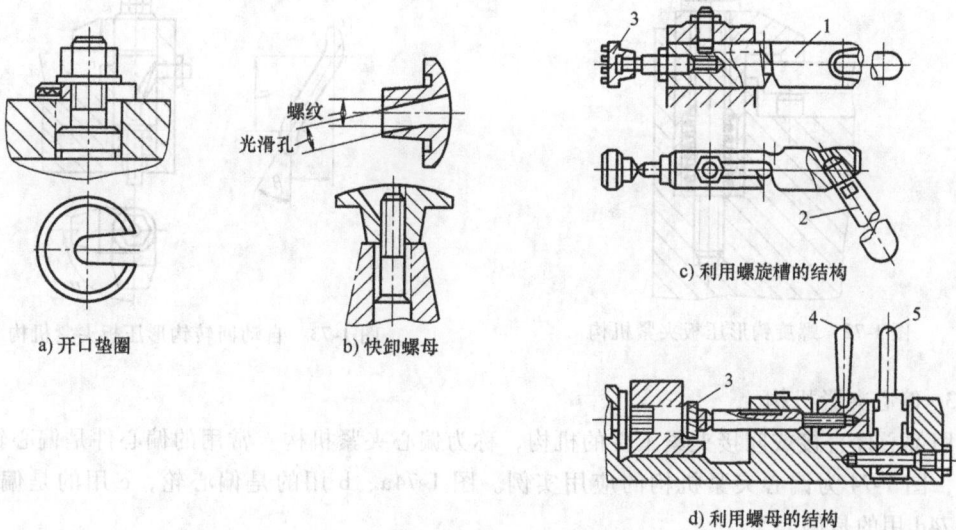

a) 开口垫圈　　　b) 快卸螺母　　　c) 利用螺旋槽的结构　　　d) 利用螺母的结构

图 1-70　快速螺旋夹紧机构

1—夹紧轴　2、4、5—手柄　3—摆动压块

　　（2）螺旋压板夹紧机构　夹紧机构中，螺旋压板夹紧机构应用最为广泛、结构形式也比较多样。图 1-71 为螺旋压板夹紧机构的四种典型结构。图 1-71a、b 为移动压板，图 1-71c、d 为转动压板。

　　图 1-72 为螺旋钩形压板夹紧机构，其特点是结构紧凑，使用方便。图 1-73 为自动回转的钩形压板夹紧机构。

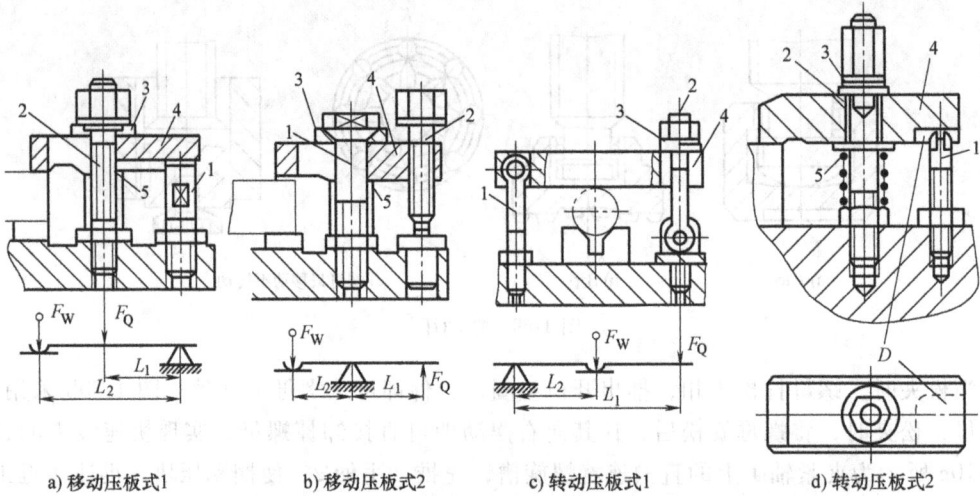

a) 移动压板式1　　b) 移动压板式2　　c) 转动压板式1　　d) 转动压板式2

图 1-71　是螺旋压板夹紧机构

1—固定螺栓　2—压紧螺栓　3—垫圈　4—压板　5—复位弹簧

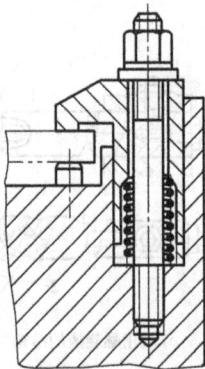

图 1-72　螺旋钩形压板夹紧机构

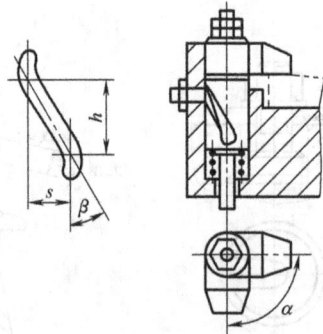

图 1-73　自动回转钩形压板夹紧机构

3. 偏心夹紧机构

用偏心件直接或间接夹紧工件的机构，称为偏心夹紧机构。常用的偏心件是偏心轮和偏心轴，图 1-74 为偏心夹紧机构的应用实例。图 1-74a、b 用的是偏心轮，c 用的是偏心轴，图 1-74d 用的是偏心叉。

偏心夹紧机构的特点是结构简单、操作方便、夹紧迅速，缺点是夹紧力（增力系数 $i_p = 7.5 \sim 12$）和夹紧行程小（夹紧行程为 1.4 倍的偏心距），自锁性能不稳定。一般用于切削力不大、振动小、没有离心力影响的场合。

（1）圆偏心轮的工作原理及其特性　图 1-75 为圆偏心轮直接夹紧工件的原理图。图中，O_1 是圆偏心轮的几何中心，R 是它的几何半径。O_2 是偏心轮的回转中心，O_1O_2 是偏心距 e。

若以 O_2 为圆心，r 为半径画圆（虚线圆），便把偏心轮分成了三部分。其中，虚线部分是个"基圆盘"，半径 $r = R - e$。另两部分是两个相同的弧形楔。当偏心轮绕回转中心 O_2 顺

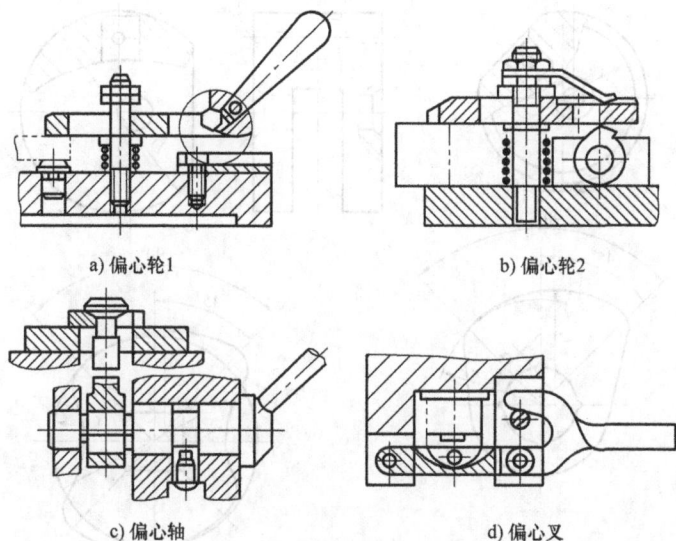

a) 偏心轮1　　　　　　　　b) 偏心轮2

c) 偏心轴　　　　　　　　d) 偏心叉

图 1-74　圆偏心夹紧机构

时针方向转动时，相当于一个弧形楔逐渐楔入"基圆盘"与工件之间，从而夹紧工件。

圆偏心轮实际上是斜楔的一种变型，与平面斜楔相比，主要区别是其工作表面上各夹紧点的升角不是一个常数，随着夹紧点的变化，其弧形楔的升角也是变化的，这是圆偏心轮夹紧机构的重要特性。

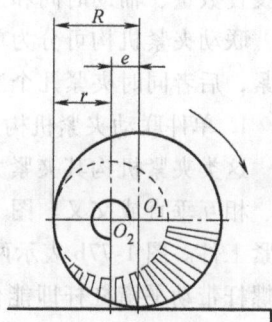

图 1-75　圆偏心轮工作原理

（2）圆偏心轮工作段的选择及夹紧行程　圆偏心轮工作转角范围内的那段圆周称为圆偏心轮的工作段。从理论上讲，圆偏心轮的工作段可以为 $0°\sim180°$，其夹紧行程为 $2e$。但实际应用中，圆偏心轮的工作转角一般小于 $90°$，因为转角太大，不仅操作费时，也不安全。常用的工作段的工作转角是 $45°\sim135°$，即如图 1-75 所示夹紧点左右 $45°$。因采用这一工作段，升角变化小，夹紧行程大。

（3）圆偏心轮的自锁条件　由于圆偏心轮夹紧工件的实质是弧形楔夹紧工件，因此，圆偏心轮的自锁条件应与斜楔的自锁条件相同，虽然，弧形楔的升角是变化的，但如图 1-75 所示夹紧点处的升角最大，只要该夹紧点处能自锁，则其他各夹紧点必然能自锁。所以，偏心机构的自锁条件为

当 $f=0.1$ 时，$\dfrac{D}{e}\geq20$；当 $f=0.15$ 时，$\dfrac{D}{e}\geq14$

式中符号如图 1-76 所示。

（4）圆偏心轮的结构　圆偏心轮已经标准化，其结构如图 1-76 所示，参数可查有关手册。

1.5.4　联动夹紧机构

利用单一力源实现单件或多件的多点、多向同时夹紧的机构称为联动夹紧机构。联动夹

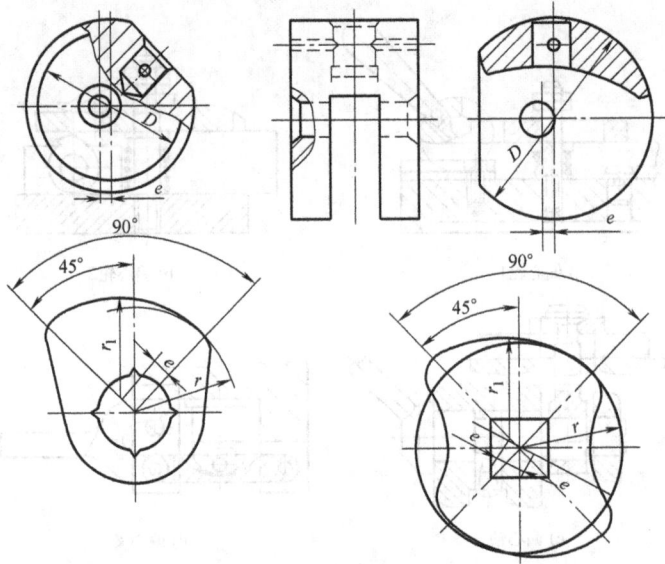

图 1-76　标准偏心轮结构

紧机构便于实现多件加工，故能减少机动时间。又因集中操作，简化了操作程序，可减少动力装置数量、辅助时间和工人劳动强度等，因而能有效地提高生产率。

联动夹紧机构可分为单件联动夹紧机构和多件联动夹紧机构。前者对一个工件实现多点夹紧，后者同时夹紧几个工件。

1. 单件联动夹紧机构

这类夹紧机构其夹紧力作用点有两点、三点或多至四点，夹紧力的方向可以相同、相反、相互垂直或交叉。图 1-77a 表示两个夹紧力互相垂直，拧紧手柄可在右侧面和顶面同时夹紧工件。图 1-77b 表示两个夹紧力方向相同，各构件间采用铰链连接，拧紧右边螺母，通过螺杆带动平衡杠杆即能使两副压板均匀地同时夹紧工件。图 1-77c 的两个夹紧力是对向的，它是一种浮动的辅助夹紧装置，在工件定位、夹紧后，用它去夹紧工件上刚度较差的部位。当旋转螺母 1 时，卡爪 3 向左移动，螺杆的锥体部分迫使锥套推动卡爪 4 向右移动，使

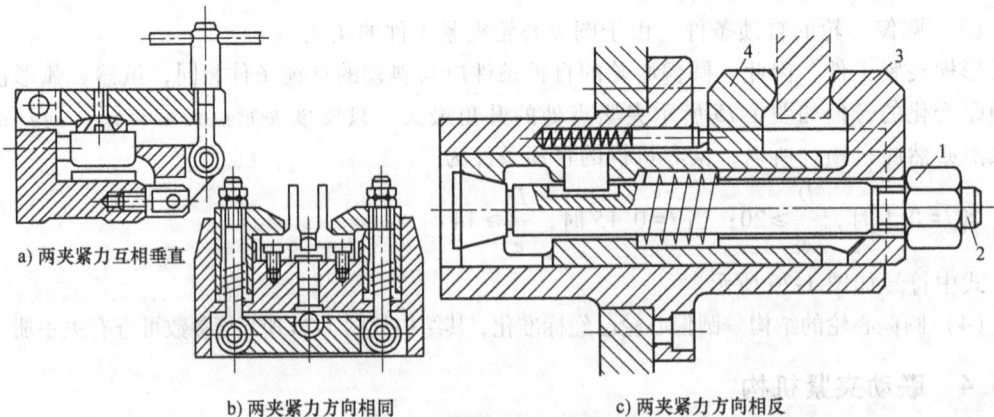

a) 两夹紧力互相垂直

b) 两夹紧力方向相同　　c) 两夹紧力方向相反

图 1-77　单件联动夹紧机构

两爪同时将工件刚度较差的部分夹紧。继续拧紧螺母 1，则锥体迫使卡爪的弹性筒夹涨开使之卡紧在夹具体中，从而完成辅助夹紧和锁紧任务，提高工件的装夹刚度。松夹时，反转螺母，弹簧迫使两个卡爪后退，即可松开工件。

2. 多件联动夹紧机构

多件联动夹紧机构一般有平行式多件联动夹紧机构和连续式多件联动夹紧机构。

（1）平行式多件夹紧　如图 1-78a 所示，在四个 V 形块上装四个工件，各夹紧力互相平行，若采用刚性压板，则因一批工件定位直径实际尺寸不一致，使各工件所受的夹紧力不等，甚至夹不紧工件。如果采用图 1-78b 所示三个浮动压板的结构，既可同时夹紧工件，且各工件所受的夹紧力相等。

（2）连续式多件夹紧　图 1-79 为同时铣削四个工件的夹具。工件以外圆柱面在 V 形块中定位，当压缩空气推动活塞 1 向下移动时，活塞杆 2 上的斜面推动滚轮 3 使推杆 4 向右移动，通过杠杆 5 使顶杆 6 顶紧 V 形块 7，通过中间三个移动 V 形块 8 及固定 V 形块 9，连续夹紧四个工件，理论上每个工件所受的夹紧力等于总夹紧力。加工完毕后，活塞 1 做反方向移动，推杆 4 在弹簧的作用下退回原位，V 形块松开，卸下工件。

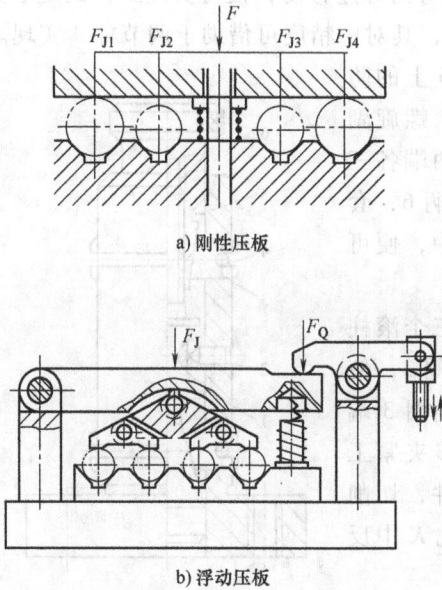

图 1-78　平行式多件夹紧
F_J—夹紧力　F_Q—原始作用力

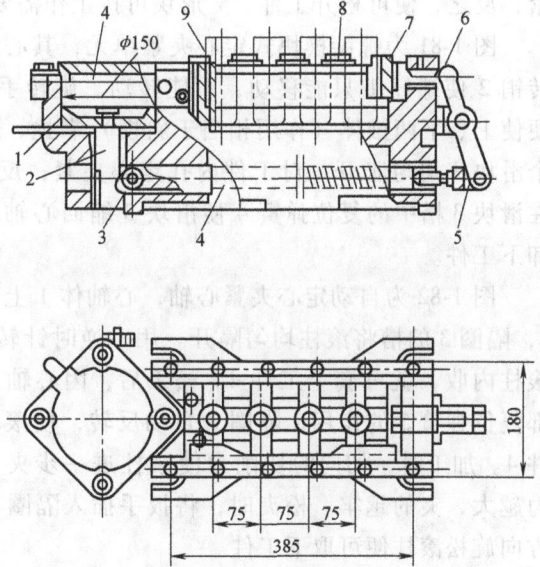

图 1-79　连续式多件夹紧
1—活塞　2—活塞杆　3—滚轮　4—推杆　5—杠杆
6—顶杆　7—V 形块　8—移动 V 形块　9—固定 V 形块

这种连续夹紧方式，由于工件的误差和定位-夹紧元件的误差依次传递，逐个积累，造成工件在夹紧方向的位置误差非常大，故只适用于在夹紧方向上没有加工要求的工件。

1.5.5　定心夹紧机构

在机械加工中，常遇到许多以轴线、对称面或对称中心为工序基准的工件，这类工序基准虽然理论上是存在的，但往往是以其基面来体现。为了使定位基准与工序基准重合，消除基准不重合误差对加工精度的影响，就必须采用定心夹紧机构。

　　定心夹紧机构具有在实现定心作用的同时将工件夹紧的特点。如车床上的自定心卡盘等。定心夹紧机构的特点是：机构中与工件接触的元件即是定位元件也是夹紧元件（称工作元件），工作元件能同步趋近或离开工件，能均分定位基面的公差。正是由于这些特点，能使工件的定位基准与工序基准重合，并且使定位基准不产生位移，从而实现定心夹紧的作用。

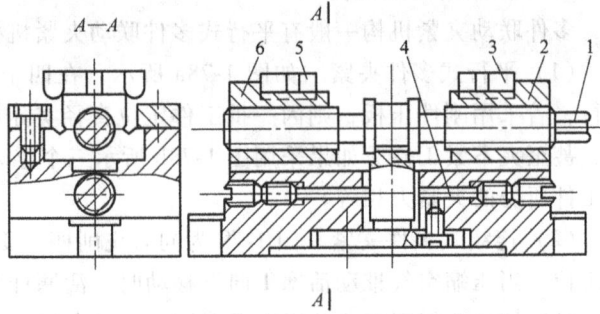

图 1-80　虎钳式定心夹紧机构

1—双头螺杆　2、6—螺纹滑座　3、5—V 形块　4—调节杆

　　1. 等速移动定心夹紧机构

　　此类机构是利用工作元件的等速移动来实现定心夹紧。

　　图 1-80 为虎钳式定心夹紧机构，操作双头螺杆 1，使左、右旋螺纹带动滑座 6、2 上的 V 形块 5、3（工作元件）作对向等速移动，便可实现工件的定心夹紧，反之，便可松开工件。V 形块可按工作需要更换，其对中精度可借助于调节杆 4 实现。

　　图 1-81 为螺旋楔块式定心夹紧单元，其心轴体 5 上的防转销 2 使螺杆 1 只能移动，不能转动。旋转手柄 6，螺旋副便使上、下两锥体（作用相当于斜楔）靠拢，迫使两端各三个滑块 3 均匀胀开，对工件内孔定心夹紧；反转手柄 6，套在滑块 3 槽中的复位弹簧 4 使滑块 3 缩回心轴体 5 中，便可卸下工件。

　　图 1-82 为自动定心夹紧心轴，心轴体 1 上放置三个滚柱 2，隔圈 3 的槽将滚柱均匀隔开。用手逆时针转动隔圈 3，使滚柱内收，就可套上工件 4。松手后，因心轴 1 与隔圈 3 端部复位弹簧 5 的作用，隔圈 3 自动反转，使滚柱初步夹紧工件 4。加工时，切向的切削力使滚柱进一步夹紧工件，切削力越大，夹的越牢。松夹时，将扳手插入隔圈 3 的孔 K 中反方向旋松滚柱便可取下工件。

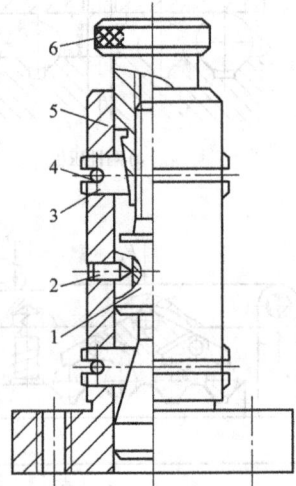

图 1-81　螺旋楔块式
定心夹紧单元

1—螺杆　2—防转销　3—滑块　4—复
位弹簧　5—心轴体　6—手柄

　　这一类定心夹紧机构的共同特点是具有较大的夹紧力和夹紧行程，但受其配合间隙的影响，定心精度低。故只适用于工件定心精度要求不高的精加工或粗加工。

　　2. 均匀变形定心夹紧机构

　　（1）弹性筒夹定心夹紧机构　图 1-83a 为装夹工件以外圆柱面定位的弹簧夹头，图 1-83b 为装夹工件以内孔定位的弹簧心轴。这类机构的主要元件是弹性筒夹 2，它是在一个锥形套筒上开出 3~4 条轴向槽而形成的。旋转螺母 4 时，在螺母端面的作用下，弹性筒夹在锥套内向左移动，锥套 3 迫使弹性筒夹收缩变形，从而使工件外圆定心并被夹紧。反向旋转螺母，即可卸下工件。图 1-83b 中的弹性筒夹 2，是从两端开出 3~4 条轴向槽而形成。旋转螺母 4 时，由于锥套 3 和心轴 1 上圆锥面的作用，迫使弹性筒夹

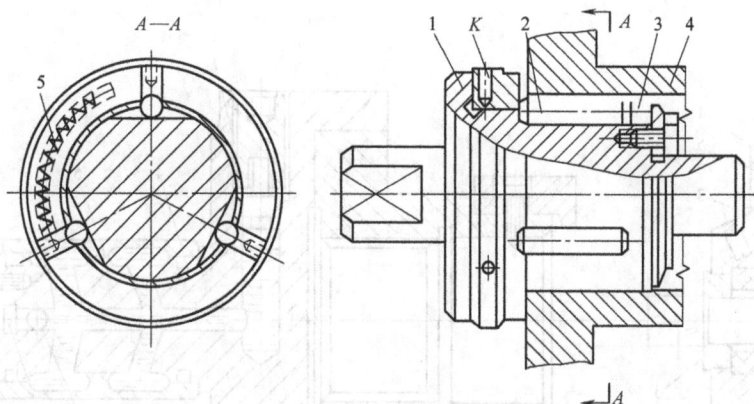

图 1-82　自动定心夹紧心轴

1—心轴体　2—滚柱　3—隔圈　4—工件　5—复位弹簧

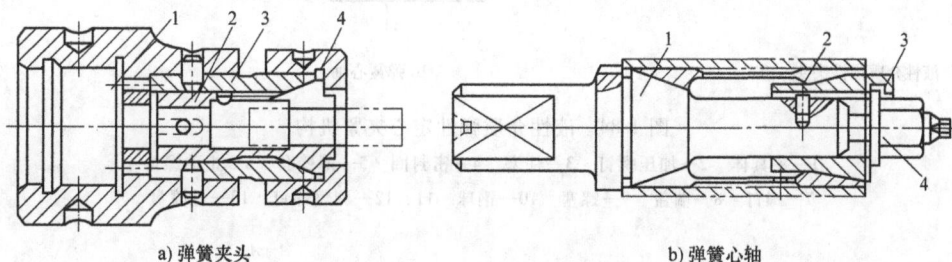

a) 弹簧夹头　　　　　　　　　　　b) 弹簧心轴

图 1-83　弹簧夹头和心轴

1—心轴　2—弹性筒夹　3—锥套　4—螺母

向外胀开，使工件圆孔定心并夹紧。反转螺母，即可松夹。

弹性筒夹的结构参数、材料及热处理等，可参考有关手册。

（2）液性介质弹性定心夹紧机构　图 1-84 为液性介质弹性夹头（图 1-84a）和弹簧心轴（图 1-84b）。弹性元件为薄壁套 5，它的两端与夹具体 1 为过渡配合，两者间的环形槽与通道内注满液性塑料（图 1-84a）或黄油、全损耗系统用油（图 1-84b）。拧紧加压螺钉 2，使柱塞 3 对密封腔内的介质施加压力，迫使薄壁套产生均匀的径向弹性变形，将工件定心并夹紧。当反向拧紧加压螺钉 2 时，腔内压力减小，薄壁套靠自身弹性恢复原始状态而使工件松开。

液性介质弹性心轴的定心精度一般为 0.01mm，最高可达 0.005mm。由于薄壁套的弹性变形不能过大，一般径向变形量 $\varepsilon = (0.002 \sim 0.005)D$，因此，它只适用于定位孔精度较高的精车、磨削和齿轮加工等精加工工序。

薄壁套的结构尺寸、材料及热处理等，可查有关手册。

（3）膜片卡盘定心夹紧机构　图 1-85 为膜片卡盘。弹性元件为膜片 2，其上有六个或更多个卡爪 3，卡爪工作表面的直径应略小（另一种是略大）于工件定位基面的直径，一般约 0.4mm。装夹工件时，用推杆 10 将膜片推向外凸起变形，其上的卡爪张开，工件在三个支承钉 9 上轴向定位后，推杆退回，膜片在其恢复弹性变形的趋势下，带动卡爪对工件定心并夹紧。卡爪 3 是可以更换的，以适应不同尺寸工件的需要，更换完毕后，应重磨卡爪的工作表面。

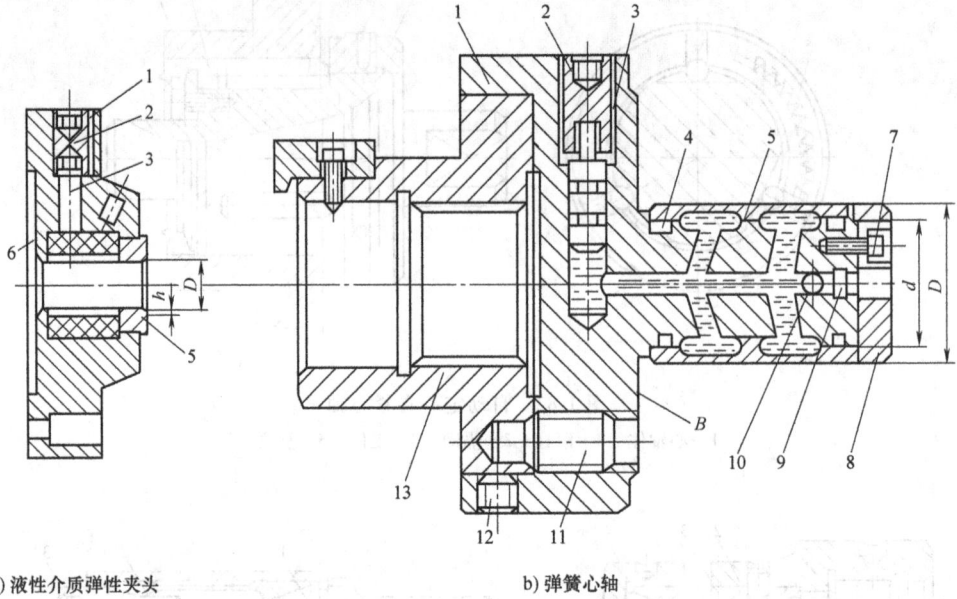

a) 液性介质弹性夹头　　　　　　　b) 弹簧心轴

图 1-84　液性介质弹性定心夹紧机构

1—夹具体　2—加压螺钉　3—柱塞　4—密封圈　5—薄壁套　6—止动螺钉

7—螺钉　8—端盖　9—螺塞　10—钢球　11、12—调整螺钉　13—过渡盘

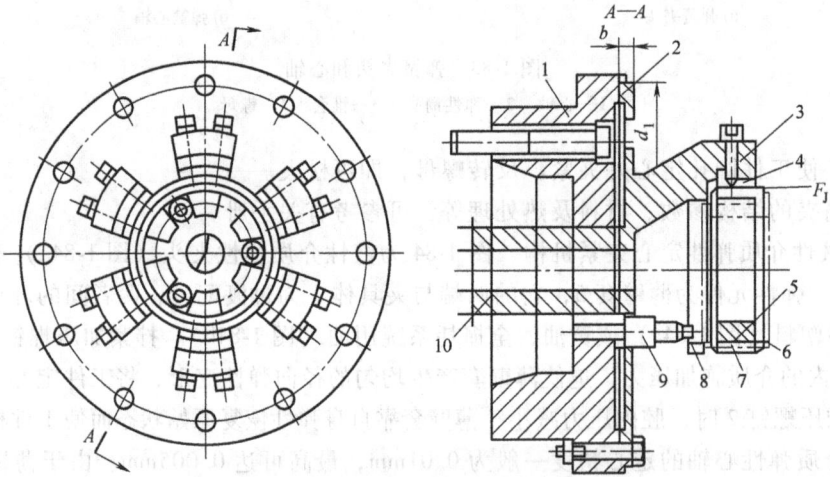

图 1-85　膜片卡盘定心夹紧机构

1—夹具体　2—膜片　3—夹爪　4—夹爪端块　5—工件　6—保持器　7—滚柱　8—预胀环　9—支承钉　10—推杆

F_J—夹紧力

这一类定心夹紧机构的特点是：夹紧行程小，定心精度高。

1.5.6　气动夹紧装置

机动夹紧装置有气动夹紧装置、液动夹紧装置、电磁夹紧装置、真空夹紧装置等，其中，气动夹紧装置应用最为广泛。

1. 气压夹紧装置的特点

1）动作迅速，反应快。气压为 0.5MPa 时，管道气流速度一般为 8～15m/s，活塞运动速度为 1～10m/s，使夹具每小时松夹可达上千次。

2）工作压力低（0.4～0.6MPa），因而气动回路及其结构较为简单，对装置所用材质、制造精度要求较低，制造成本也就较低。

3）空气黏度小，输送中压力损失小，能实现远距离输送、操纵或控制等。

4）空气取之不尽、用之不竭，废气对环境污染小。

5）主要缺点是，空气可压缩性大，切削载荷大小的变化对夹紧刚度及稳定性影响较大。此外，因工作压力低，使动力装置的结构尺寸增大、不紧凑。

2. 气动夹紧装置的主要设计内容

1）气缸的结构形式、直径、行程的设计。

2）控制阀和辅助装置的配置和选用。

3）回路的布置，安装和管件的选用。

设计图样一般应有气压传动回路图（用规定图形符号画出），以及管路的安装施工图等。

3. 气缸的选择和设计

气缸的种类，按活塞结构分为活塞式和薄膜式；按进气方式分为单作用式和双作用式；按气缸安装方式分为固定式、摆动式、回转式、嵌入式和组合式等。

（1）固定式活塞式气缸　图 1-86 为固定的双作用活塞式气缸，由缸体 1，缸盖 2 与 4，活塞 6 和活塞杆 3 组成。活塞在压缩空气推动下作往复直线运动，实现夹紧和松开。

各种气缸的结构参数和推力（或拉力）可从夹具手册中查到。

（2）回转式活塞式气缸　它用于做回转运动的夹具，如车、磨用夹具等。图 1-87 为采用回转气缸的车床气

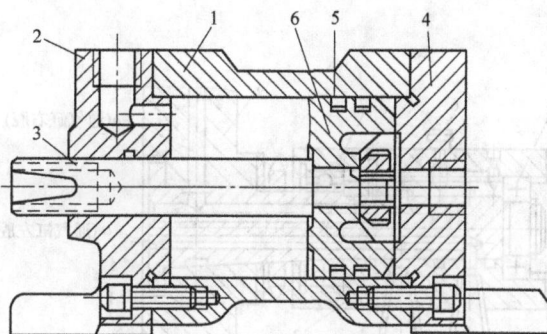

图 1-86　固定双作用活塞式气缸
1—缸体　2、4—缸盖　3—活塞杆　5—密封圈　6—活塞

动卡盘，它由卡盘 1，回转气缸 6 和导气接头 8 三个部分组成。卡盘以其过渡盘 2 安装在主轴 3 前端的轴颈上，回转气缸则通过连接盘 5 安装在主轴末端，活塞 7 和卡盘 1 用拉杆 4 相连。加工时，卡盘和回转气缸随主轴一起旋转，导气接头不转动。

导气接头的结构如图 1-88 所示。支承心轴 1 右端固定在气缸盖 8 上，壳体 2 通过两个滚动轴承 5 和 7 装配在支承心轴的轴颈上，支承心轴随气缸和轴承内圈一起转动，壳体 2 则静止不动。

当压缩空气从管接头 3 输入，经环形槽和孔道 b 进入气缸右腔时，活塞向左移动并带动钩形压板压紧工件。此时左腔废气经由孔道 a 和环形槽从管接头 4 的管道至配气阀排入大气中。反之，当配气阀手柄换位时，压缩空气经由管接头 4、环形槽和孔道 a 进入左腔，工件松夹，气缸右腔废气便从管接头 3 经配气阀排出。

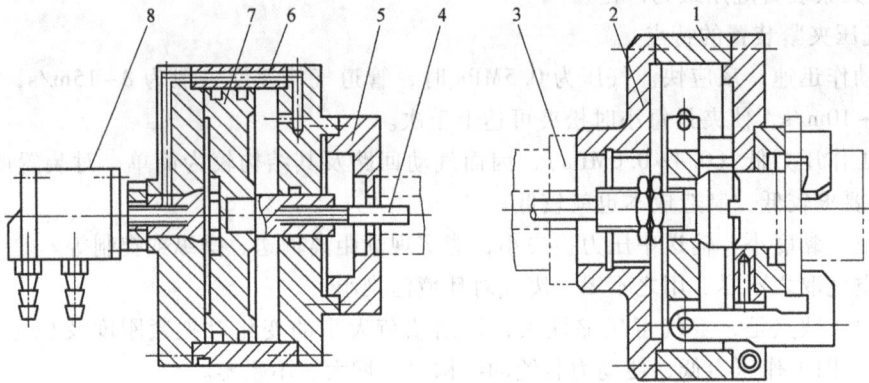

图 1-87　车床气动卡盘

1—卡盘　2—过渡盘　3—主轴　4—拉杆　5—连接盘　6—回转气缸　7—活塞　8—导气接头

回转式气缸必须密封可靠，回转灵活。导气接头的壳体与心轴之间应有 0.007 ~ 0.015mm 的间隙，以保证导气接头中的运动副获得充分润滑而不因摩擦发热而咬死。

（3）薄膜式气缸　图 1-89 为单向作用的薄膜式气缸。当压缩空气从接头 1 进入气缸作用在薄膜 5 和托盘 4 上时，推杆 6 右移夹紧工件；松夹时靠弹簧 2、3 的弹力推动托盘左移，废气仍从接头 1 排出。

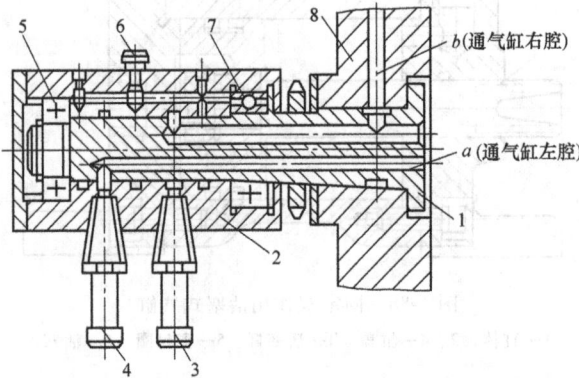

图 1-88　导气接头

1—支承心轴　2—壳体　3、4—管接头　5、7—滚
动轴承　6—油孔螺塞　8—气缸盖

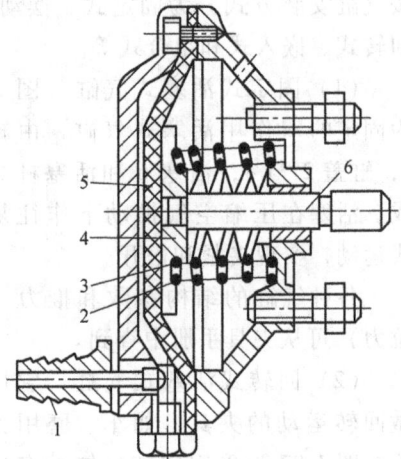

图 1-89　单作用薄膜式气缸

1—接头　2、3—弹簧　4—托盘
5—薄膜　6—推杆

薄膜式气缸与活塞式气缸相比，优点是结构简单，容易制造，不需密封装置，成本较低。缺点是受薄膜变形量限制，工作行程一般不超过 30 ~ 40mm；推力也小，并随着夹紧行程的增大而减小。

1.6　工艺路线的拟订

拟订工艺路线是指拟订零件加工所经过的有关部门和工序的先后顺序。工艺路线的拟订是工艺规程制定过程中的关键阶段，是工艺规程制定的总体设计，其主要任务包括加工方法的确定、加工顺序的安排、工序集中与分散的确定等内容。工艺路线拟订的合理与否，不仅影响加工质量和生产率，而且影响工人、设备、工艺装备及生产场地等的合理利用，从而影响生产成本。它与零件的加工要求、生产批量及生产条件等诸多因素有关。拟订时一般应提出几种方案，结合实际情况分析比较，确定较为合理的工艺路线。

1.6.1　加工方法的确定

确定加工方法时，一般先根据表面的加工精度和表面粗糙度要求，选定最终加工方法，然后再确定从毛坯表面到最终成形表面的加工路线，即确定加工方案。由于获得同一精度和同一表面粗糙度的方案有好几种，在具体选择时，还应考虑工件的结构形状和尺寸、工件材料的性质、生产类型、生产率和经济性、生产条件等。

（1）加工经济精度和经济表面粗糙度　任何一个表面加工中，影响选择加工方法的因素很多，每种加工方法在不同的工作条件下所能达到的精度和经济效果均不同。也就是说所有的加工方法能够获得的加工精度和表面粗糙度均有一个较大的范围。例如，选择较低的切削用量，精细地操作，就能达到较高精度。但是，这样会降低生产率，增加成本。反之，如增大切削用量，提高生产率，成本能够降低，但精度也降低了。所以在确定加工方法时，应根据工件的每个加工表面的技术要求来选择与经济精度相适应的加工方案，而这一经济精度指的是在正常加工条件下（采用符合质量标准的设备、工艺装备和标准技术等级的工人，不延长加工时间）所能保证的加工精度，相应的表面粗糙度称为经济表面粗糙度。由统计资料表明，各种加工方法的加工误差和加工成本之间的关系呈负指数函数曲线形状，如图 1-90 所示。图中横坐标是加工误差 Δ，纵坐标是成本 Q。在 A 点左侧，精度不易提高，且有一极限值（Δ 极）；在 B 点右侧，成本不易降低，也有一极限值（Q 极）。曲线 AB 段的精度区间属经济精度范围。

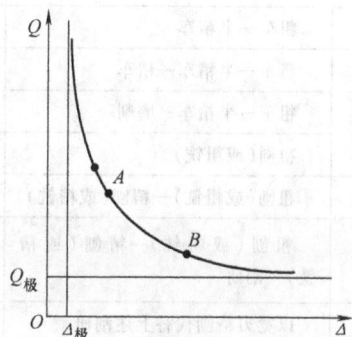

图 1-90　加工误差（或加工精度）和成本的关系

表 1-10～表 1-12 分别摘录了外圆、平面、孔的加工方法、加工方案及其经济精度和经济表面粗糙度。表 1-13、表 1-14 摘录了中心线平行、中心线垂直的孔的位置与方向精度，供选用时参考。

表 1-10　外圆柱面加工方法

序号	加工方法	加工经济精度 （公差等级表示）	经济表面粗糙度值 $Ra/\mu m$	适用范围
1	粗车	IT11～13	12.5～50	
2	粗车—半精车	IT8～10	3.2～6.3	适用于淬火钢以外的各种金属
3	粗车—半精车—精车	IT7～8	0.8～1.6	
4	粗车—半精车—精车—滚压（或抛光）	IT7～8	0.025～0.2	

（续）

序号	加工方法	加工经济精度 （公差等级表示）	经济表面粗糙度值 $Ra/\mu m$	适用范围
5	粗车—半精车—磨削	IT7～8	0.4～0.8	主要用于淬火钢，也可用于未淬火钢，但不宜加工非铁合金
6	粗车—半精车—粗磨—精磨	IT6～7	0.1～0.4	
7	粗车—半精车—粗磨—精磨—超精加工（或轮式超精磨）	IT5	0.012～0.1（或 Rz0.1）	
8	粗车—半精车—精车—精细车（金刚车）	IT6～7	0.025～0.4	主要用于要求较高的非铁合金加工
9	粗车—半精—粗磨—精磨—超精磨	IT5以上	<0.025	极高精度的外圆加工
10	粗车—半精车—粗磨—精磨—研磨	IT5以上	<0.1（或 Rz0.05）	

表 1-11　平面加工方法

序号	加工方法	加工经济精度 （公差等级表示）	经济表面粗糙度值 $Ra/\mu m$	适用范围
1	粗车	IT11～13	12.5～50	端面
2	粗车—半精车	IT8～10	3.2～6.3	
3	粗车—半精车—精车	IT7～8	0.8～1.6	
4	粗车—半精车—磨削	IT6～8	0.2～0.8	
5	粗刨（或粗铣）	IT11～13	6.3～25	一般不淬硬平面（端铣表面粗糙度 Ra 值较小）
6	粗刨（或粗铣）—精刨（或精铣）	IT8～10	1.6～6.3	
7	粗刨（或粗铣）—精刨（或精铣）—刮研	IT6～7	0.1～0.8	精度要求较高的不淬硬平面，批量较大时宜采用宽刃精刨方案
8	以宽刃精刨代替上述刮研	IT7	0.2～0.8	
9	粗刨（或粗铣）—精刨（或精铣）—磨削	IT7	0.2～0.8	精度要求高的淬硬平面，或不淬硬平面
10	粗刨（或粗铣）—精刨（或精铣）—粗磨—精磨	IT6～7	0.25～0.4	
11	粗铣—拉削	IT7～9	0.2～0.8	大量生产，较小的平面（精度视拉刀精度而定）
12	粗铣—精铣—磨削—刮研	IT5以上	<0.1（或 Rz0.05）	高精度平面

表 1-12　孔加工方法

序号	加工方法	加工经济精度 （公差等级表示）	经济表面粗糙度值 $Ra/\mu m$	适用范围
1	钻	IT11～13	12.5	加工未淬火钢及铸铁的实心毛坯，也可用于加工非铁合金。孔径小于15～20mm
2	钻—扩	IT8～10	1.6～6.3	
3	钻—粗铰—精铰	IT7～8	0.8～1.6	

（续）

序号	加工方法	加工经济精度（公差等级表示）	经济表面粗糙度值 $Ra/\mu m$	适用范围
4	钻—扩	IT10~11	6.3~12.5	加工未淬火钢及铸铁的实心毛坯,也可用于加工非铁合金。孔径小于 15~20mm
5	钻—扩—铰	IT8~9	1.6~3.2	
6	钻—扩—粗铰—精铰	IT7	0.8~1.6	
7	钻—扩—机铰—手铰	IT6~7	0.2~0.4	
8	钻—扩—拉	IT7~9	0.1~1.6	大批大量生产(精度由拉刀的精度而定)
9	粗镗(或扩孔)	IT11~13	6.3~12.5	除淬火钢外各种材料,毛坯有铸出孔或锻出孔
10	粗镗(粗扩)—半精镗(精扩)	IT9~10	1.6~3.2	
11	粗镗(粗扩)—半精镗(精扩)—精镗(铰)	IT7~8	0.8~1.6	
12	粗镗(粗扩)—半精镗(精扩)—精镗—浮动镗刀精镗	IT6~7	0.4~0.8	
13	粗镗(扩)—半精镗—磨孔	IT7~8	0.2~0.8	主要用于淬火钢,也可用于未淬火钢,但不宜用于非铁合金
14	粗镗(扩)—半精镗—粗磨—精磨	IT6~7	0.1~0.2	
15	粗镗—半精镗—精镗—精细镗(金刚镗)	IT6~7	0.05~0.4	主要用于精度要求较高的非铁合金加工
16	钻(扩)—粗铰—精铰—珩磨；钻(扩)—拉—珩磨；粗镗—半精镗—精镗—珩磨	IT6~7	0.025~0.2	主要用于精度要求很高的孔
17	以研磨代替序号16中的珩磨	IT5~6	<0.1	

表 1-13　中心线平行的孔的位置精度（经济精度）　（单位：mm）

加工方法	工件的定位	两孔中心线间的距离误差或从孔中心线到平面的距离误差	加工方法	工件的定位	两孔中心线间的距离误差或从孔中心线到平面的距离误差
立钻或摇臂钻上钻孔	用钻模	0.1~0.2	卧式镗床上镗孔	用镗模	0.05~0.08
	按划线	1.0~3.0		按定位样板	0.08~0.2
立钻或摇臂钻上镗孔	用镗模	0.05~0.08		按定位器的指示读数	0.04~0.06
车床上镗孔	按划线	1.0~2.0		用量块	0.05~0.1
	用带有滑座的尺	0.1~0.3		用内径千分尺或用塞尺	0.05~0.25
坐标镗床上镗孔	用光学仪器	0.004~0.015		用程序控制的坐标装置	0.04~0.05
金刚镗床上镗孔	—	0.008~0.02		用游标卡尺	0.2~0.4
多轴组合机床上镗孔	用镗模	0.03~0.05		按划线	0.4~0.6

表 1-14　中心线相互垂直的孔的方向精度（经济精度）　　　　（单位：mm）

加工方法	工件的定位	在 100mm 长度上中心线的垂直度	中心线的倾斜度	加工方法	工件的定位	在 100mm 长度上中心线的垂直度	中心线的倾斜度
立式钻床上钻孔	用钻模	0.1	0.5	卧式镗床上镗孔	用镗模	0.04~0.2	0.02~0.06
	按划线	0.5~1.0	0.2~2		回转工作台	0.06~0.3	0.03~0.08
铣床上镗孔	回转工作台	0.02~0.05	0.1~0.2		按指示器调整零件回转	0.05~0.15	0.1~1.0
	回转分度头	0.05~0.1	0.3~0.5		按划线	0.5~1.0	0.5~2.0
多轴组合机床镗孔	用镗模	0.02~0.05	0.01~0.03				

　　根据经济精度和经济表面粗糙度的要求，采用相应的加工方法和加工方案，以提高生产率，取得较好的经济性。例如，加工除淬火钢以外的各种金属材料的外圆柱表面，当精度在 IT11~IT13、表面粗糙度值 Ra 在 12.5~50μm 之间时，采用粗车的方法即可；当精度在 IT7~IT8、表面粗糙度值 Ra 在 0.8~1.6μm 之间时，可采用粗车—半精车—精车的加工方案，这时，如采用磨削加工方法，由于其加工成本太高，一般来说是不经济的。反之，在加工精度为 IT6 级的外圆柱表面时，需在车削的基础上进行磨削，如不用磨削，只采用车削，由于需仔细刃磨刀具、精细调整机床、采用较小的进给量等，加工时间较长，也是不经济的。

　　（2）工件的结构形状和尺寸　工件的形状和尺寸影响加工方法的选择。如小孔一般采用钻、扩、铰的方法；大孔常采用镗削的加工方法；箱体上的孔一般难以拉削或磨削而采用镗削或铰削；对于非圆的通孔，应优先考虑用拉削或批量较小时用插削加工；对于难磨削的小孔，则可采用研磨加工。

　　（3）工件材料的性质　经淬火后的表面，一般应采用磨削加工；材料未淬硬的精密零件的配合表面，可采用刮研加工；对硬度低而韧性较大金属，如铜、铝、镁铝合金等非铁合金，为避免磨削时砂轮的嵌塞，一般不采用磨削加工，而采用高速精车、精镗、精铣等加工方法。

　　（4）生产类型　所选用的加工方法要与生产类型相适应。大批、大量生产应选用生产率高和质量稳定的加工方法，例如，平面和孔可采用拉削加工，单件、小批生产则应选择设备和工艺装备易于调整，准备工作量小，工人便于操作的加工方法。例如，平面采用刨削、铣削，孔采用钻、扩、铰或镗的加工方法。又如，为保证质量可靠和稳定，保证有高的成品率，在大批、大量生产中采用珩磨和超精磨加工精密零件，也常常降级使用一些高精度的加工方法加工一些精度要求并不太高的表面。

　　（5）生产率和经济性　对于较大的平面，铣削加工生产率较高，窄长的工件宜用刨削加工；对于大量生产的低精度孔系，宜采用多轴钻；对批量较大的曲面加工，可采用机械靠模加工、数控加工和特种加工等加工方法。

　　（6）生产条件　选择加工方法，不能脱离本厂实际，充分利用现有设备和工艺手段，发挥技术人员的创造性，挖掘企业潜力，重视新技术、新工艺的推广应用，不断提高工艺水平。

1.6.2 加工顺序的安排

零件一般不可能在一个工序中加工完成，需要分几个阶段来进行加工。在加工方法确定以后，开始安排加工顺序，即确定哪些结构先加工，哪些结构后加工，以及热处理工序和辅助工序等。零件加工顺序的合理安排，能够提高加工质量和生产率，降低加工成本，获得较好的经济效益。

1. 加工阶段的划分

（1）粗加工阶段　主要切除各表面上的大部分加工余量，使毛坯形状和尺寸接近于成品，为后序加工创造条件。

（2）半精加工阶段　完成次要表面的加工，并为主要表面的精加工做准备。

（3）精加工阶段　保证主要表面达到图样要求。

（4）光整加工阶段：对表面粗糙度及加工精度要求高的表面，还需进行光整（达到 IT6 级以上和 $Ra<0.32\mu m$），提高表面层的物理力学性能。这个阶段一般不能用于提高零件的几何精度。

有些毛坯的加工余量大，表面极其粗糙，应进行荒加工阶段（即去皮加工阶段），通常在毛坯准备车间进行。对有些重型零件或加工余量小、精度不高的零件，则可以在一次装夹后完成表面的粗、精加工。

2. 划分加工阶段的原因

（1）利于保证加工质量　工件粗加工因加工余量大，其切削力、夹紧力也较大，将造成加工误差，工件在划分加工阶段后，可以在以后的加工阶段中纠正或减小误差，以提高加工质量。

（2）便于合理使用设备　粗加工可采用刚度好、效率高、功率大、精度相对低的机床，精加工则要求机床精度高。划分加工阶段后，可以充分发挥各类设备的优势，满足加工的要求。

（3）便于安排热处理工序　粗加工后，工件残余应力大，一般要安排去应力的热处理工序。精加工前要安排淬火等最终热处理，其变形可以通过精加工予以消除。

（4）便于及时发现毛坯缺陷　毛坯经粗加工阶段后，可以及时发现和处理缺陷，以免造成对缺陷工件继续加工而造成浪费。

（5）避免损伤已加工表面　精加工工序安排在最后，可以避免加工好的表面在搬运和夹紧中受到损伤。

应当指出，工艺过程划分阶段是指零件加工的整个过程而言，不能从某一表面的加工或某一工序的性质来判断。例如，某些定位基准面的精加工，在半精加工甚至粗加工阶段就加工得很准确，无需放在精加工阶段。

3. 工序集中与工序分散

工序集中与工序分散是拟订工艺路线时，确定工序数目或工序内容多少的两种不同的原则，它与设备类型的选择有密切关系。

（1）工序集中与工序分散的性质　工序集中就是将工件的加工集中在少数几道工序内完成，每道工序的加工内容较多。工序集中可采用技术上措施集中，称为机械集中，如多刃、多刀加工，自动机床和多轴机床加工等，也可采用人为的组织措施集中，称为组织集中，如卧式车床的顺序加工。工序分散就是将工件的加工分散在较多的工序内进行，每道工序的加工内容较少，有些工序只包含一个工步。

（2）工序集中与工序分散的特点

1）工序集中的特点

① 采用高效率的机床或自动线、数控机床等，生产率高。

② 工件装夹次数减少，易于保证表面间位置与方向精度，还能减少工序间运输量，利于缩短生产周期。

③ 工序数目少，可减少机床数量、操作人员数量和生产面积，还可减少生产计划和生产组织工作。

④ 因采用结构复杂的专用设备及工艺装备，故投资大，调整和维修复杂，生产准备工作量大，转换新产品比较费时。

2）工序分散的特点

① 机床设备及工艺装备简单，调整和维修方便，工人易于掌握，生产准备工作量少，易于平衡工序时间，能较快的更换和生产不同产品。

② 可采用最为合理的切削用量，减少基本时间。

③ 设备数量多，操作工人多，占用场地大。

④ 对工人的技术水平要求较低。

（3）工序集中与工序分散的选用　工序集中与工序分散各有利弊，应根据生产类型、现有生产条件、企业能力、工件结构特点和技术要求等进行综合分析，具体选择原则如下。

1）单件小批生产适用于采用工序集中的原则，以便简化生产计划和组织工作。成批生产宜适当采用工序集中的原则，以便选用效率较高的机床。大批、大量生产中，工件结构较复杂，适用于采用工序集中的原则，可以采用各种高效组合机床、自动机床等加工；对结构较简单的工件，如轴承和刚度较差、精度较高的精密工件，也可采用工序分散原则。

2）产品品种较多，又经常变换，适用于采用工序分散的原则。同时，由于数控机床和柔性制造技术的发展，也可以采用工序集中的原则。

3）工件加工质量要求较高时，一般采用工序分散原则，可以用高精度机床来保证加工质量的要求。

4）对于重型工件，易于采用适当工序集中原则，减少工件装卸和运输的工作量。

4. 加工顺序的确定

工件的加工过程通常包括机械加工工序，热处理工序，以及辅助工序。在安排加工顺序时，常遵循以下原则。

（1）机械加工工序的安排

1）基面先行。先以粗基准定位加工出精基准，以便尽快为后续工序提供基准，如基准不统一，则应按基准转换顺序逐步提高精度的原则安排基准面加工。

2）先粗后精。先粗加工，其次半精加工，最后安排精加工和光整加工。

3）先主后次。先考虑主要表面（装配基面、工作表面等）的加工，后考虑次要表面（键槽、螺孔、光孔等）的加工。主要表面加工容易产生废品，应放在前阶段进行，以减少工时的浪费。由于次要表面加工量较少，而且又和主要表面有位置或方向精度要求，因此，一般应放在主要表面半精加工或光整加工之前完成。

4）先面后孔。对于箱体、支架、连杆等类零件（其结构主要由平面和孔所组成），由于平面的轮廓尺寸较大，且表面平整，用以定位比较稳定可靠，故一般是以平面为基准来加工孔，能够确保孔与平面的位置与方向精度，加工孔时也较方便，所以应先加工平面，后加工孔。

5）就近不就远。在安排加工顺序时，还要考虑车间的机床的布置情况，当类似机床布置在同一区域时，应尽量把类似工种的加工工序就近布置，以避免工件在车间内往返搬运。

（2）热处理工序的安排

1）预备热处理

① 退火、正火和调质处理。退火、正火和调质的目的是改善工件材料的力学性能和切削加工性能，一般安排在粗加工以前或粗加工以后，半精加工之前进行。放在粗加工之前可改善粗加工时材料的切削加工性能，并可减少车间之间的运输工作量；放在粗加工与半精加工之间有利于消除粗加工所产生的残余应力对工件的影响，并可保证调质层的厚度。

② 时效处理。时效处理的目的是消除毛坯制造和机械加工过程中产生的残余应力，一般安排在粗加工以后，精加工以前进行。为了减少运输工作量，对于加工精度要求不高的工件，一般把消除残余应力的热处理安排在毛坯进入机械加工车间之前进行。对于机床床身、立柱等结构复杂的铸件，则应在粗加工前、后都要进行时效处理。对于精度要求较高的工件（如镗床的箱体）应安排两次或多次时效处理。对于精度要求很高的精密丝杠、主轴等零件，则应在粗加工、半精加工之间安排多次时效处理。

2）最终热处理。

① 普通淬火。淬火的目的是提高工件的表面硬度，一般安排在半精加工之后，磨削等精加工之前进行。因为工件在淬火后，表面会产生氧化层，而且产生一定的变形，所以在淬火后必须进行磨削或其他能够加工淬硬层的工序。

② 渗碳淬火。渗碳淬火的目的是改善工件的表面力学性能，高温渗碳淬火工件变形大，一般将渗碳淬火工序放在次要表面加工之前进行，待次要表面加工完毕以后再进行淬火，以减少次要表面的几何误差。

③ 渗氮、氰化处理。目的也是改善工件的表面力学性能，可根据零件的加工要求，安排在粗、精磨之间或精磨之后进行。

（3）辅助工序的安排　辅助工序一般包括去毛刺、倒棱、清洗、防锈、去磁、检验等。检验工序是主要的辅助工序，是保证产品质量的重要措施。除了各工序操作者自检外，在粗加工结束后精加工开始前、重要工序或工序较长的工序前后、零件换车间前后、零件全部加工结束以后，均应安排检验工序。

1.6.3　机床与工艺装备的选择

机床与工艺装备是零件加工的物质基础，是加工质量和生产率的重要保障。机床与工艺装备包括机械加工过程中所需的机床、夹具、量具、刀具等。机床和工艺装备的选择是制定工艺规程的一个重要环节，对零件加工的经济性也有重要影响。为了合理的选择机床和工艺装备，必须对各种机床的规格、性能和工艺装备的种类、规格等进行详细的了解。

1. 机床的选择

在工件的加工方法确定以后，加工工件所需的机床就已基本确定，由于同一类型的机床中有多种规格，其性能也并不完全相同，其加工范围和质量各不相同，只有合理地选择机床，才能加工出理想的产品。在对机床进行选择时，除对机床的基本性能有充分了解之外，还要综合考虑以下几点。

1）机床的技术规格要与被加工的工件尺寸相适应。

2）机床的精度要与被加工的工件要求精度相适应。机床的精度过低，不能加工出设计的质量；机床的精度过高，又不经济。对于由于机床局限，理论上达不到应有加工精度的，可通过工艺改进的办法达到目的。

3）机床的生产率应与被加工工件的生产纲领相适应。

4）机床的选用应与自身经济实力相适应。既要考虑机床的先进性和生产的发展需要，又要实事求是，减少投资。要立足于国内，就近取材。

5）机床的使用应与现有生产条件相适应。应充分利用现有机床，如果需要改造机床或设计专用机床，则应提出与加工参数和生产率有关的技术资料，确保零件加工质量的技术要求等。

2. 工艺装备的选择

（1）夹具的选择　单件、小批量生产应尽量选用通用夹具和机床自带的卡盘、机用虎钳和转台。大批、大量生产时，应采用高生产率的专用机床夹具。在推行计算机辅助制造，成组技术等新工艺或为提高生产效率时，应采用成组夹具、组合夹具。夹具的精度应与零件的加工精度相适应。

（2）刀具的选择　一般选用标准刀具，刀具选择时主要考虑加工方法、加工表面的尺寸、工件材料、加工精度、表面粗糙度、生产率和经济性等因素。在组合机床上加工时，由于机床按工序集中原则组织生产，考虑到加工质量和生产率的要求，可采用专用的复合刀具，这样可提高加工精度、生产率和经济效益。自动线和数控机床所使用的刀具应着重考虑其寿命期内的可靠性，加工中心机床所使用的刀具还应注意选择与其配套的刀夹和刀套。

（3）量具、检具和量仪的选择　主要依据生产类型和要检验的精度。对于尺寸误差，在单件、小批量生产中，广泛采用通用量具，如游标卡尺、千分尺等。对于几何误差，在单件、小批量生产中，一般采用百分表和千分表等通用量具；大批、大量生产应尽量选用效率高的量具、检具和量仪，如各种极限量规、专用检验器具和测量仪器等。

1.6.4　工时定额的计算

工时定额是指在一定生产条件下，规定生产一件产品或完成一道工序所需消耗的时间。它是安排生产计划、进行成本核算、考核工人完成任务情况、新建和扩建工厂或车间时确定所需设备和工人数量的主要依据。

制定合理的工时定额是调动工人积极性的重要手段，可以促进工人技术水平的提高，从而不断提高生产率。一般是技术人员通过计算或类比的方法，或者通过对实际操作时间的测定和分析的方法进行确定。在使用中，工时定额应定期修订，以使其保持平均先进水平。

在机械加工中，为了便于合理地确定工时定额，把完成一个工件的一道工序的时间称为单件工序时间 T_c，包括如下组成部分。

（1）基本时间 T_b　基本时间 T_b 是直接改变生产对象的尺寸、形状、相对位置、表面状态或材料性质等工艺过程所消耗的时间。对机械加工而言，是指从工件上切除材料层所耗费

的时间（包括刀具的切入或切出时间），基本时间可按公式求得。例如车削基本时间 T_b 为

$$T_b = \frac{L_j Z}{n f a_p}$$

式中 T_b——基本时间（min）；

   L_j——工作行程的计算长度（mm）包括加工表面的长度，刀具的切入或切出长度（切入、切出长度可查阅有关手册确定）；

   Z——工序余量（mm）；

   n——工件的转速（r/min）；

   f——刀具的进给量（mm/r）；

   a_p——背吃刀量（mm）。

（2）辅助时间 T_a 辅助时间 T_a 是为实现工艺过程所必须进行的各种辅助动作所消耗的时间。这些辅助动作包括：装夹和卸下工件；开动和停止机床；改变切削用量；进、退刀具；测量工件尺寸等。

辅助时间的确定方法随生产类型而异。大批、大量生产时，为使辅助时间规定得合理，需将辅助动作分解，再分别确定各分解动作的时间，最后予以综合。中批量生产可根据以往的统计资料来确定。单件、小批量生产常用基本时间的百分比估算。

基本时间和辅助时间的总和，称为工序作业时间，即直接用于制造产品或零、部件所消耗的时间。

（3）布置工作地时间 T_s 布置工作地时间 T_s 是为使加工正常进行，工人照管工作地（如更换刀具、润滑机床、清理切屑、收拾工具等）所消耗的时间。布置工作地时间可按照工序作业时间的 α 倍（一般 $\alpha = 2\% \sim 7\%$）来估算。

（4）休息和生理需要时间 T_r 休息和生理需要时间 T_r 是工人在工作班内为恢复体力和满足生理上的需要所消耗的时间。它可按工序作业时间的 β 倍（一般 $\beta = 2\% \sim 4\%$）来估算。

上述四部分的时间之和称为单件工时 T_p，因此，单件工时为

$$T_p = T_b + T_a + T_s + T_r = (T_b + T_a)(1 + \alpha + \beta)$$

（5）准备和终结时间 T_e 对于成批生产还要考虑准备与终结时间，准备和终结时间 T_e 是工人为了生产一批产品或零、部件，进行准备和结束工作所消耗的时间。这些工作包括：熟悉工艺文件、安装工艺装备、调整机床、归还工艺装备和送交成品等。

准备和终结时间对一批工件只消耗一次，工件批量 n 越大，则分摊到每一个工件上的这部分时间越少。所以，成批生产时的单件工序时间 T_c 为

$$T_c = T_b + T_a + T_s + T_r + \frac{T_e}{n} = (T_b + T_a)(1 + \alpha + \beta) + \frac{T_e}{n}$$

在大量生产时，每个工作地点完成固定的一道工序，一般不需考虑准备和终结时间。

1.7   加工余量的确定

工件的加工工艺路线拟订之后，在进一步安排各个工序的具体内容时，就要对每道工序进行详细设计，其中包括正确地确定每道工序应保证的工序尺寸。而工序尺寸的确定与工

序的加工余量有着密切的关系，本节主要讨论有关加工余量的一些问题。

1.7.1　加工余量的概念

工件要达到应有的精度和表面粗糙度，必须经过多道加工工序，故应留有加工余量，加工余量是指加工过程中从加工表面切去的材料层厚度。加工余量主要分为工序余量和加工总余量两种。

1. 工序余量

工序余量是相邻两工序的工序尺寸之差，即在一道工序中从某一加工表面切除的材料层厚度。

（1）基本余量　由于毛坯制造和各个工序尺寸都存在误差，加工余量是个变动值。当工序尺寸用公称尺寸计算时，所得到的加工余量称为基本余量。

对于非对称的加工表面（如图 1-91 所示），加工余量是单边余量。

对于外表面，如图 1-91a 所示，$Z_b = a-b$

对于内表面，如图 1-91b 所示，$Z_b = b-a$

式中　Z_b——本工序的基本余量（mm）；

　　　a——前工序的工序尺寸（mm）；

　　　b——本工序的工序尺寸（mm）。

对于内孔、外圆等回转表面，其加工余量是双边余量，即相邻两工序的直径差。

对于外圆，如图 1-91c 所示，$Z_b = (d_a-d_b)/2$

对于内孔，如图 1-91d 所示，$Z_b = (d_b-d_a)/2$

式中　Z_b——基本余量（mm）；

　　　d_a——前工序加工直径（mm）；

　　　d_b——本工序加工直径（mm）。

当加工某个表面的一道工序包括几个工步时，相邻两工步尺寸之差就是工步余量，即在

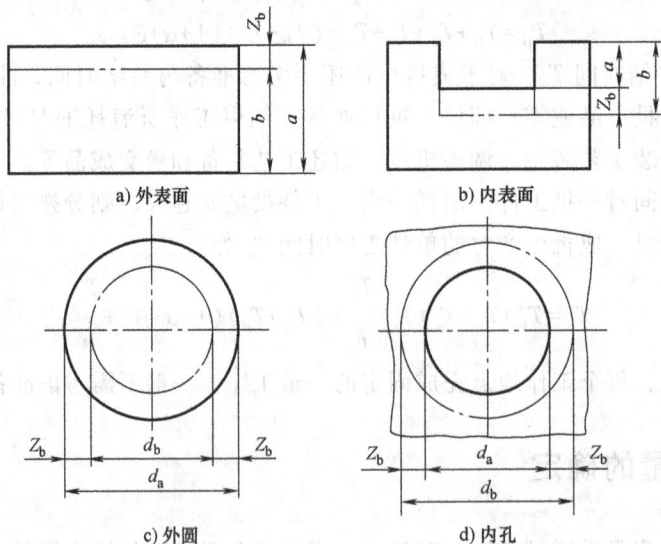

图 1-91　加工余量

一个工步中从某一加工表面切除的材料层厚度。

（2）最大余量、最小余量和余量公差　由于毛坯制造和各个工序加工后的工序尺寸都不可避免地存在误差，加工余量也是变动值，有最大余量、最小余量之分，余量的变动范围称为余量公差，如图 1-92a 所示。对于被包容面来说，基本余量是前工序和本工序公称尺寸之差；最小余量是前工序最小工序尺寸和本工序最大工序尺寸之差，是保证该工序加工表面的精度和质量所需切除的金属层最小厚度；最大余量是前工序最大工序尺寸和本工序最小工序尺寸之差，如图 1-92b 所示。对于包容面来说则相反。余量公差即加工余量的变动范围（最大加工余量与最小加工余量的差值），等于前工序与本工序两工序尺寸公差之和。最大余量、最小余量和余量公差可由下式表示为

最大余量：$\qquad\qquad\qquad Z_{max} = a_{max} - b_{min}$

最小余量：$\qquad\qquad\qquad Z_{min} = a_{min} - b_{max}$

余量公差：$\quad T_z = Z_{max} - Z_{min} = (a_{max} - a_{min}) + (b_{max} - b_{min}) = T_a + T_b$

式中　T_z——本工序余量公差（mm）；

　　　T_a——前工序的工序尺寸公差（mm）；

　　　T_b——本工序的工序尺寸公差（mm）。

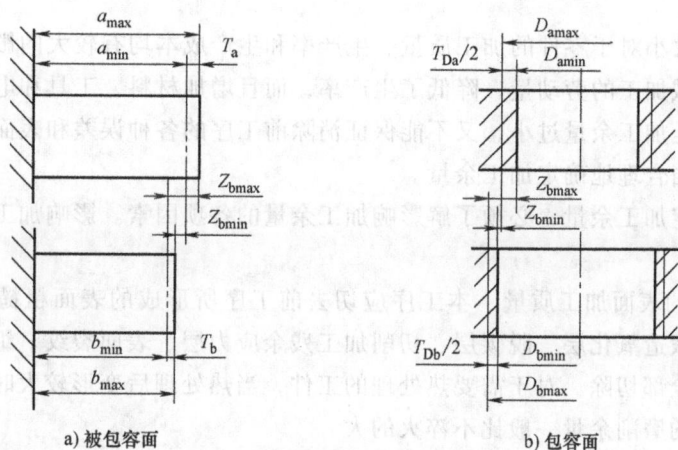

图 1-92　最大余量、最小余量和余量公差

工序尺寸的公差带的分布，一般规定在工件的"入体"方向，故对于被包容表面（轴），工序尺寸即最大尺寸；对于包容面（孔），则工序尺寸是最小尺寸。毛坯尺寸的公差一般采用双向标注。

2. 加工总余量

毛坯尺寸与零件图样的设计尺寸之差称为加工总余量。加工总余量等于各工序余量之和，即

$$Z = \sum_{i=1}^{n} Z_i$$

式中　Z_i——第 i 道工序的工序余量（mm）；

　　　n——该表面总加工的工序数。

加工总余量也是个变动值，其值及公差一般可从有关手册中查找或经验确定。图 1-93 所示为轴和孔表面经过多次加工后，加工总余量、工序余量和加工尺寸的分布。

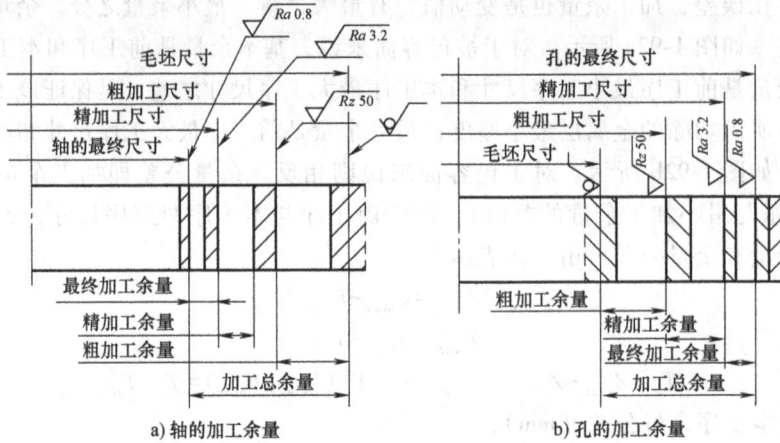

图 1-93　加工余量和加工尺寸的分布

1.7.2　影响加工余量的因素

加工余量的大小对于零件的加工质量、生产率和生产成本均有较大的影响。加工余量过大，不仅增加机械加工的劳动量，降低了生产率，而且增加材料、工具和电力等的消耗，加工成本增高。但是加工余量过小，又不能保证消除前工序的各种误差和表面缺陷，甚至产生废品。因此，应当合理地确定加工余量。

为了合理确定加工余量，必须了解影响加工余量的各项因素。影响加工余量的因素有以下几个方面。

（1）前工序的表面加工质量　本工序应切去前工序所形成的表面粗糙层，还必须把毛坯铸造冷硬层、锻造氧化层、脱碳层、切削加工残余应力层、表面裂纹、组织过度塑性变形或其他破坏层等全部切除。对于需要热处理的工件，当热处理后变形较大时，加工余量应适当增加。淬火件的磨削余量一般比不淬火的大。

（2）前工序的工序尺寸公差　由于前工序加工后，表面存在有尺寸误差和几何误差，而这些误差一般包括在工序尺寸公差中，所以为了使加工后工件表面不残留前工序这些误差，本工序加工余量值应比前工序的尺寸公差值大。

（3）前工序的几何误差　几何误差是指不由尺寸公差所控制的误差。当几何误差和尺寸公差之间的关系是独立原则或最大实体原则时，尺寸公差不控制几何误差。为了能消除前道工序加工后产生的几何误差，本工序的加工余量值应比前工序的几何误差值大。

（4）本工序的装夹误差　装夹误差包括工件的定位误差和夹紧误差，若用夹具装夹时，还应考虑夹具本身的误差。这些误差会使工件在加工时的位置发生偏移，所以加工余量还必须考虑这些误差的影响。例如，用自定心卡盘夹持工件外圆磨削内孔时，由于自定心卡盘定心不准，使工件轴线偏离主轴旋转轴线 e 值，造成孔的磨削余量不均匀。为了确保前工序各项误差和缺陷的切除，孔的直径余量应增加 $2e$。

1.7.3　加工余量的确定方法

确定加工余量的方法有下列三种。

（1）经验估算法　经验估计法是工艺人员根据积累的生产经验来确定加工余量的方法。通常，为防止因余量过小而生产废品，经验估计法的数值往往偏大。经验估计法适用于单件、小批量生产。

（2）查表修正法　查表修正法是以生产实践和实验研究积累的有关加工余量资料数据为基础，并按具体生产条件加以修正来确定加工余量的方法。该方法应用比较广泛。加工余量数值可在各种机械加工工艺手册中查找。

（3）分析计算法　这是通过对影响加工余量的各种因素进行分析，然后根据一定的计算关系式来计算加工余量的方法。此法确定的加工余量比较合理，但由于所需的具体资料目前尚不完整，计算也较复杂，故很少采用。

1.8　工序尺寸及其公差的确定

工序尺寸是指某工序加工应达到的尺寸，其公差即为工序尺寸公差。各个工序的加工余量确定后，即可确定工序尺寸及其公差。

工件从毛坯加工至成品的过程中，要经过多道工序，每道工序都将得到相应的工序尺寸。制定合理的工序尺寸及其公差是加工工艺规程中确保加工精度和加工质量的重要内容。工序尺寸及其公差可根据加工基准情况分别予以确定。

1.8.1　基准重合时工序尺寸及其公差的计算

（1）根据零件图的设计尺寸及其公差确定工序尺寸及其公差　如图 1-94 所示，在一个长方形钢板上加工通孔，钻孔工序需确定三个工序尺寸，分别是孔本身的直径尺寸、孔中心线在两个方向上的位置尺寸。为确保孔的直径尺寸 $\phi 10$mm，采用 $\phi 10$mm 的钻头钻孔，以 A、B 面为定位基准，直接采用设计尺寸 50mm±0.15mm 及 20mm±0.15mm 作为工序尺寸进行加工，能够确保两个方向上的位置尺寸。

（2）在确定加工余量的同时确定工序尺寸及其公差

对于加工内外圆柱面和某些平面，可在确定加工余量同时确定工序尺寸及其公差。确定时只需考虑各工序的加工余量和该种加工方法所能达到的经济精度，确定顺序是从最后一道工序开始向前推算，其步骤如下。

1）确定各工序余量和毛坯总余量。

2）确定各工序尺寸公差及表面粗糙度。

最终工序尺寸公差等于设计公差，表面粗糙度为设计表面粗糙度。其他工序公差和表面粗糙度按此工序加工方法的经济精度和经济表面粗糙度确定。

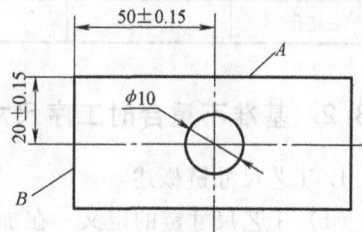

图 1-94　根据零件设计尺寸确定工序尺寸及其公差

3）求工序的公称尺寸。从零件图的设计开始，一直往前推算至毛坯尺寸。某工序公称尺寸等于后道工序公称尺寸加上或减去后道工序余量。

4）标注工序尺寸公差。最后一个工序按设计尺寸公差标注，其余工序尺寸按"单向入体"原则标注。

例如，某法兰盘零件上有一个孔，孔径为 $\phi 60^{+0.03}_{0}$ mm，表面粗糙度值 Ra 为 0.8μm，图 1-95 所示，毛坯为铸钢件，需淬火处理。其工艺路线见表 1-15。

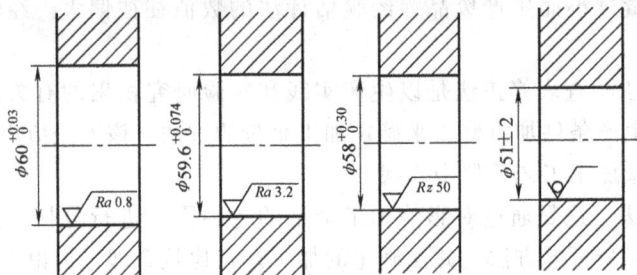

图 1-95　内孔工序尺寸计算

其步骤如下。

① 根据各工序的加工性质，查表得它们的工序余量（见表 1-15 的第 2 列）。

② 确定各工序的尺寸公差及表面粗糙度。由各工序的加工性质查有关经济加工精度和经济表面粗糙度（见表 1-15 中的第 3 列）。

③ 根据查的余量计算各工序尺寸（见表 1-15 中的第 4 列）。

④ 确定各工序尺寸的上下偏差。按"单向入体"原则，对于孔，公称尺寸值为公差带的下偏差，上偏差取正值；对于毛坯尺寸偏差应取双向对称偏差（见表 1-15 的第 5 列）。

表 1-15　工艺路线及其公差的计算　　　　　　　　（单位：mm）

工序名称	工序余量	工序所能达到的 精度等级	工序尺寸 （最小工序尺寸）	工序尺寸及其 上、下偏差
磨孔	0.4	H7($^{+0.030}_{0}$)	60	$60^{+0.030}_{0}$
半精镗孔	1.6	H9($^{+0.074}_{0}$)	59.6	$59.6^{+0.074}_{0}$
粗镗孔	7	H12($^{+0.300}_{0}$)	58	$58^{+0.300}_{0}$
毛坯孔		±2	51	51 ± 2

1.8.2　基准不重合时工序尺寸及其公差的计算

1. 工艺尺寸链概述

（1）工艺尺寸链的定义　在加工过程中的各有关工艺尺寸所组成的封闭尺寸组，称为尺寸链。如图 1-96 所示的零件在加工过程中，用表面 1 定位加工表面 2 得尺寸 A_1，再加工表面 3，得尺寸 A_2，自然形成尺寸 A_0，于是 A_0、A_1、A_2 连接成了一个封闭的尺寸组，形成尺寸链。在机械加工过程中，同一个工件的各有关尺寸链称为工艺尺寸链。

（2）工艺尺寸链的特征

1）尺寸链由一个自然形成的尺寸与若干个直接得到的尺寸所组成。如图 1-96 所示，尺寸 A_1、A_2 是直接得到的尺寸，而 A_0 是自然形成的。其中自然形成的尺寸和加工精度受直接

得到的尺寸大小和加工精度的影响。并且自然形成
的尺寸精度必然低于任何一个直接得到的尺寸的
精度。

2）尺寸链一定是封闭的且各尺寸按一定的顺
序首尾相连。

（3）尺寸链的组成　组成尺寸链的各个尺寸称
为尺寸链的环。如图 1-96 所示，A_0、A_1、A_2 都是
尺寸链的环，根据尺寸链环的形成特点可分为多种
类型。

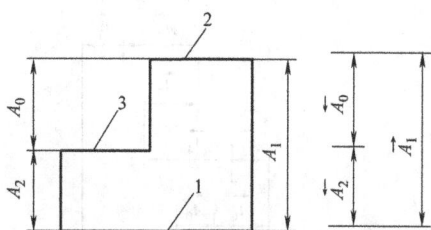

图 1-96　加工尺寸链示例

1）封闭环。在加工（或测量）过程中最后自然形成的环称为封闭环，如图 1-96 所示
的 A_0。每个尺寸链必须有且仅能有一个封闭环，用 A_0 表示。

2）组成环。在加工（或测量）过程中直接得到的环称为组成环。尺寸链中除了封闭环
外，都是组成环。按其对封闭环的影响，组成环可分为增环和减环。

3）增环。尺寸链中，若该类组成环的变动引起封闭环同向变动，则该类组成环称为增
环，如图 1-96 所示的 A_1，增环用 $\overrightarrow{A}$ 表示。

4）减环。尺寸链中，若该类组成环的变动引起封闭环反向变动，则该类组成环称为减
环，如图 1-96 所示的 A_2。减环用 $\overleftarrow{A}$ 表示。

尺寸链环的正确判别是尺寸链计算的重要前提，为了简易的判别增环和减环，可在尺寸
链图上先给封闭环任意定出方向并画出箭头，然后顺这个箭头方向环绕尺寸链回路，依次给
每个组成环画出箭头。此时凡与封闭环箭头相反的组成环称为增环，相同的为减环，如图
1-97 所示。

2. 工艺尺寸链的建立

工艺尺寸链的建立并不复杂，但在尺寸链的建立中，封闭环的判定和组成环的查找应引
起初学者的重视。因为封闭环的判定错误，整个尺寸链的求解将得出错误的结果；组成环
的查找不对，将得不到最少链环的尺寸链，求解的结果也是错误的，下面将分别予以讨论。

（1）封闭环的判定　在工艺尺寸链中，封闭环是加工过程中自然形成的尺寸。因此，
封闭环是随着零件加工方案的变换而变化的。仍以图 1-96 为例，若以 1 面定位加工 2 面得
到尺寸 A_1，然后以 2 面定位加工 3 面，则 A_0 为直接得到的尺寸，而 A_2 为自然形成的尺寸，
即 A_2 为封闭环。又如图 1-98 所示的零件，当以表面 3 定位加工表面 1 而获得尺寸 A_1，然后
以表面 1 为测量基准加工表面 2 而直接获得尺寸 A_2，则自然形成的尺寸 A_0 为封闭环。但以
加工过的表面 1 为测量基准加工表面 2，直接获得尺寸 A_2，再以表面 2 为定位基准加工表面
3 直接获得尺寸 A_0，此时尺寸 A_1 便为自然形成的而成为封闭环。所以封闭环的判定必须根
据零件加工的具体方案，紧紧抓住"自然形成"这一要领。

（2）组成环的查找　组成环查找的方法，从结构封闭的两表面开始，同步地按照工艺
过程的顺序，分别向前查找各表面最后一次加工的尺寸，之后再进一步查找此加工尺寸的工
序基准的最后一次加工时的尺寸，如此继续向前查找，直到两条路线最后得到的加工尺寸的
工序基准重合（即重合的工序基准为同一表面），至此上述尺寸系统即形成封闭轮廓，从而
构成了工艺尺寸链。

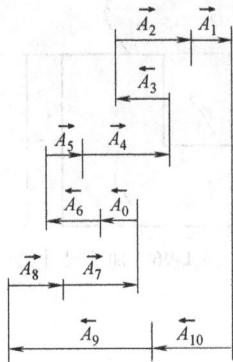

图 1-97　增环和减环的判别

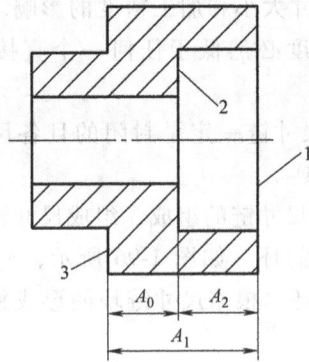

图 1-98　封闭环的判定

　　查找组成环必须掌握的基本特点为：组成环是加工过程中"直接获得"的，而且对封闭环有影响。下面以图 1-99 为例，说明尺寸链建立的具体过程。图 1-99 所示为套类零件，为便于讨论问题，图中只标出轴向设计尺寸，轴向尺寸加工安排顺序如下：① 以大端面 A 定位，车端面 D 获得 A_1；并车小外圆至 B 面，保证长度 $40_{-0.2}^{0}$ mm，如图 1-99b 所示。② 以端面 D 定位，精车大端面 A 获得尺寸 A_2，并在车大孔时车端面 C，获得孔深尺寸 A_3，如图 1-99c 所示。③ 以端面 D 定位，磨大端面 A 保证全长尺寸 $50_{-0.5}^{0}$ mm，同时保证孔深尺寸为 $36_{0}^{+0.5}$ mm，如图 1-99d 所示。

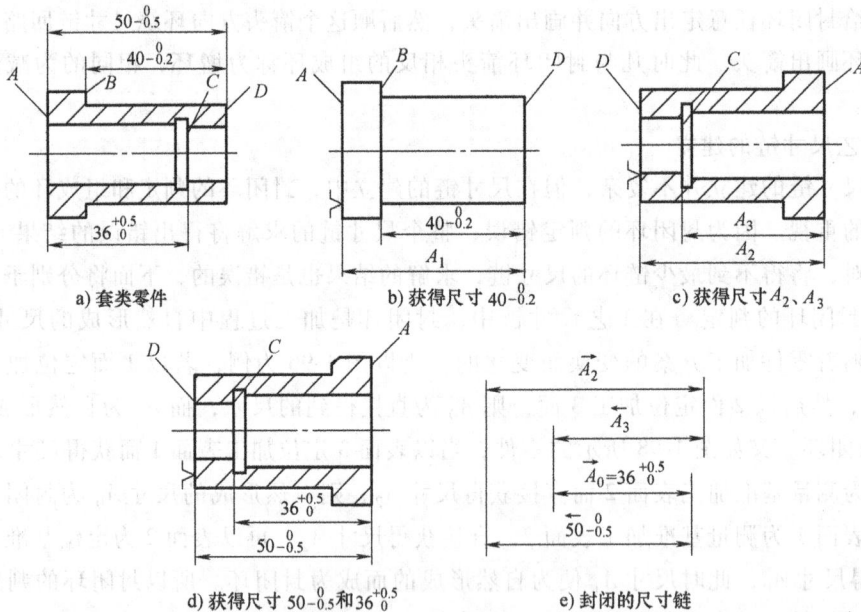

a) 套类零件　　　　b) 获得尺寸 $40_{-0.2}^{0}$　　　　c) 获得尺寸 A_2、A_3

d) 获得尺寸 $50_{-0.5}^{0}$ 和 $36_{0}^{+0.5}$　　　　e) 封闭的尺寸链

图 1-99　工艺尺寸链的建立过程

　　由以上工艺过程可知，孔深尺寸为 $36_{0}^{+0.5}$ mm 是自然形成的，应为封闭环。从构成封闭环的两界面 A 面和 C 面开始查找组成环，A 面的最近一次加工是磨削，工艺基准是 D 面，直接获得的尺寸是 $50_{-0.5}^{0}$ mm；C 面最近的一次加工是孔的车削，测量基准是 A 面，直接获得的尺寸是 A_3。显然上述两尺寸的变化都会引起封闭环的变化，是要查找的组成环。但此两环的工序基准各为 D 面与 A 面，不重合，为此要进一步查找最近一次加工 D 面和 A 面的加工尺寸。A 面的最近一次加工是精车 A 面，直接获得的尺寸是 A_2，工序基准为 D 面，正好与加工尺寸 $50_{-0.5}^{0}$ mm 的工序基准重合，而且 A_2 的变化也会引起封闭环的变化，应为组成环。至此，找出 A_2，A_3，$50_{-0.5}^{0}$ mm 为组成环，$36_{0}^{+0.5}$ mm 为封闭环，它们组成了一个封闭的尺寸链，如图 1-99e 所示。

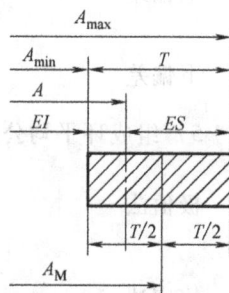

图 1-100　各种尺寸和偏差的关系

3. 工艺尺寸链计算的基本公式

工艺尺寸链的计算方法有两种：极值法和概率法。下面介绍其计算的基本公式。图 1-100 所示为尺寸链各种尺寸和偏差的关系，表 1-16 列出了尺寸链计算中所用的符号。

表 1-16　尺寸链计算使用符号

环　名	符　号　名　称							
	基本尺寸	最大尺寸	最小尺寸	上偏差	下偏差	公差	平均尺寸	中间偏差
封闭环	A_0	A_{0max}	A_{0min}	ES_0	EI_0	T_0	A_{0av}	Δ_0
增　环	$\overrightarrow{A_i}$	$\overrightarrow{A_{imax}}$	$\overrightarrow{A_{imin}}$	ES_i	EI_i	T_i	A_{iav}	Δ_i
减　环	$\overleftarrow{A_i}$	$\overleftarrow{A_{imax}}$	$\overleftarrow{A_{imin}}$	ES_i	EI_i	T_i	A_{iav}	Δ_i

1）封闭环基本尺寸

$$A_0 = \sum_{i=1}^{n}\overrightarrow{A_i} - \sum_{i=n+1}^{m}\overleftarrow{A_i} \qquad (1-1)$$

式中　A_0——封闭环基本尺寸；

　　　n——增环数目；

　　　m——组成环数目。

2）封闭环的中间偏差

$$\Delta_0 = \sum_{i=1}^{n}\overrightarrow{\Delta_i} - \sum_{i=n+1}^{m}\overleftarrow{\Delta_i} \qquad (1-2)$$

式中　Δ_0——封闭环的中间偏差；

　　　$\overrightarrow{\Delta_i}$——第 i 组成增环的中间偏差；

　　　$\overleftarrow{\Delta_i}$——第 i 组成减环的中间偏差。

中间偏差是上偏差和下偏差的平均值，即

$$\Delta = \frac{1}{2}(ES+EI) \qquad (1-3)$$

3）封闭环公差

极值法　　$$T_0 = \sum_{i=1}^{m}T_i \qquad (1-4)$$

概率法　　$$T_0 = \sqrt{\sum_{i=1}^{m}T_i^2} \qquad (1-5)$$

4）封闭环极限偏差

上偏差

$$ES_0 = \sum_{i=1}^{n} \overrightarrow{ES_i} - \sum_{i=n+1}^{m} \overleftarrow{EI_i} \qquad (1\text{-}6)$$

下偏差

$$EI_0 = \sum_{i=1}^{n} \overrightarrow{EI_i} - \sum_{i=n+1}^{m} \overleftarrow{ES_i} \qquad (1\text{-}7)$$

5）组成环平均公差

极值法

$$T_{iav} = \frac{T_0}{m} \qquad (1\text{-}8)$$

概率法

$$T_{iav} = \frac{T_0}{\sqrt{m}} \qquad (1\text{-}9)$$

6）组成环极限偏差

上偏差

$$ES_i = \Delta_i + \frac{T_i}{2} \qquad (1\text{-}10)$$

下偏差

$$EI_i = \Delta_i - \frac{T_i}{2} \qquad (1\text{-}11)$$

7）组成环极限尺寸

最大极限尺寸　　　　　　　　$A_{i\max} = A_i + ES_i \qquad (1\text{-}12)$

最小极限尺寸　　　　　　　　$A_{i\min} = A_i + EI_i \qquad (1\text{-}13)$

4. 工序尺寸及公差的确定

在零件的加工过程中，为了便于工件的定位或测量，有时难于采用零件的设计基准作为定位基准或者测量基准，这时就需要应用工艺尺寸链的原则进行工序尺寸及公差的计算。

（1）测量基准与设计基准不重合　在零件加工时会遇到一些表面加工后设计尺寸不便于直接测量的情况。因此需要在零件上设定一个易于测量的表面作为测量基准进行测量，以间接检验设计尺寸。

例 1-4　如图 1-101 所示的套筒类零件，A、B 端面已加工完成，孔底 C 加工时，设计尺寸 $10_{-0.35}^{\ 0}$ mm 不便测量，为确保加工精度，试标出测量尺寸。

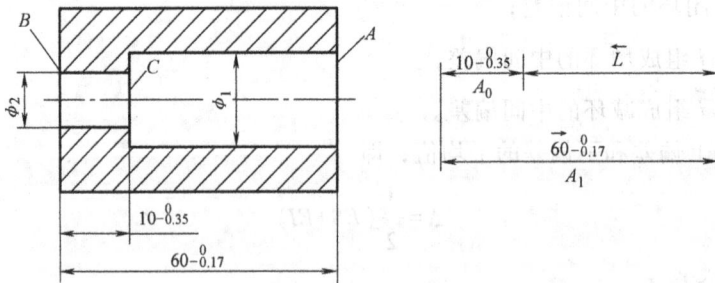

图 1-101　测量尺寸的计算

解　由于 ϕ_1 孔的深度 L 可用游标卡尺方便地测出，因此设计尺寸 $10_{-0.35}^{\ 0}$ mm 可通过设计尺寸 $60_{-0.17}^{\ 0}$ mm 和 ϕ_1 孔的深度尺寸 L 间接求得，根据尺寸链的计算公式计算如下

由式（1-1）得

$$A_0 = \overrightarrow{A_1} - \overleftarrow{L}$$

$$L = A_1 - A_0 = 60mm - 10mm = 50mm$$

由式（1-2）得

$$\Delta_0 = \overrightarrow{\Delta}_{A_1} - \overleftarrow{\Delta}_L$$

$$\Delta_L = \Delta_{A_1} - \Delta_0 = \frac{1}{2}(0-0.17)mm - \frac{1}{2}(0-0.35)mm = 0.09mm$$

由式（1-4）得

$$T_0 = T_{A_1} + T_L$$

$$T_L = T_0 - T_{A_1} = 0.35mm - 0.17mm = 0.18mm$$

由式（1-10）和式（1-11）得

$$ES_L = \Delta_L + \frac{T_L}{2} = 0.09mm + \frac{1}{2} \times 0.18mm = 0.18mm$$

$$EI_L = \Delta_L - \frac{T_L}{2} = 0.09mm - \frac{1}{2} \times 0.18mm = 0$$

最后得　　　　　　　　　　　　$$L = 50^{+0.18}_{0}mm$$

　　测量基准与设计基准不重合时，需要通过工艺尺寸链对工艺尺寸进行尺寸计算，依计算出来的工艺尺寸进行加工来间接确保设计尺寸，但计算出来的工艺尺寸的精度要求明显比设计尺寸的精度要求高，所以给加工增加了难度。对定位基准与设计基准不重合时也存在这种情况。

　　（2）定位基准与设计基准不重合　　零件在加工的过程中，在遇到加工表面的定位基准和设计基准不重合时，可以采用工艺尺寸链的计算公式确定工序尺寸，通过该工序尺寸加工零件，以间接保证设计尺寸的精度。

　　例 1-5　如图 1-102 所示的套类零件，A、C、D 表面在上道工序均已加工，本工序要求加工缺口 B 面，设计基准为 D，设计尺寸为 $8^{+0.35}_{0}mm$，定位基准为 A，试确定工序尺寸及其公差。

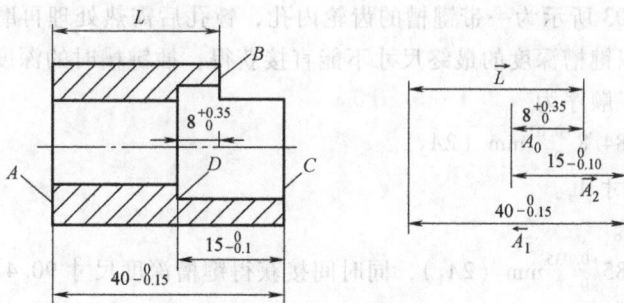

图 1-102　定位基准与设计基准不重合的尺寸换算

　　解　从加工工艺和工艺方法可知，上道工序已保证尺寸 $40^{0}_{-0.15}mm$ 和 $15^{0}_{-0.10}mm$，本工序直接保证尺寸为 L，因此，设计尺寸 $8^{+0.35}_{0}mm$ 成为自然形成的尺寸，即为封闭环。同时尺

寸 $40_{-0.15}^{0}$ mm、$15_{-0.10}^{0}$ mm 和 L 的变化对设计尺寸 $8_{0}^{+0.35}$ mm 均有影响,所以,这三个尺寸为组成环。根据工艺尺寸链的计算公式得

由式（1-1）得

$$A_0 = \overrightarrow{L} + \overrightarrow{A_2} - \overleftarrow{A_1}$$
$$8 = L + 15 - 40$$
$$L = 33\text{mm}$$

由式（1-2）得

$$\Delta_0 = \overrightarrow{\Delta_L} + \overrightarrow{\Delta_2} - \overleftarrow{\Delta_1}$$

$$\Delta_L = \Delta_0 + \Delta_1 - \Delta_2 = \frac{1}{2}(0.35+0)\text{mm} + \frac{1}{2}(0-0.15)\text{mm} - \frac{1}{2}(0-0.1)\text{mm} = 0.15\text{mm}$$

由式（1-4）得

$$T_0 = T_L + T_2 + T_1$$
$$0.35 = T_L + 0.1 + 0.15$$
$$T_L = 0.1\text{mm}$$

由式（1-10）和（1-11）得

$$ES_L = \Delta_L + \frac{T_L}{2} = 0.15\text{mm} + \frac{0.1}{2}\text{mm} = 0.20\text{mm}$$

$$EI_L = \Delta_L - \frac{T_L}{2} = 0.15\text{mm} - \frac{0.1}{2}\text{mm} = 0.10\text{mm}$$

最后得
$$L = 33_{+0.10}^{+0.20}\text{mm}$$

从尺寸链的计算结果可以看出,虽然设计尺寸 $8_{0}^{+0.35}$ mm 的加工公差为 0.35mm,但是因定位基准与设计基准不重合,使工序尺寸公差减小到 0.10mm,提高了加工精度。采用上述加工方案,工件定位方便,夹具设计结构简单。所以,在工艺设计时,要全面考虑问题,以求得到最佳方案。

（3）从尚需继续加工的表面标注工序尺寸时工艺尺寸链的确定

例 1-6　图 1-103 所示为一带键槽的齿轮内孔,镗孔后需热处理再磨削,因设计基准内孔要继续加工,所以键槽深度的最终尺寸不能直接获得,插键槽时的深度只能作为加工中间的工序尺寸,其加工顺序为

1）镗内孔至 $\phi 84.8_{0}^{+0.07}$ mm（$2A_2$）。

2）插键槽至尺寸 A_3。

3）淬火热处理。

4）磨内孔至 $\phi 85_{0}^{+0.035}$ mm（$2A_1$）,同时间接获得键槽深度尺寸 $90.4_{0}^{+0.20}$ mm。

试确定工序尺寸 A_3。

解　从加工过程可以看出,最后一道工序磨内孔产生两个尺寸,一个是内孔尺寸,另一个是键槽深度尺寸。在工艺过程中,加工一个表面同时产生两个或多个尺寸时,工艺上只能保证一个尺寸,其余尺寸是间接保证的。本题中最后磨内孔产生的内孔尺寸和键槽尺寸中,内孔尺寸的公差要求严,工艺上应直接保证内孔尺寸 $\phi 85_{0}^{+0.035}$ mm;键槽深度尺寸 $90.4_{0}^{+0.20}$ mm 通过

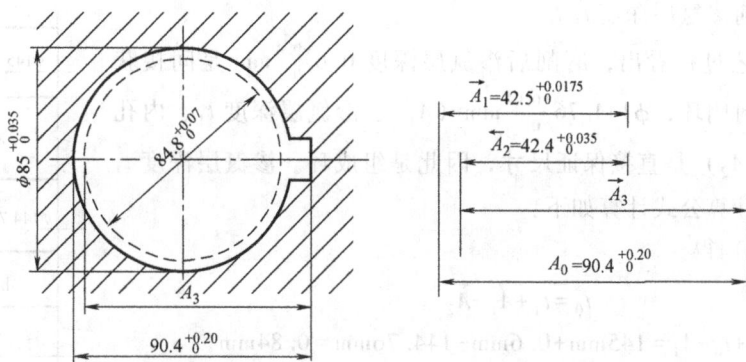

图 1-103　内孔和键槽工艺尺寸链计算

插键槽工序引入的工序尺寸 A_3 间接保证，因此是封闭环；对封闭环有影响的工序尺寸 $\phi 85_0^{+0.035}$mm、$\phi 84.8_0^{+0.07}$mm 及 A_3 是组成环。工序尺寸 A_3 用工艺尺寸链计算公式计算如下

由式（1-1）得

$$A_0 = \overrightarrow{A_3} + \overrightarrow{A_1} - \overleftarrow{A_2}$$

$$A_3 = A_0 + A_2 - A_1 = (90.4 + 42.4 - 42.5)\text{mm} = 90.3\text{mm}$$

由式（1-2）得

$$\Delta_0 = \overrightarrow{\Delta_3} + \overrightarrow{\Delta_1} - \overleftarrow{\Delta_2}$$

$$\Delta_3 = \Delta_0 + \Delta_2 - \Delta_1 = \frac{1}{2}(0+0.2)\text{mm} + \frac{1}{2}(0.035+0)\text{mm} - \frac{1}{2}(0.0175+0)\text{mm} = 0.10875\text{mm}$$

由式（1-4）得

$$T_0 = T_1 + T_2 + T_3$$

$$T_3 = T_0 - T_1 - T_2 = 0.2\text{mm} - 0.0175\text{mm} - 0.035\text{mm} = 0.1475\text{mm}$$

由式（1-10）和式（1-11）得

$$ES_3 = \Delta_3 + \frac{1}{2}T_3 = 0.10875\text{mm} + \frac{1}{2} \times 0.1475\text{mm} = 0.1825\text{mm}$$

$$EI_3 = \Delta_3 - \frac{1}{2}T_3 = 0.10875\text{mm} - \frac{1}{2} \times 0.1475\text{mm} = 0.035\text{mm}$$

最后得

$$A_3 = 90.3_{+0.035}^{+0.183}\text{mm}$$

（4）保证渗碳、渗氮层厚度的工序尺寸的计算

例 1-7　图 1-104 所示某零件内孔，为改善其表面性能，对其进行渗氮处理。孔径为 $\phi 145_0^{+0.04}$mm，内孔表面要求渗氮，渗氮层深度为 0.3~0.5mm（单边深度为 $0.3_0^{+0.2}$mm，双边深度为 $0.6_0^{+0.4}$mm）。其加工过程为

1）磨内孔至 $\phi 144.76_0^{+0.04}$mm。

2）渗氮处理。

3）精磨孔至 $\phi 145_0^{+0.04}$mm，并保证渗氮层深度 $t_0 = 0.3~0.5$mm。

试求精磨前渗氮层深度 t_1。

解　从工艺过程看出，磨削后渗氮层深度 $0.6^{+0.4}_{0}$ mm 是间接获得的尺寸，是封闭环，$\phi 144.76^{+0.04}_{0}$ mm（A_1）、渗氮层深度 t_1、内孔 $\phi 145^{+0.04}_{0}$ mm（A_2）是直接保证尺寸，因此是组成环。渗氮层深度 t_1 用工艺尺寸链计算公式计算如下：

由式（1-1）得

$$t_0 = \overrightarrow{t_1} + \overrightarrow{A_1} - \overleftarrow{A_2}$$

$$t_1 = A_2 + t_0 - A_1 = 145\text{mm} + 0.6\text{mm} - 144.76\text{mm} = 0.84\text{mm}$$

由式（1-2）得

$$\Delta_0 = \overrightarrow{\Delta_{A_1}} + \overrightarrow{\Delta_{t_1}} - \overleftarrow{\Delta_{A_2}}$$

$$\begin{aligned}
\Delta_{t_1} &= \Delta_0 + \Delta_{A_2} - \Delta_{A_1} \\
&= \frac{1}{2}(0.4+0)\text{mm} + \frac{1}{2}(0.04+0)\text{mm} - \frac{1}{2}(0.04+0)\text{mm} \\
&= 0.2\text{mm}
\end{aligned}$$

由式（1-4）得

$$T_0 = T_{A_1} + T_{A_2} + T_{t_1}$$

$$T_{t_1} = T_0 - T_{A_1} - T_{A_2} = 0.4\text{mm} - 0.04\text{mm} - 0.04\text{mm} = 0.32\text{mm}$$

由式（1-10）和式（1-11）得

$$ES_{t_1} = 0.2\text{mm} + \frac{1}{2} \times 0.32\text{mm} = 0.36\text{mm}$$

$$EI_{t_1} = 0.2\text{mm} - \frac{1}{2} \times 0.32\text{mm} = 0.04\text{mm}$$

最后得

$$t_1 = 0.84^{+0.36}_{+0.04}\text{mm}$$

此工序尺寸为双边尺寸，所以就单边而言，渗氮层深度应为 $0.44 \sim 0.6$ mm

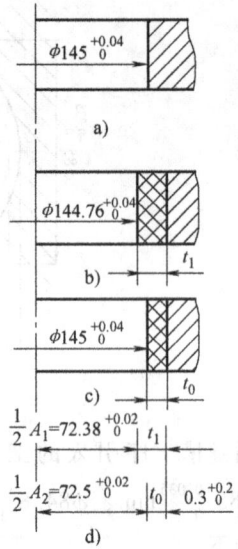

图中右侧插图标注：
$\phi 145^{+0.04}_{0}$　a)
$\phi 144.76^{+0.04}_{0}$　t_1　b)
$\phi 145^{+0.04}_{0}$　t_0　c)
$\frac{1}{2}A_1 = 72.38^{+0.02}_{0}$　t_1
$\frac{1}{2}A_2 = 72.5^{+0.02}_{0}$　t_0　$0.3^{+0.2}_{0}$　d)

图 1-104　保证渗氮层厚度的工序尺寸

复习思考题

1. 试述生产过程、工艺过程、工序、工步、进给、装夹和工位的概念。

2. 什么叫生产纲领？单件生产和大量生产各有哪些重要工艺特点？

3. 某厂年产 4105 型柴油机 1000 台，每台柴油机有 4 个连杆。已知连杆生产的备品率为 5%，废品率为 1%，试计算连杆的生产纲领，说明其生产类型及主要工艺特点？

4. 如习题图 1-1 所示零件，单件、小批生产时其机械加工工艺过程如下所述，试分析其工艺过程的组成（包括工序、工步、进给、夹装）。

在刨床上分别刨削六个表面，达到图样要求；粗刨导轨面 A，分两次切削；刨两越程槽；精刨导轨面 A；钻孔；扩孔；铰孔；去毛刺。

5. 试述设计基准、定位基准、工序基准的概念，并举例说明。

6. 如习题图 1-2 所示零件，若按调整法加工时，试在图中指出：

（1）平面 2 的设计基准、加工平面 2 时的定位基准、工序基准和测量基准。

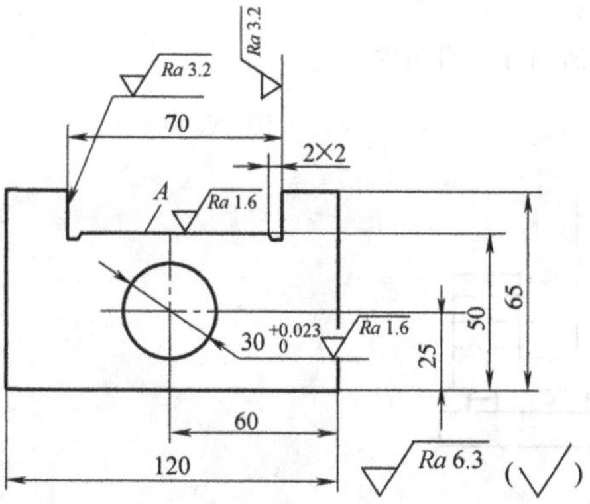

习题图　1-1

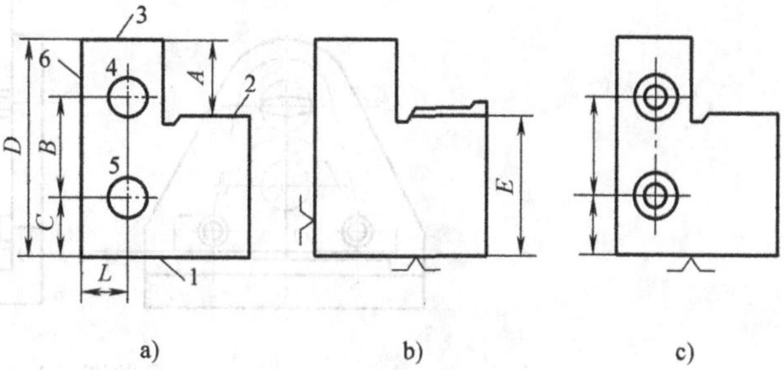

习题图　1-2

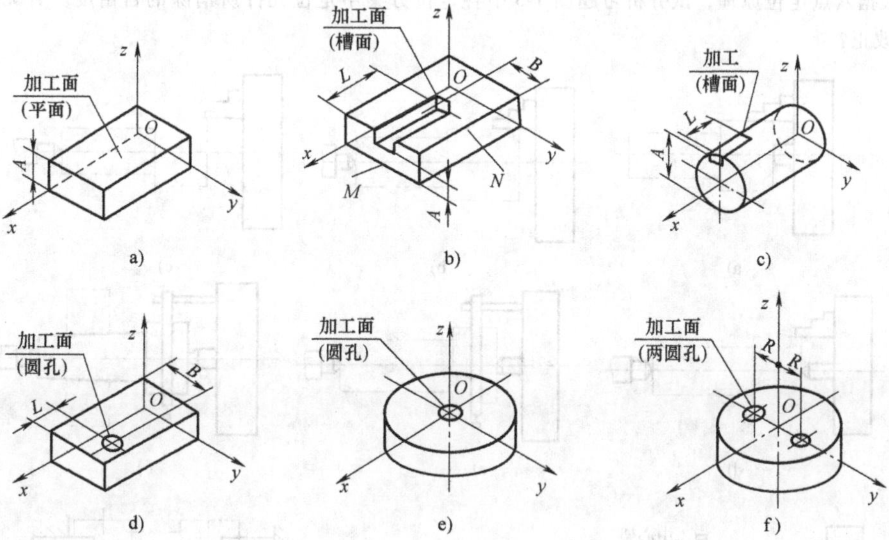

习题图　1-3

（2）孔 4 的设计基准、镗孔 4 时的定位基准、工序基准和测量基准。

7. 何为"六点定位原理"？"不完全定位"和"过定位"是否均不能采用？为什么？

8. 为什么说夹紧不等于定位？

9. 限制工件自由度数与加工要求的关系如何？

10. 根据习题图 1-3 工件的工序要求，试分析图中各工件所需限制的自由度。

11. 固定支承有哪几种形式？各适用什么场合？

12. 自位支承有何特点？

13. 什么是可调支承？什么是辅助支承？它们有什么区别？

14. 使用辅助支承和可调支承时应注意什么问题？举例说明辅助支承的应用。

15. 对夹紧装置的基本要求有哪些？

16. 试分析三种基本夹紧机构的优缺点。

17. 何谓联动夹紧机构？设计联动夹紧机构时应注意哪些问题？试举例说明。

18. 何谓定心？定心夹紧机构有什么特点？

19. 气动装置与液压装置比较有什么优缺点？

20. 根据六点定位原理，试分析习题图 1-4 所示各定位元件所消除的自由度。

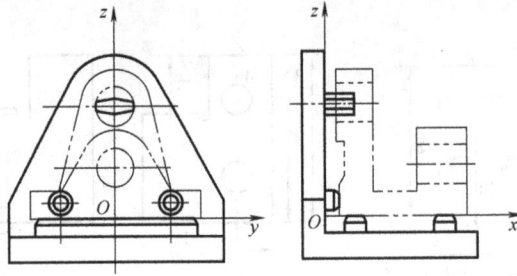

习题图　1-4

21. 根据六点定位原理，试分析习题图 1-5 中各定位方案中定位元件所消除的自由度。有无过定位现象？如何改正？

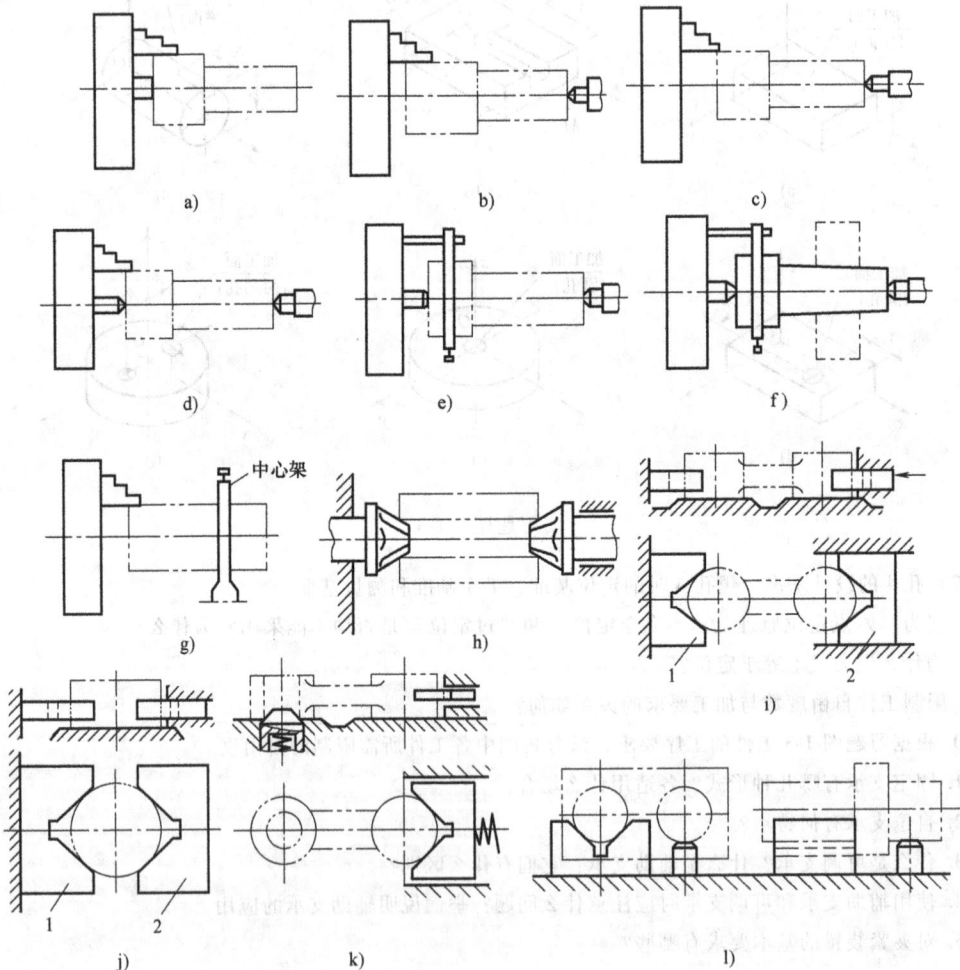

习题图　1-5

1、2—V 形块

22. 什么叫粗基准和精基准？试述它们的选择原则。

23. 习题图 1-6 所示零件加工时的粗、精基准应如何选择？（标有 △ 者为加工面，其余为非加工面）

24. 何谓定位误差？定位误差是由哪些因素引起的？定位误差的数值一般应控制在零件公差的什么范围内？

25. 如习题图 1-7 所示的一批零件，欲在铣床上加工 C、D 面，其余各表面均已加工完成，符合图样规定的精度要求。问应如何选择定位方案。

26. 如习题图 1-8 所示，一批工件以孔 $\phi 20^{+0.021}_{0}$ mm，在心轴 $\phi 20^{-0.007}_{-0.020}$ mm 上定位，在立式铣床上用顶针顶住心轴铣键槽。其中 $\phi 40$h6$\left(^{0}_{-0.016}\right)$ 外圆、$\phi 20$H7$\left(^{+0.021}_{0}\right)$ 内孔及两端面均已加工合格，而且 $\phi 40$h6 外圆对 $\phi 20$H7 内孔的径向圆跳动在 0.02mm 之内。今要保证铣槽的主要技术要求为：

（1）槽宽 $b = 12$h9$\left(^{0}_{-0.043}\right)$。

（2）槽距一端面尺寸为 20h12 $\left(^{0}_{-0.21}\right)$。

（3）槽底位置尺寸为 34.8h11$\left(^{0}_{-0.16}\right)$。

（4）槽两侧面对外圆轴线的对称度不大于 0.10mm。

试分析其定位误差对保证各项技术要求的影响。

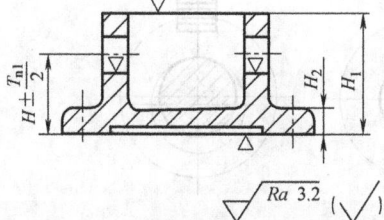

习题图　1-6

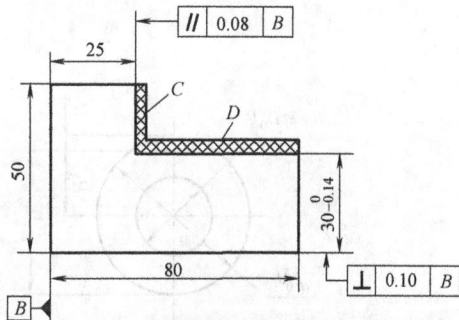

习题图　1-7

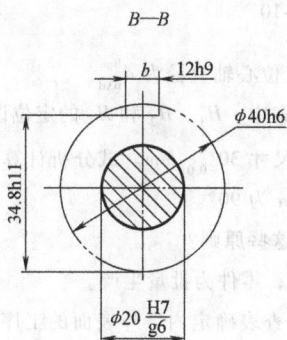

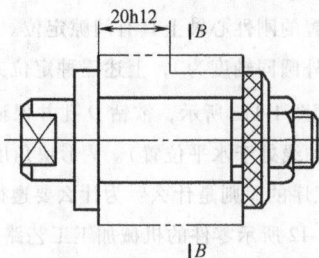

习题图　1-8

27. 如习题图 1-9 所示，工件以圆孔在水平心轴上定位铣两斜面，要求保证加工尺寸 $a \pm \delta_a$。在外力作用下，定位孔单边紧贴工件上素线。试计算该定位误差。

28. 有一批套类零件，如习题图 1-10 所示。欲在其上铣一键槽，试分析计算各种定位方案中：H_1、H_2 和 H_3 的定位误差。

（1）在可胀心轴上定位（见图 b）。

（2）在处于水平位置的刚性心轴上具有间隙的定位。定位心轴直径为 d^{Bsd}_{Bxd}（见图 c）。

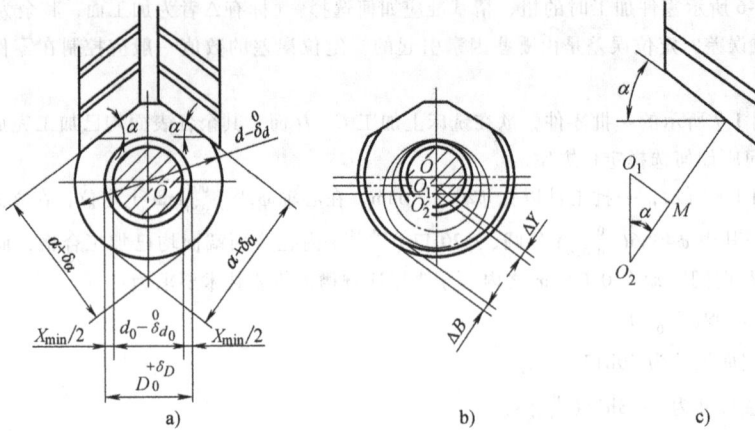

习题图　1-9

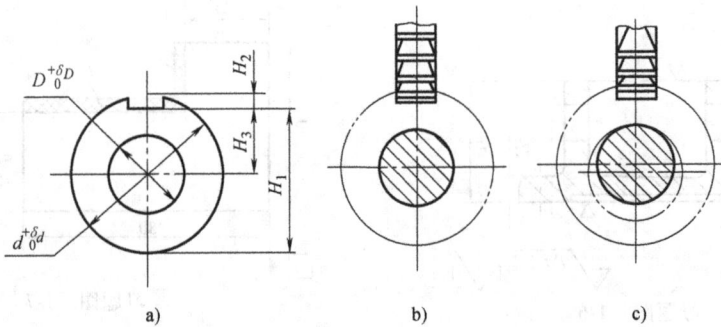

习题图　1-10

（3）在处于垂直位置的刚性心轴上具有间隙定位。定位心轴直径为 d_{Bxd}^{Bsd}。

（4）如果记工件内外圆同轴度为 t，上述三种定位方案中，H_1、H_2 和 H_3 的定位误差各是多少？

29. 工件尺寸如习题图 1-11a 所示，欲钻 O 孔并保证尺寸 $30_{-0.01}^{0}$ mm。试分析计算图示各种定位方案的定位误差（加工时工件轴线处于水平位置）。V形块角度 α 为 90°。

30. 安排切削加工工序的原则是什么？为什么要遵循这些原则？

31. 试拟订习题图 1-12 所示零件的机械加工工艺路线，零件为批量生产。

32. 试对习题图 1-13 所示钻套制定机械加工路线，并查表确定内、外表面的工序尺寸和工序公差。材料为 20 钢，热轧圆钢，零件要求渗碳 0.8mm 后淬火 62HRC。

33. 有一轴类零件经过粗车-精车-精磨达到设计尺寸 $\phi30_{-0.013}^{0}$ mm。现给出各工序的加工余量及工序尺寸公差如下表。试计算各工序尺寸及其偏差，并绘制精磨工序加工余量、工序尺寸及其公差关系图。

工序名称	加工余量/mm	工序尺寸公差/mm	工序名称	加工余量/mm	工序尺寸公差/mm
毛坯		±1.5	粗磨	0.4	0.033
粗车	6	0.210	精磨	0.1	0.013
精车	1.5	0.052			

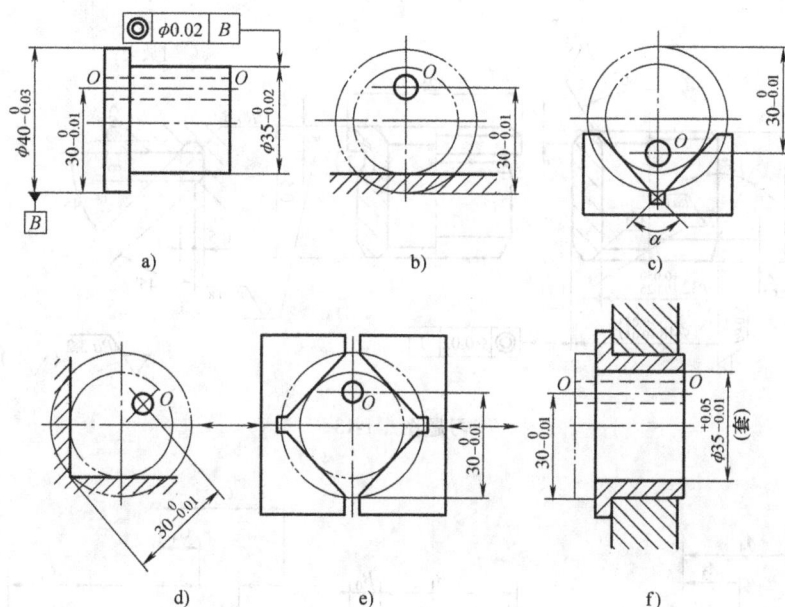

习题图　1-11

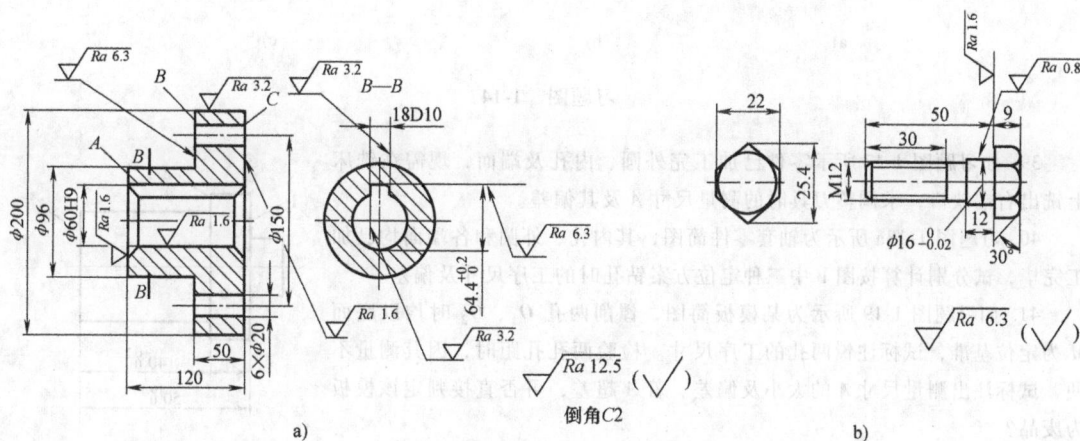

习题图　1-12

34. 某零件上有一孔 $\phi60^{+0.03}_{0}$，零件材料为 45 钢，热处理 42HRC，毛坯为锻件。孔的加工工艺过程是：（1）粗镗。（2）精镗。（3）热处理。（4）磨孔。试求各工序尺寸及其公差。

35. 什么叫工艺尺寸链？试举例说明组成环、增环、封闭环的概念。

36. 试辨别习题图 1-14 各尺寸链中哪些是增环？哪些是减环？

37. 车床上按调整法加工一批如习题图 1-15 所示工件，现以加工好的 1 面为定位基准加工端面 2 和 3，试分别按极值法和概率法计算工序尺寸 A 及其偏差。

38. 习题图 1-16 所示工件，$A_1 = 70^{-0.02}_{-0.07}$ mm，$A_2 = 60^{0}_{-0.04}$ mm，$A_3 = 20^{+0.19}_{0}$ mm。因 A_3 不便测量，试重新标出测量尺寸及其公差。

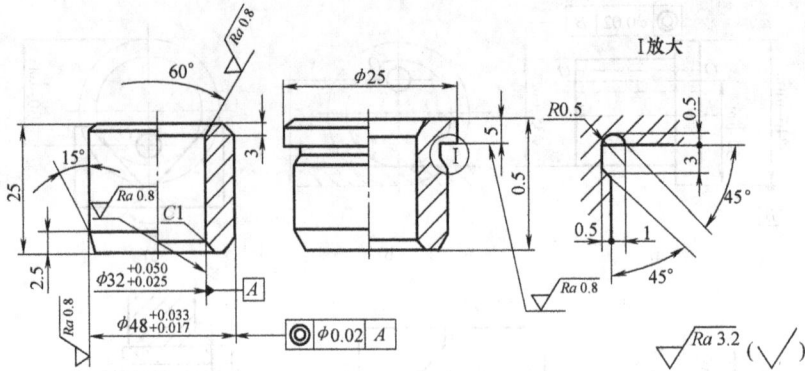

习题图　1-13

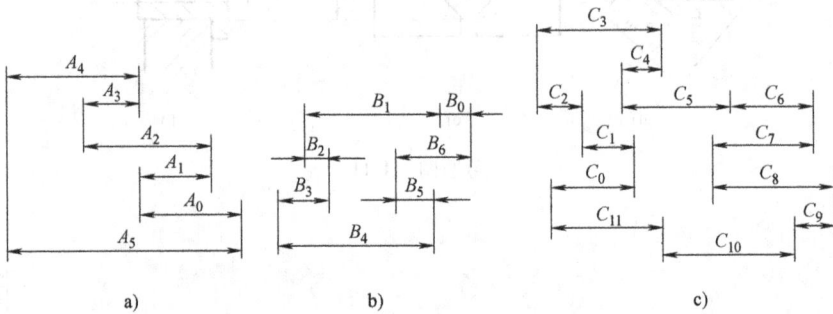

a)　　　　　　　　　　b)　　　　　　　　　　c)

习题图　1-14

39. 如习题图 1-17 所示零件已加工完外圆、内孔及端面，现需在铣床上铣出右端缺口，求调整刀具时的测量尺寸 A 及其偏差。

40. 习题图 1-18a 所示为轴套零件简图，其内孔、外圆和各端面均已加工完毕，试分别计算按图 b 中三种定位方案钻孔时的工序尺寸及偏差。

41. 如习题图 1-19 所示为某模板简图，镗削两孔 O_1、O_2 时均以底面 M 为定位基准，试标注镗两孔的工序尺寸。检验两孔孔距时，因其测量不便，试标注出测量尺寸 A 的大小及偏差。若 A 超差，可否直接判定该模板为废品？

42. 习题图 1-20a 为被加工零件的简图（图中只标注有关尺寸）、习题图 1-20b 为工序图，在大批生产条件下其部分工艺过程如下：

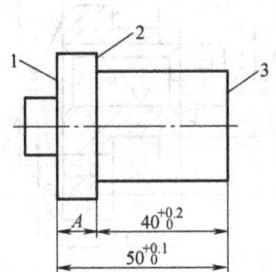

习题图　1-15

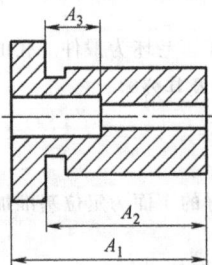

习题图　1-16

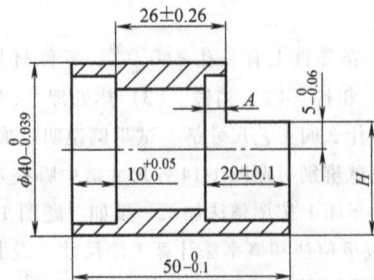

习题图　1-17

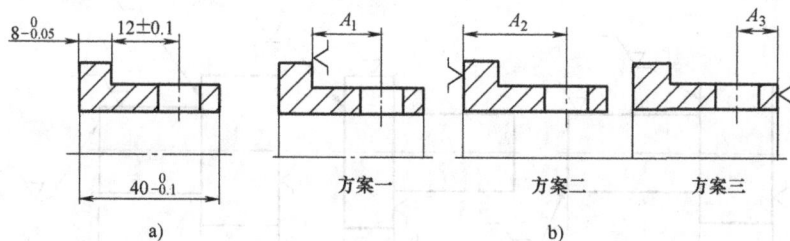

习题图　1-18

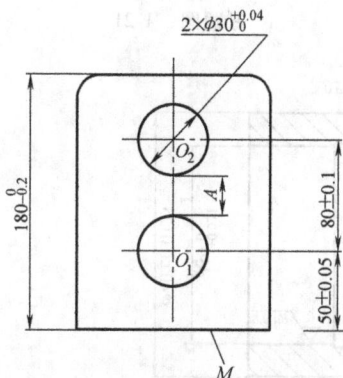

习题图　1-19

工序Ⅰ铣顶面，

工序Ⅱ钻孔，锪端面，

工序Ⅲ磨底面（磨削余量 0.5mm）

试用极值法及概率法计算工序尺寸及公差（$A^{\delta a}$、$B^{\delta b}$、$C^{\delta c}$）？

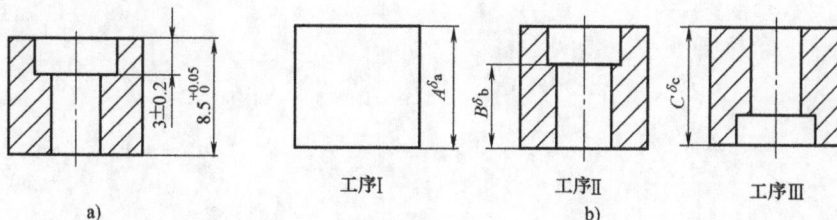

习题图　1-20

43. 某零件的加工线路如习题图 1-21 所示。工序 1 粗车小端外圆及两端面；工序Ⅱ车大端外圆及端面；试校核工序Ⅲ精车端面的余量是否合适？若余量不够应如何改进？

44. 如习题图 1-22 所示衬套，材料为 20 钢，$\phi30^{+0.021}_{0}$ mm 内孔表面要求磨削后保证渗碳层深度 $0.8^{+0.3}_{0}$ mm，试求：

（1）磨削前精镗工序的工序尺寸及偏差。

（2）精镗后热处理时渗碳层的深度。

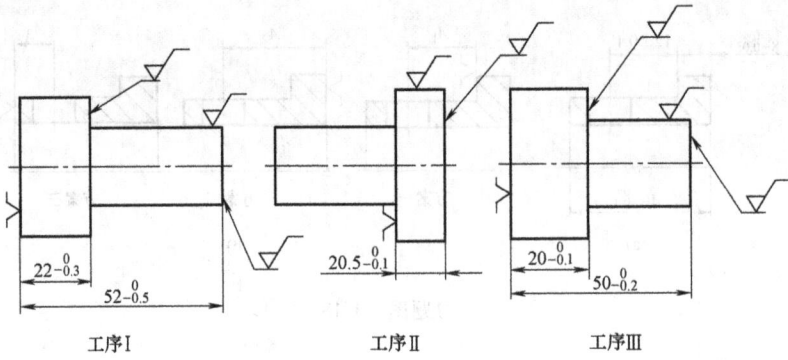

工序Ⅰ　　　　　　　工序Ⅱ　　　　　　　工序Ⅲ

习题图　1-21

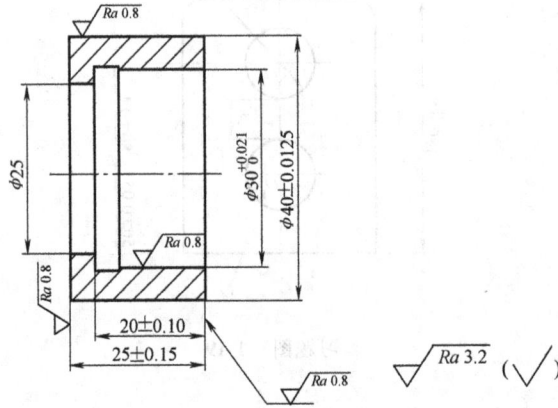

习题图　1-22

第 2 章   典型零件加工

2.1   轴类零件加工

2.1.1   概述

1. 轴类零件的功用与结构特点

轴类零件是机械加工中经常遇到的典型零件之一。在机器中，它主要用来支承传动零件和传递转矩。

从工艺角度分析，轴类零件是旋转体零件，其长度大于直径，加工表面通常有内外圆柱面、圆锥面、端面，以及螺纹、键槽、横向孔、沟槽等。根据结构形状，轴可分为光轴、空心轴、半轴、阶梯轴、花键轴、十字轴、偏心轴、曲轴、凸轮轴，如图 2-1 所示。

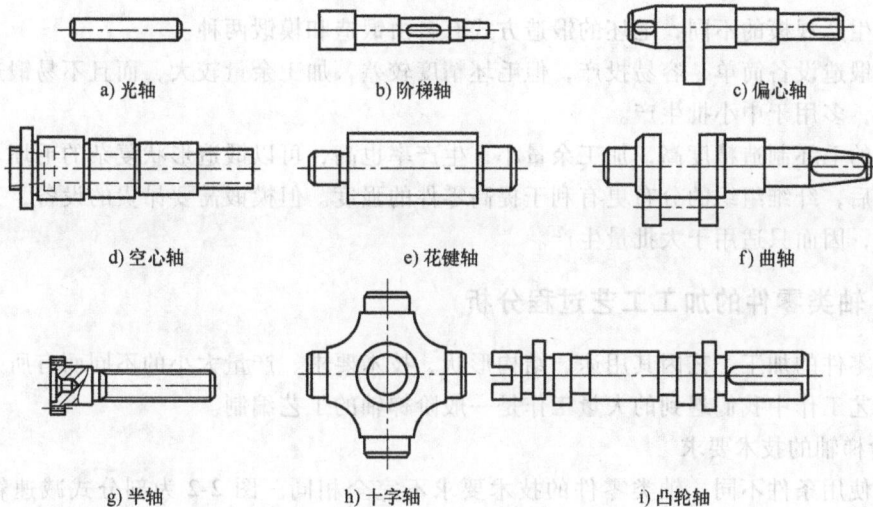

a) 光轴   b) 阶梯轴   c) 偏心轴

d) 空心轴   e) 花键轴   f) 曲轴

g) 半轴   h) 十字轴   i) 凸轮轴

图 2-1   轴的种类

2. 轴类零件的技术要求

轴类零件的主要技术要求如下。

（1）尺寸精度和几何形状精度   主要轴径的直径精度根据使用要求通常为公差等级 IT6～IT9，甚至为 IT5。轴径的几何形状精度（圆度、圆柱度）应限制在直径公差范围之内，对几何形状精度要求较高时，可在零件图上规定允许的偏差。

（2）相互位置精度   保证配合轴径（装配传动件的轴颈）对于支承轴颈（装配轴承的轴颈）的同轴度，是轴类零件相互位置精度的普遍要求。普通精度的轴，配合轴颈对支承轴颈的径向圆跳动一般为 0.01～0.03mm，高精度轴为 0.001～0.005mm。

（3）表面粗糙度　支承轴颈的表面粗糙度值 Ra 为 $0.16 \sim 0.63 \mu m$，配合轴颈的表面粗糙度值 Ra 为 $0.63 \sim 2.5 \mu m$。

（4）其他要求　如热处理、表面处理、表面硬度和表面缺陷等方面的要求。

3. 轴类零件的材料和毛坯

（1）轴类零件的材料　一般轴类零件常用 45 钢，并根据不同的工作条件采用不同的热处理规范（如正火、调质、淬火等），以获得一定的强度、韧性和耐磨性。

对于中等精度而转速较高的轴类零件，可选用 40Cr 等合金结构钢，它们经调质和表面淬火处理后，具有较高的综合力学性能。对于精度较高的轴，有时还用轴承钢 GCr15 和弹簧钢 65Mn 等材料，它们通过调质和表面淬火处理后，具有更高的耐磨性和耐疲劳性能。对于在高转速、重载荷等条件下工作的轴，可选用 20CrMnTi、20Cr 等低碳合金钢或 38CrMoAl 氮化钢。低碳合金钢经渗碳淬火处理后，具有很高的表面硬度、耐冲击韧性和心部强度，但热处理变形较大。氮化钢经调质和表面氮化后，有很高的心部强度、优良的耐磨性和耐疲劳性能，而热处理变形却很小。

（2）轴类零件的毛坯　圆棒料和锻件是轴类零件最常用的毛坯，只有某些大型的、结构复杂的轴，才采用铸件。由于毛坯经过加热锻打后，能使金属内部纤维组织沿表面均匀分布，从而可以得到较高的抗拉、抗弯及抗扭强度，故除了光滑轴、直径相差不大的阶梯轴可使用热轧棒料和冷拉棒料外，一般比较重要的轴，大都采用锻件做毛坯。

根据生产规模的不同，毛坯的锻造方式有自由锻造和模锻两种。

自由锻造设备简单，容易投产，但毛坯精度较差，加工余量较大，而且不易锻造形状复杂的毛坯，多用于中小批生产。

模锻的毛坯制造精度高，加工余量小，生产率也高，可以锻造形状复杂的毛坯。而且材料经模锻后，纤维组织的分布更有利于提高零件的强度。但模锻需要昂贵的设备，又要制造专用锻模，因而只适用于大批量生产。

2.1.2　轴类零件的加工工艺过程分析

轴类零件的加工工艺因其用途、结构形状、技术要求、产量大小的不同而有所差异。在日常的工艺工作中我们遇到的大量工作是一般阶梯轴的工艺编制。

1. 阶梯轴的技术要求

由于使用条件不同，轴类零件的技术要求不完全相同。图 2-2 为剖分式减速箱的传动轴，结合该轴介绍阶梯轴的技术要求如下。

（1）尺寸精度和形状精度　配合轴颈尺寸公差等级通常为 IT8 ~ IT6，该轴配合轴颈 M 为 IT6；支承轴颈一般为 IT7 ~ IT6，精密的为 IT5，该轴支承轴颈 E、F 为 IT6；轴颈的形状精度（圆度、圆柱度）应限制在直径公差范围之内，要求较高的应在工作图上注明，该轴形状公差均未注出。

（2）位置与方向精度　配合轴颈对支承轴颈一般有径向圆跳动或同轴度要求，装配定位用的轴肩对支承轴颈一般有轴向圆跳动或垂直度要求。径向圆跳动和轴向圆跳动公差通常为 $0.01 \sim 0.03 mm$，高精度轴为 $0.001 \sim 0.005 mm$，该轴均为 $0.02 mm$。

（3）表面粗糙度　轴颈的表面粗糙度值 Ra 应与尺寸公差等级相适应。公差等级为 IT5 的 Ra 值为 $0.2 \sim 0.4 \mu m$；公差等级为 IT6 的 Ra 值为 $0.4 \sim 0.8 \mu m$；公差等级为 IT8 ~ IT7 的

Ra 值为 0.8～1.6μm。装配定位用的轴肩 *Ra* 值通常为 0.8～1.6μm。非配合的次要表面 *Ra* 值常取 6.3μm。该轴的轴颈和定位轴肩 *Ra* 值均为 0.8μm，键槽两侧面为 3.2μm，其余为 6.3μm。

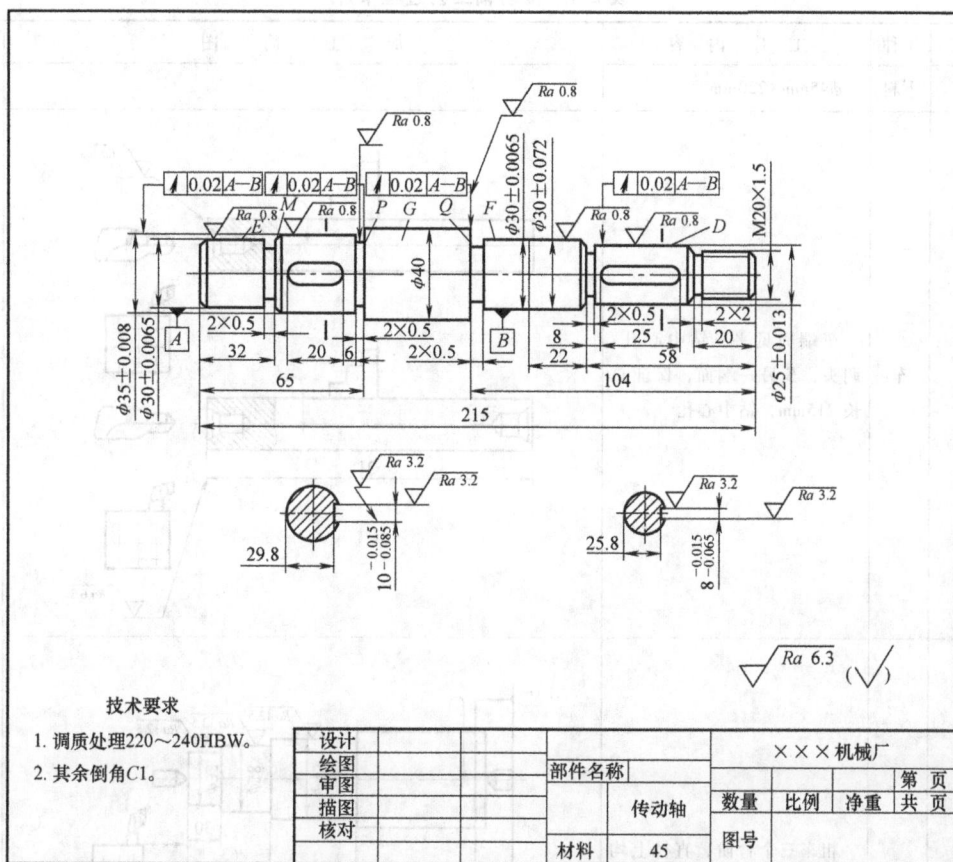

图 2-2　剖分式减速箱的传动轴

（4）热处理　轴的热处理要根据其材料和使用要求确定。对于传动轴，正火、调质和表面淬火用得较多。该轴要求调质处理。

2. 阶梯轴的加工工艺过程

下面以剖分式减速箱的传动轴（见图 2-2）为例，介绍阶梯轴的典型工艺过程。

该传动轴的材料为 45 钢，由于各外圆直径相差不大，且批量只有 5 件，其毛坯可选择 $\phi45$ 的热轧圆钢料。该传动轴应首先车削成形，对于精度较高、表面粗糙度值 *Ra* 较小的外圆 E、F、M 和轴肩 P、Q，在车削之后还应磨削。车削和磨削时以两端的中心孔作为定位精基准，中心孔可在粗车之前加工。因此，该传动轴的工艺过程主要有加工中心孔、粗车、半精车和磨削四个阶段。

要求不高的外圆在半精车时加工到规定尺寸；退刀槽、越程槽、倒角和螺纹在半精车时加工；键槽在半精车之后进行划线和铣削；调质处理安排在粗车和半精车之间，调质后要修研一次中心孔，以消除热处理变形和氧化皮；在磨削之前，一般还应修研一次中心孔，进一步提高定位精基准的精度。

综合上述分析，传动轴的工艺过程如下：下料—车两端面，钻中心孔—粗车各外圆—调质—修研中心孔—半精车各外圆，切槽，倒角—车螺纹—划键槽加工线—铣键槽—修研中心孔—磨削—检验。其工艺过程卡片见表 2-1。

表 2-1　传动轴工艺过程卡片

工序号	工种	工 序 内 容	加 工 简 图	设备
1	下料	$\phi45mm\times220mm$		锯床
2	车	车端面见平，钻中心孔；调头，车另一端面，保证总长 215mm，钻中心孔		车床
3	车	粗车三个台阶，直径上均留余量 3mm；调头，粗车另一端三个台阶直径上均留余量 3mm		车床
4	热	调质，220~240HBW		
5	（钳）	修研两端中心孔		车床

（续）

工序号	工种	工 序 内 容	加 工 简 图	设备
6	车	半精车三个台阶，$\phi40$mm 车到图样规定尺寸，其余直径上留余量 0.5mm；切槽 2mm×0.5mm 两个，倒角 $C1$ 两个。调头，半精车余下的三个台阶，其中螺纹台阶车到 $\phi20_{-0.2}^{-0.1}$ mm，其余直径上留余量 0.5mm；切槽 2mm×0.5mm 两个，2mm×2mm 一个；倒角 $C1×2$ 两个，$C1.5×1$ 一个		车床
7	车	车螺纹 M20×1.5		车床
8	钳	划两个键槽加工线		
9	铣	铣两个键槽，平口钳装夹		立铣
10	（钳）	修研两端中心孔		车床

（续）

工序号	工种	工 序 内 容	加 工 简 图	设备
11	磨	磨外圆 E、M 到图样规定尺寸，靠磨轴肩 P；调头，磨外圆 F、N 到图样规定尺寸，靠磨轴肩 Q		外圆磨床
12	检	检验	按图样技术要求项目检验	

3. 阶梯轴加工工艺过程分析

从上述阶梯轴加工工艺过程可以看出，在拟定轴类零件工艺过程时，应考虑下列一些共同性的问题。

（1）合理选择定位基准　轴类零件的定位基准，最常用的为两中心孔。因为轴类零件各外圆表面、锥孔、螺纹表面的同轴度，以及端面对旋转轴线的垂直度是其相互位置与方向精度的主要项目，而这些表面的设计基准一般都是轴的中心线，如果用两中心孔定位，就能符合基准重合的原则。而且，用中心孔作为定位基准，能够最大限度地在一次装夹中加工出多个外圆和端面，这也符合基准统一的原则。所以，只要可能就应尽量采用中心孔作为轴加工的定位基准。

当不能用中心孔时（如加工轴的锥孔时），或是粗加工时为了提高零件的刚度，可采用轴的外圆表面作为定位基准，或是以外圆表面和中心孔共同作为定位基准。

如果是空心轴，为了能在通孔加工后继续使用顶尖作为定位基准，一般都采用带有中心孔的锥堵或带锥套的心轴定位。当主轴锥孔较小时，使用锥堵。当主轴锥孔较大时，可采用带锥套的心轴。

（2）中心孔的研磨修整　以中心孔作为定位基准，中心孔的圆度和多角形会复映到加工表面上去，中心孔的同轴度误差会使中心孔与顶尖接触不良，中心孔与顶尖的接触精度将直接影响主轴的加工精度。作为定位基面的中心孔经过多次使用后可能磨损和拉毛，或因热处理和内应力发生位置变动或表面产生氧化皮，因此在各个加工阶段，必须注意修整中心孔，中心孔的精度是保证主轴质量的一个关键。

对中心孔与顶尖的接触面积，精磨工序要达到75%以上，光整加工时要达到80%以上。

工厂中常采用铸铁或环氧树脂顶尖作研磨工具，在车床或钻床上加研磨剂研磨。但受机床精度的限制，研磨精度不太高，生产率比较低。较好的方法是把研磨用的铸铁顶尖和磨床顶尖在磨床的一次调整中加工出来，然后用这个与磨床顶尖尺寸相同的铸铁顶尖装在磨床的锥孔内，研磨中心孔，这样加工出来的中心孔可以和磨床顶尖的锥角一致。以这样的中心孔定位加工主轴的外圆表面时，其圆度和同轴度可减小到 $0.1 \sim 0.20 \mu m$。

近几年来，采用多棱硬质合金顶尖（3~5 棱，如图 2-3 所示）修整中心孔，由于顶尖棱上的刃带有微量切削和挤光作用，能纠正几何形状误差，并使加工表面的表面粗糙度值 Ra 在 $0.8 \mu m$ 以下。这种加工效率高，工具寿命长，用修整好的中心孔定位加工主轴时，可使主轴圆度达 $1 \mu m$。

对成批生产，可用中心孔磨床修磨中心孔，其精度和生产率都比较高。

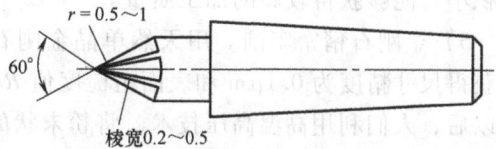

图 2-3　多棱硬质合金顶尖

（3）预加工中的问题　车削时轴类零件机械加工的首道工序，车削之前的工艺为轴加工预备阶段。预备加工内容有如下几种。

1）校直。对于细长的轴由于弯曲变形会造成加工余量不足，需增加校直工序。

2）切断。对于直接用棒料为毛坯的轴，需要增加切断工序。另外有些批量较小的轴，经锻造后两端有较多的加工余量也必须切断。

3）切端面和钻中心孔。对于直径较大、长度较长的轴，需要在车削外圆之前加工好中心孔。单件小批量生产的主轴可以经过划线在摇臂钻床上加工中心孔。成批生产的主轴则可以采用专用机床铣两端面，同时钻两端中心孔。

（4）应安排足够的热处理工序　在轴加工的整个过程中，应安排足够的热处理工序，以保证轴的力学性能及加工精度的要求，并改善工件的切削加工性能。

（5）加工阶段的划分　由于轴是多阶梯且常常带有孔的零件，切除大量的金属后，会引起残余应力重新分布而变形。因此，在安排工序时，应将粗、精加工分开，先完成各表面的粗加工，再完成各表面的半精加工和精加工，而主要表面的精加工则放在最后进行。

2.1.3　轴类零件外圆表面的加工

外圆表面是轴类零件的主要表面，在轴类零件加工中，外圆表面的加工占有很大的比重。

1. 外圆表面的车削

车削是外圆表面加工的主要方法。单件、小批生产中常采用普通卧式车床；成批、大量生产中多采用高生产率的多刀半自动车床、液压仿形车床或数控车床等。

（1）外圆车削的工艺范围

1）粗车。粗车采用较大的背吃刀量、进给量，切去毛坯的大部分余量以达到较高的生产率。其加工精度可达到 IT10~IT13，表面粗糙度值 $Ra = 6.3 \sim 12.5 \mu m$，故只能作为低精度表面的最终工序。

2）半精车。半精车的加工精度可达 IT9~IT10，表面粗糙度值 $Ra = 3.2 \sim 6.3 \mu m$，可以作为中等精度表面的最终工序，也可以作为磨削或其他精加工工序的预加工。

3）精车。精车的加工精度可达 IT7～IT8，表面粗糙度值 $Ra = 0.8～3.2\mu m$，可以作为最终工序或光整加工的预加工。如果毛坯的精度较高，可以直接进行半精车或精车。

4）精细车。精细车的加工精度可达 IT6～IT7，表面粗糙度值 $Ra = 0.025～0.4\mu m$，因此常作为最终加工工序。对于小型有色金属零件，高速精细车是主要加工方法，并可获得比加工钢和铸铁更低的表面粗糙度值（$Ra = 0.1～0.4\mu m$）。在加工大型精密外圆表面时，精细车可以代替磨削加工。精细车所使用的车床应具备较高的精度和刚度，刀具需有良好的耐磨性能，采用高的切削速度（160m/min），小的背吃刀量（0.03～0.05mm）和小的进给量（0.02～0.2mm/r）。因而，精细车切削过程中切削力小，积屑瘤不易生成，弹性变形及残留面积小，能够获得较高的加工质量。

5）金刚石精密车削。用天然单晶金刚石刀具切削铝、铜、无氧铜或其他软金属材料，可获得尺寸精度为 $0.1\mu m$ 和表面粗糙度值 Ra 为 $0.01\mu m$ 的超精密加工表面。20 世纪 70 年代以后，人们利用高温高压技术，将粉末状的人造金刚石合成了大尺寸聚晶金刚石，继而又研制成功了聚晶金刚石刀具，其价格比天然金刚石刀具便宜得多。但由于聚晶金刚石刀具材料本身的多晶性质，到目前为止，人造金刚石刀具多用于一般加工和精密加工，而难于抵达超精密加工领域，其加工精度为 IT3～IT5，表面粗糙度值 $Ra < 0.1\mu m$。另外，金刚石切削在加工材料方面也有所限制，它主要适用于加工铜和铜合金，铝和铝合金等有色金属以及光学玻璃、大理石和碳素纤维板等非金属材料。

（2）提高外圆表面车削生产率的措施　在轴类零件的加工中，外圆表面的加工余量主要是由车削切除的。外圆车削的劳动量在零件加工全部劳动量中占有相当大的比重。因此提高外圆车削生产率即成为一个很重要的问题，特别是对于多阶梯的轴，这个问题就更为突出。

提高外圆表面车削的生产率可采取多种措施。例如：选用新的刀片材料进行高速切削，如采用含有添加剂（碳化钽或碳化铌）的新型硬质合金、新型陶瓷（加入碳化钛及其他添加剂的复合陶瓷及氮化硅陶瓷）及立方氮化硼等，或使用涂层硬质合金（涂覆碳化钛、氮化镍等），都可以大大提高切削速度或刀具寿命；使用机械夹固车刀和可转位刀片等以充分发挥现有硬质合金的作用，缩短更换和刃磨刀具的时间；选用先进的强力切削车刀，加大背吃刀量和进给量，进行强力车削等。此外，在成批、大量生产中，特别是在加工多阶梯的轴时，往往采用多刀加工或液压仿形加工。

多刀加工可在多刀半自动车床上进行。多刀加工时，几把车刀同时加工工件上的几个表面，可以缩短机动时间和辅助时间，从而大大提高生产率。但这种加工方法，调整刀具花费的时间较多，且切削力较大，所需机床的功率和刚度也较大。

近年来液压仿形系统的精度逐渐提高，而且由于液压与自动化技术的发展，以液压仿形车床为基础，配备简单的机械手及零件的输送装置所组成的轴类零件自动线，已成为提高轴类零件生产率的重要方法。

2. 细长轴外圆的车削加工

由于细长轴（长径比很大，如 $L/d \geqslant 20$）的刚度很差，车削时容易产生弯曲和振动，形成腰鼓形或竹节形误差而不能保证加工质量。因此，必须采取有效措施来解决车削时的变形、振动等问题。

（1）改进工件中的装夹　车削细长轴时，工件的装夹常采用一端在卡盘中夹紧，另一端支顶在弹性尾座顶尖中的方法。这种装夹方式夹持的刚性好，并且当工件因切削热而膨胀伸长时，尾顶尖能自动伸缩，可避免热膨胀引起零件弯曲变形。在车床卡盘中夹紧工件常用的形式有两种：一是在工件的左端绕上一圈较细的钢丝，以减少接触面积，使工件在卡盘内能自由调节其位置，可避免被卡爪卡死而引起弯曲变形；二是在卡盘一端的工件上车出一个缩颈部分，缩颈直径 $d \approx D/2$（D 为工件的胚料直径），以此增加工件的柔性，起到与万向节类似的作用，缓解由于坯料本身的弯曲而在卡盘强制夹持下轴线歪斜的影响。

（2）选择合理的切削方法　车削细长轴时，宜采用由车头向尾座进给的反向切削法。这时在轴向切削力 F_x 的作用下，从卡盘到车刀区段内，工件受到的是拉力；而从车刀到尾顶尖区段，则采用了可伸缩的活顶尖，因而不会把工件顶弯。由于选择了较大的进给量和主偏角，增大了轴向切削力，工件在大的轴向拉力作用下，能有效地消除径向颤动，使切削过程平稳，如图 2-4 所示。

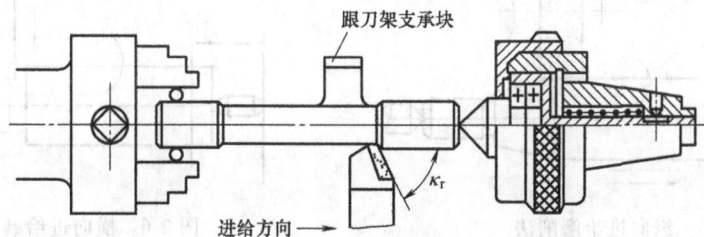

跟刀架支承块

进给方向 →

κ_r

图 2-4　反向进给车削法

（3）合理地选择刀具　粗车时选用粗车刀，粗车刀常用较大的主偏角（75°），以增大轴向力而减小径向力，可以防止工件的弯曲变形和振动。选用较大的前角（15°~20°）和较小的后角（3°），既减小切削力又可加强刃口强度。通过磨出卷屑槽和选用的刃倾角，以控制切屑的顺利排出。刀片材料宜采用强度和耐磨性较高的硬质合金，如 M10（YW1）或 K10（YG6）。

精车时常用宽刃高速钢刀片，选用 25° 的前角和 10° 的后角。这种大前角、无倒棱的宽刀，刀刃易于切入工件，切下很薄的切屑，便于消除粗车时留在工件上的形状误差。刃倾角和弹性刀杆使得切入平稳并防止振动和啃刀，低速切削时可以避免积屑瘤和振动，宽平刀刃可以修光工件表面，因此可以获得良好的加工质量。

此外，粗车刀装夹使刀尖可比工件中心高 0.1~0.15mm，使刀尖部分的后刀面压住工件，有效地增强了工件的刚度。精车时工件装夹高度低于中心，以增大后角减小刀具磨损，并可使弹性刀杆让刀时刀刃不会啃入工件，防止损伤加工表面。

3. 外圆表面的磨削

磨削是外圆表面精加工的主要方法。它既能加工淬火的黑色金属零件，也可以加工不淬火的黑色金属和有色金属零件。外圆磨削可分为粗磨、精磨、精密磨削、超精磨削和镜面磨削，其中，后三种属于光整加工。粗磨后工件的精度可达到 IT8~IT9，表面粗糙度值 $Ra = 0.8~1.6\mu m$，精磨后工件的精度可达 IT6~IT7，表面粗糙度值 $Ra = 0.1~0.4\mu m$。

（1）外圆磨削的方式

1）中心磨削法。中心磨削法是指在外圆磨床上以工件的两中心孔来定位，进行外圆磨削。

① 纵向进给磨削法，如图 2-5 所示。磨削时工件每往复一次（或单行程）砂轮横向进给一次，由于走刀次数多，故生产率较低，但能够获得较高的精度和较小的表面粗糙度值，因而应用范围较广，除可磨削外圆柱面外，通过转动磨床的工作台，还可以磨削外圆锥面。

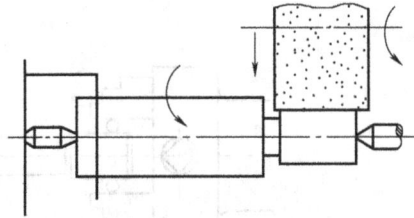

② 横向进给磨削法，又称切入磨削法，如图 2-6 所示。磨削时砂轮做连续横向运动，砂轮宽度大于工件被磨削表面的宽度（一般约达 5~10mm）。由于这种磨削方法不做纵向进给，而磨削砂轮能做纵向 5mm 左右的抖动，以便改善砂轮表面不平整而增大工件表面粗糙度的不良状况。横磨法采用了宽砂轮和连续进给，生产率高，但径向力大，要求机床、工件等有足够的刚度，其加工质量比纵磨法要低；横磨法还可以磨削同一个零件上的几个表面和成形表面，故在成批、大量生产中得到广泛的应用。

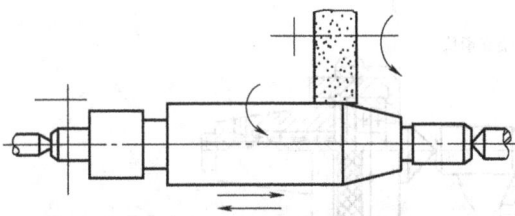

图 2-5　纵向进给磨削法　　　　　　　　图 2-6　横向进给磨削法

③ 综合磨削法，即先用横磨法分段粗磨被加工表面的全长，相邻各段搭接 5~15mm，最后用纵磨法进行精磨。此法兼有横磨法生产率高和纵磨法加工质量好的优点，适用于成批生产中磨削刚度好的长轴外圆表面。

2）无心磨削法。无心磨削是在无心磨床上进行的，图 2-7 为无心磨削的加工原理图。无心磨床磨削外圆时，工件不是用顶尖或卡盘来定心，而是直接由托板和导轮支撑，用被加工表面本身定位。图中 1 为磨削砂轮，以高速旋转作切削主运动，导轮 3 是用树脂或橡胶为结合剂的砂轮，它与工件之间的摩擦系数较大，当导轮以较低的速度带动工件旋转时，工件的线速度与导轮表面线速度相近。工件 4 由托板 2 与导轮 3 共同支撑，工件的中心一般应高于砂轮与导轮的连心线，以免工件加工后出现棱圆形。

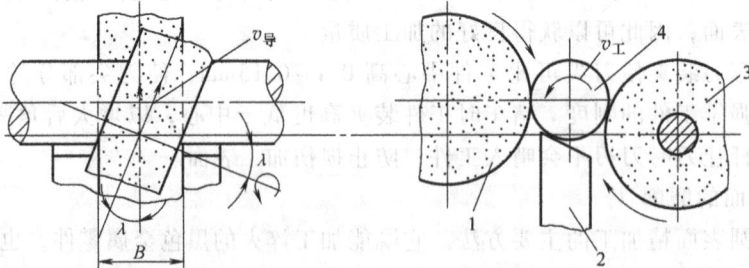

图 2-7　无心磨削的加工原理

1—砂轮　2—托板　3—导轮　4—工件

（2）提高外圆表面磨削生产率的途径

1）高速磨削。砂轮磨削速度高于 45m/s 的磨削称为高速磨削。高速磨削使单位时间内通过磨削区的磨粒数目大为增加，如果保持每颗磨粒切去的厚度与普通磨削时一样，进给量可以成比例地增加，磨去同样余量的时间可以缩短。如果进给量仍与普通磨削相同，则每颗磨粒切去的切削厚度减小，每颗磨粒所承受的切削负荷也就减小，这样可使每颗磨粒的切削能力相对提高，在每次修整砂轮后可以磨去更多的金属，提高了砂轮的耐用度，减少了修整次数。由此可见，高速磨削可以大大提高生产率。此外，由于每颗磨粒的切削厚度薄，表面切痕深度减小，因而减小了表面粗糙度值。同时作用在工件上的法向磨削力也相应减小，可以提高工件的加工精度，这对于磨削细长轴类零件十分有利。

高速磨削时，由于作用在砂轮上的离心力与砂轮速度的平方成正比，故需采用高强度的高速砂轮。砂轮电动机的功率要加大，砂轮轴的轴承间隙要适当增大，以免因高温膨胀而卡死。要注意机床的防振和砂轮的动平衡，加固砂轮防护罩，充分地供给切削液并防止其飞溅。

2）强力磨削。强力磨削是采用较高的砂轮速度、较大的背吃刀量（一次切深可达 0.6mm 以上）和较小的轴向进给，直接从毛坯上磨出加工表面的方法。它可以代替车削和铣削，生产率很高。强力磨削的特点是磨削力和磨削热显著增大，因此机床的功率要加大，砂轮防护罩要加固，切削液要充分供应，机床还必须有足够的刚性。

（3）外圆表面的光整加工　外圆表面的光整加工是提高零件表面质量的重要手段，主要方法有高精度磨削、超精加工、研磨、双轮珩磨、抛光及滚压等。表 2-2 是外圆表面的各种光整加工方法原理和特点。

表 2-2　外圆表面的各种光整加工方法的比较

光整加工方法	工作原理	特点
镜面磨削	加工方式与一般磨削相同，但需用特别软的砂轮，较低的磨削用量，极小的背吃刀量（1~2μm），仔细过滤的切削液。修正砂轮时用极慢的工作台进给速度	1）表面粗糙度值 $Ra = 0.008 \sim 0.012 \mu m$ 适用范围广 2）能够部分地修正上道工序留下来的形状误差和位置误差 3）生产效率高，可配备自动测量仪 4）对机床设备的精度要求很高
研磨	研磨套在一定压力下与工件做复杂的相对运动，工件缓慢转动，带动磨粒起切削作用，同时研磨剂还能与金属表面层起化学作用，加速切削作用。研磨余量为 0.01~0.02mm	1）表面粗糙度值 $Ra = 0.008 \sim 0.025 \mu m$ 适用范围广 2）能部分纠正形状误差，不能纠正位置误差 3）方法简单可靠，对设备要求低 4）生产率很低，工人劳动强度大，正为其他方法所取代，但仍用得相当广泛
超精加工	工件做低速转动和轴向进给（或工件不进给，磨头进给），磨头带动磨条以一定的频率（每分钟几十次到上千次）沿工件的轴向振动，磨粒在工件表面上形成复杂轨迹。磨条采用硬度很软的细粒度油石，切削液用煤油	1）表面粗糙度值 $Ra = 0.012 \sim 0.025 \mu m$ 适用范围广 2）不能纠正上道工序留下来的形状误差和位置误差 3）设备要求简单，可在普通车床上进行 4）加工效果受油石质量的影响很大

（续）

光整加工方法	工　作　原　理	特　　　点
双轮珩磨	珩磨轮相对工件轴线倾斜 27°～30°，并以一定的压力从相对的方向压在工件表面上，工件（或珩磨轮）沿工件轴向做往复运动。在工件转动时，因摩擦力带动珩磨轮旋转，并产生相对滑动，起微量的切削作用。切削液为煤油或油酸	1）表面粗糙度值 $Ra = 0.012～0.025\mu m$，不适用于带肩轴类零件和锥形表面 2）不能纠正上道工序留下来的形状误差和位置误差 3）设备要求低，可用旧机床改装 4）工艺可靠，表面质量稳定 5）珩磨轮一般采用细粒度磨料自制，使用寿命长 6）生产效率比上述三种都高

2.1.4　轴类零件其他表面的加工

　　轴类零件其他表面主要有螺纹、键槽等。螺纹加工方法主要有车削螺纹、铣削螺纹等。轴上花键及键槽的加工主要有铣削和磨削。可参考有关手册。

2.2　套类零件加工

2.2.1　概述

1. 套类零件的结构特点

　　套类零件应用比较广泛，在机器和设备中主要起着支承和导向作用，例如：内燃机上的气缸套、液压系统中的液压缸、电液伺服阀的阀套、夹具上的导向套、镗床主轴套以及支承回转轴的各种形式的滑动轴承等，其大致结构形式如图 2-8 所示。

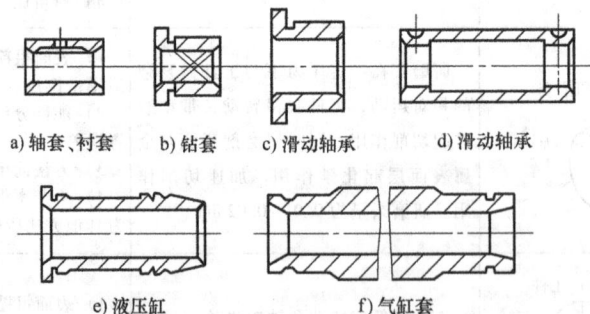

图 2-8　套类零件的结构形式

　　套类零件的结构与尺寸随其用途不同而异，但其结构一般都具有以下特点：
　　1）外圆直径 d 一般小于其长度 L，通常 $L/d < 5$。
　　2）内孔与外圆直径差较小，故壁薄易变形。

3）内、外圆回转面的同轴度要求较高。

4）结构比较简单。

2. 套类零件的主要技术要求

套类零件的外圆表面多以过盈或过渡配合与机架或箱体孔相配合起支承作用。内孔主要起导向作用或支承作用，常与运动轴、主轴、活塞、滑阀相配合。有些套的端面或凸缘端面有定位或承受载荷的作用。根据使用情况可对外圆与内孔提出如下要求。

（1）内孔与外圆的精度要求　外圆直径精度通常为IT5～IT7，表面粗糙度值 Ra 为 0.32～0.63μm，要求较高的可达 0.04μm；内孔的尺寸精度一般为IT6～IT7，为保证其耐磨性和功能要求，要求表面粗糙度值 Ra 为 0.16～0.25μm。有的精密阀套的内孔，尺寸精度要求为IT4～IT5，也有的套（如液压缸、气缸筒等）由于与其相配的活塞上有密封圈，故对尺寸精度要求较低，一般为IT8～IT9，但对表面粗糙度要求较高，一般 Ra 为 0.32～0.63μm。

（2）形状精度要求　通常将外圆与内孔的形状精度控制在直径公差以内即可，较精密的可控制在孔径公差的 1/2～1/3，甚至更严。对较长的套除圆度有要求外，还应有孔的圆柱度要求。

（3）相互位置与方向精度要求

1）内、外圆表面之间的同轴度要求根据加工与装配要求而定。如果内孔的最终加工是在套装入机座或箱体之后进行的，可降低套内、外圆表面的同轴度要求；如果内孔的最终加工是在装配之前进行的，则同轴度要求较高，通常为 0.01～0.06mm。

2）套端面（或凸缘端面）常用来定位或承受载荷，故对端面与外圆和内孔轴线的垂直度要求较高，一般为 0.02～0.05mm。

3. 套类零件毛坯与材料的选择

套类零件毛坯，要视其结构尺寸与材料而定。孔径较大（如 $d>20$mm）时，一般选用带孔的铸件、锻件或无缝钢管；孔径较小时，可选用棒料或实心铸件。在大批量生产的情况下，为节省原材料、提高生产率，也可以冷挤压、粉末冶金工艺制造精度较高的毛坯。

套类零件一般选用钢、铸铁、青铜或黄铜等材料。滑动轴承宜选用铜料，有些要求较高的滑动轴承，为节省贵重材料而采用双金属结构，即用离心铸造法在钢或铸铁套的内壁上浇注一层巴氏合金等材料，用来提高轴承的寿命。有些强度和硬度要求较高的套（如伺服阀的阀套、镗床主轴套等），则选用优质合金钢（如 18Cr2Ni4WA、38CrMoAl 等）。

2.2.2　套类零件的内孔加工方法

（1）钻孔　钻孔是孔加工中最常见的加工方法，一般在钻床上进行，如图 2-9 所示。在钻床上钻孔时，工件不动，钻头旋转做主运动，并沿轴线做进给运动。钻孔时应根据需要合理选择钻头、切削用量，并且要注意切削过程中的冷却和排屑问题。

钻孔加工的孔径一般在 φ50mm 以下。钻孔加工的精度较低，通常只能达到IT11～IT13，表面粗糙度值 Ra 一般为 12.5～50μm。

（2）扩孔与镗孔　扩孔是使用扩孔钻对已经铸出、锻出或钻出的孔进一步加工的方法，如图 2-10 所示，具有背吃刀量小，排屑容易，刀具齿数多，刚性好，进给量大，生产率高等特点，有一定的纠偏能力。扩孔的加工精度一般为IT10～IT11，表面粗糙度值 Ra 为 6.3～12.5μm。

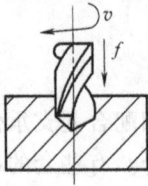

图 2-9　钻孔

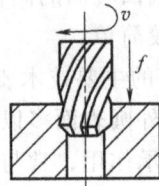

图 2-10　扩孔

镗孔是在车床、镗床或专用机床上对已有的孔进一步的加工方法，如图 2-11 所示。它具有工艺范围广，经济性好、尺寸精度和位置精度较高的特点，有很强的纠偏能力。适用于小批量生产非标准孔、大直径孔，精密短孔的粗加工和精加工。镗孔的加工精度一般为 IT11、IT6~IT8，表面粗糙度值 $Ra = 0.63 \sim 3.2 \mu m$。

（3）铰孔　铰孔是一种对孔进行精加工的方法，如图 2-12 所示，可对未淬硬的中、小孔进行精加工。它具有切削余量小，切削速度低，刀具齿数多、刚性好、加工精度高、便于冷却润滑的特点。但是铰孔不能纠偏，且不宜加工短孔、深孔和断续孔。铰孔的尺寸精度一般为 IT7~IT9，手铰可达 IT6，表面粗糙度值 $Ra = 0.32 \sim 2.5 \mu m$。

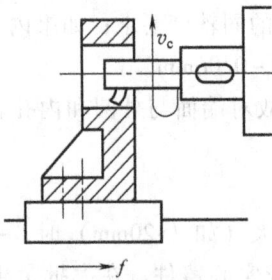

图 2-11　镗孔

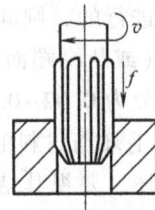

图 2-12　铰孔

铰孔时，应注意正确选择和使用铰刀。注意铰刀直径、刃磨质量及其正确装夹，采用浮动夹头效果较好。参照切削手册合理选择加工余量，切削速度及进给量。合理选择切削液：加工钢件用乳化液，加工铸铁可用煤油。

（4）磨孔　磨孔是一种常见的精加工内孔的方法，特别是对淬硬内孔、断续表面的内孔和精密的短孔更是主要的加工方法。磨孔与磨外圆原理相同，但磨内孔工作条件差，特点如下：

1）砂轮直径受工件孔径的限制，砂轮磨损快，常修整更换砂轮，辅助时间多。

2）砂轮速度受到砂轮直径等因素的限制，生产率低。

3）砂轮轴因受工件孔径及长度的限制，刚性差，易弯曲和振动，影响工件质量。

4）砂轮与工件内孔的接触面积大，压强小，易烧伤，宜选较软砂轮。

5）冷却及排屑困难。

尽管如此，磨孔还是在机械加工中得到了广泛的应用，内孔磨削的工艺范围如图 2-13 所示。磨孔的加工精度高，可达 IT4~IT6，表面粗糙度值 $Ra = 0.01 \sim 0.125 \mu m$

对于大型零件较大的内孔，可在普通卧式车床或立式车床上装夹砂轮磨头或砂带磨头进行磨削加工，对于某些零件上的深长小孔，可采用砂绳磨削，砂绳是砂带的一种特殊形式。

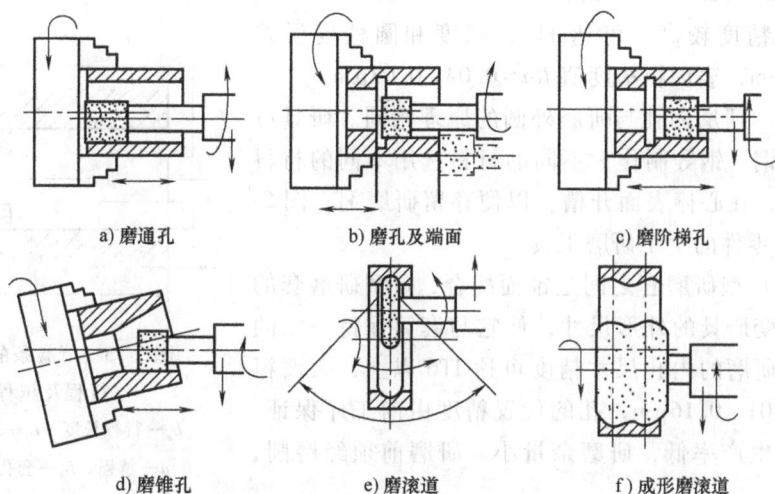

a) 磨通孔　　　　　b) 磨孔及端面　　　　　c) 磨阶梯孔

d) 磨锥孔　　　　　e) 磨滚道　　　　　f) 成形磨滚道

图 2-13　内孔磨削的工艺范围

2.2.3　套类零件内孔的精密加工方法

套类零件内孔的精密加工方法有高速精细镗、珩磨、研磨等。

（1）精细镗　在精度、刚度和转速很高的金刚镗上采用经过精细刃磨和研磨的刀具对有色金属及未淬硬的黑色金属进行精细镗。尤其是对有色金属，精细镗是最主要的精密加工方法。

精细镗内孔的加工余量较小，为 $0.2\sim0.3\mathrm{mm}$；进给量小，为 $0.04\sim0.08\mathrm{mm/r}$；加工精度高，可达 IT6～IT7。孔径 $\phi15\sim\phi100\mathrm{mm}$ 时，尺寸偏差为 $0.05\sim0.08\mathrm{mm}$；圆度误差 $0.003\sim0.005\mathrm{mm}$；表面粗糙度值 $Ra=0.125\sim0.16\mu\mathrm{m}$。

（2）珩磨　珩磨套类零件内孔可采用立式珩磨机，也可采用经过改造的车床、钻床珩磨内孔。将珩磨头用万向联轴器与珩磨机或改装后的车床、钻床的主轴联接，按预定的运动对工件内孔进行珩磨。珩磨头有三种运动：珩磨头的旋转运动、往复运动和油石相对工件表面的径向加压运动，如图 2-14 所示。

珩磨套类零件内孔可以纠正圆柱度误差和部分圆度误差，但是无法纠正孔中心线的偏斜。油石长度和被磨孔长度有关，直接影响着内孔的加工精度和生产率。越程量 a 也影响着珩磨孔的精度，a 选择合适，可以纠正前道工序留下的形状误差。如图 2-15 所示，油石长度，被磨孔长度、行程及越程有如下关系：

$$L_x = L_k + 2a - L_s$$

珩磨长孔时，$L_s = 1/2L_k$；$a = (1/5\sim1/3)L_s$

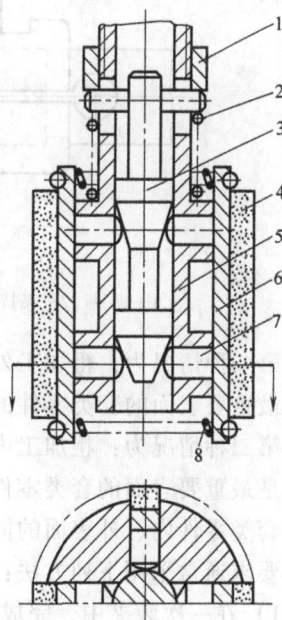

图 2-14　珩磨头

1—旋转螺母　2—压力弹簧　3—调整锥　4—磨条　5—本体　6—磨条座　7—磨条顶块　8—弹簧箍

珩磨短孔时，$L_s = (2/3 \sim 3/4) L_k$；$a = (1/5 \sim 1/4) L_s$。

珩磨尺寸精度较高，可达 IT6，圆度和圆柱度误差 0.003 ~ 0.005mm，表面粗糙度值 $Ra = 0.04 \sim 0.63 \mu m$。

（3）研磨　研磨内孔与研磨外圆的原理相同。研具可用铸铁、低碳钢、钢等制作，不同的材料选用不同的材料制成的研磨棒，在心棒表面开槽，以便存留研磨剂。图 2-16 为研磨套类零件的手工研磨工具。

锥形棒与 C 型研磨套之间是锥面配合，C 型研磨套的轴向位置可改变研具的外形尺寸，使它与套筒保持一定的研磨压力。经研磨的内孔尺寸精度可达 IT6 以上，表面粗糙度值 $Ra = 0.01 \sim 0.16 \mu m$；孔的位置精度由前工序保证。研磨的特点是生产率低，研磨余量小，研磨前须经磨削、精铰或精镗。

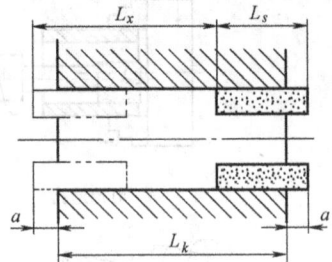

图 2-15　珩磨条的长度、

行程及越程

L_x—行程长度　L_s—磨条长度

a—越程　L_k—套孔的长度

2.2.4　套类零件的加工工艺分析

大多数套类零件加工的关键是围绕着如何保证内孔与外圆表面的同轴度、端面与其中心线的垂直度，保证相应的尺寸精度、形状精度和套筒零件的厚度薄易变形的工艺特点来进行的。在零件的加工顺序上，采用先主后次的原则来处理两种情况：

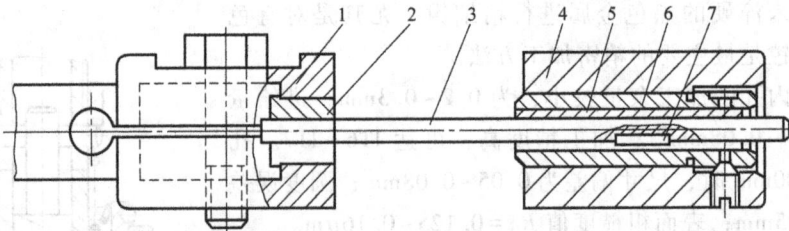

图 2-16　手工研磨套类零件

1—夹具　2—夹持套　3—锥形棒　4—夹持器　5—C 型研磨套　6—工件　7—键

第一种情况为：粗加工外圆→粗、精加工内孔→最终加工外圆。这种方案适用于外圆表面是最重要表面的套类零件的加工；

第二种情况为：粗加工内孔→粗、精加工外圆→最终精加工内孔。这种方案适用于内孔表面是最重要表面的套类零件的加工。

套类零件内、外表面的同轴度以及端面与孔中心线的垂直度一般均有较高要求，为保证这些要求通常采用下列方法：

1）在一次装夹中，完成内、外表面及其端面的全部加工，可消除工件的装夹误差并获得很高的方向精度。但由于工序较集中，对尺寸较大的长套装夹不方便，故多用于尺寸较小轴套的车削加工。

2）主要表面的加工分在几次装夹中进行，这种方法内孔与外圆互为基准，反复加工，每一工序都为下一工序准备了精度更高的定位基面，因而可得到较高的方向精度。

套类零件的工艺特点是孔的壁厚较薄，在切削加工中常由于夹紧力、切削力、内应力和切削等因素的影响而产生变形，为此应注意以下几点。

1）为减少切削力和切削热的影响，粗、精加工应分开进行。

2）为减少夹紧力的影响，将径向夹紧改为轴向夹紧；如果需径向夹紧时，则应尽可能增大夹紧部位的面积，使径向夹紧力均匀，多用过渡套或弹簧套夹紧工件，或做出工艺凸缘来增加刚性。

3）为减小热变形引起的误差，热处理工序应安排在粗、精加工阶段之间。套类零件热处理后，一般产生较大变形，应注意适当放大精加工余量，以便热处理引起的变形在精加工中予以消除。

下面以图 2-17 所示液压缸为例，讲述套类零件的加工工艺。零件毛坯选用无缝钢管，小批量生产的工艺过程如表 2-3 所示。

液压缸为长套筒零件，为保证内外圆同轴度，加工外圆时，其装夹方式有两种：用顶尖顶住两端孔口的倒角；一头夹紧外圆另一头用中心架支承（一夹一托）或一头夹紧外圆另一头用后顶尖顶住（一夹一顶）。加工内孔时，一般采用夹一头，另一头用中心架支承外圆。粗加工采用镗削，半精加工和精加工孔多采用浮动铰孔方式。若内孔表面要求表面粗糙度值很低时，还需选用珩磨或滚压加工。

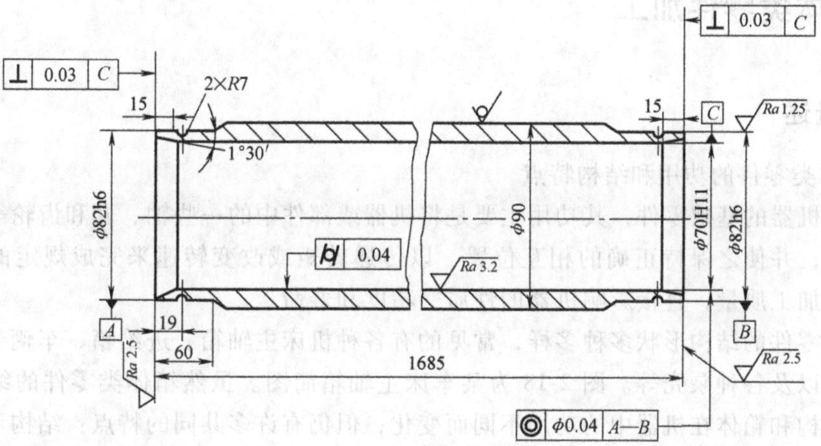

图 2-17 液压缸简图

表 2-3 液压缸加工工艺过程（小批量生产）

序号	工序名称	工 序 内 容	定 位 与 夹 紧
1	下料	切断无缝钢管，使其长度为 1692mm	
2	车	（1）车 φ82mm 的外圆至 φ88mm，并车工艺螺纹 M88×1.5	自定心卡盘夹一端外圆，大头顶尖顶另一端孔
		（2）车端面及倒角	自定心卡盘夹一端外圆，搭中心架托 φ88mm 处
		（3）调头车 φ82mm 的外圆至 φ84mm	自定心卡盘夹一端外圆，大头顶尖顶另一端孔
		（4）车端面及倒角，取总长 1686mm	自定心卡盘夹一端外圆，搭中心架托 φ84mm 处

（续）

序号	工序名称	工 序 内 容	定 位 与 夹 紧
3	深孔镗	（1）半精镗孔至 $\phi68$mm （2）精镗孔至 $\phi69.85$mm （3）精铰至 $\phi70$mm ±0.02mm，表面粗糙度值 $Ra=1.6\mu$m	一端用 M88×1.5 工艺螺纹固定在夹具上，另一端搭中心架
4	滚压孔	用滚压头滚压孔至 $\phi70$H11，表面粗糙度值 $Ra=0.2\mu$m	一端用工艺螺纹固定在夹具上，另一端搭中心架
5	车	（1）车去工艺螺孔，车 $\phi82$h6 至尺寸，割 $R7$mm 槽	软爪夹一端，以孔定位顶另一端
		（2）镗内锥孔及车端面	软爪夹一端，中心架托另一端（百分表找正孔）
		（3）调头，车 $\phi82$h6 至尺寸，割 $R7$mm 槽	软爪夹一端，顶另一端
		（4）镗内锥孔及车端面取总长 1685mm	软爪夹一端，中心架托另一端（百分表找正孔）

2.3　箱体类零件加工

2.3.1　概述

1. 箱体类零件的功用和结构特点

箱体是机器的基础零件，其功用主要是将机器或部件中的一些轴、套和齿轮等零件连接成一个整体，并使之保持正确的相互位置，以传递转矩或改变转速来完成规定的运动。因此，箱体的加工质量，直接影响机器的性质、精度和寿命。

箱体类零件的结构形状多种多样，常见的有各种机床主轴箱、进给箱、车辆变速箱、分离式减速箱以及各种泵壳等。图 2-18 为某车床主轴箱简图。虽然箱体类零件的结构形状随着机器的结构和箱体在机器中的功用不同而变化，但仍有许多共同的特点：结构形状一般都比较复杂，且壁厚不均匀，内部呈腔形；在箱壁上既有许多精度较高的轴承支承孔和平面需要加工，也有许多精度较低的紧固孔需要加工。因此，箱体不仅需要加工的部位较多，而且加工的难度也较大。

2. 箱体类零件的主要技术要求

箱体零件的技术要求主要包括对孔和平面的精度及表面粗糙度要求。其中机床主轴箱精度要求较高，现以它为例，可归纳为以下五项精度要求：

（1）孔径精度　箱体上的孔大都是轴承支承孔，孔径的尺寸误差和几何误差会造成轴承与孔的配合不良。孔径过大，配合过松。轴的回转轴线不稳定，并降低支承刚度，易产生振动和噪声；孔径过小，会使配合过紧，轴承将因外圈变形而不能正常运转，缩短寿命。孔的圆度误差，也使轴承外圈变形而引起轴的径向跳动。所以孔的精度要求是较高的，一般主轴孔的尺寸公差等级为 IT6，其余孔为 IT6~IT7。孔的形状精度也有一定的要求。

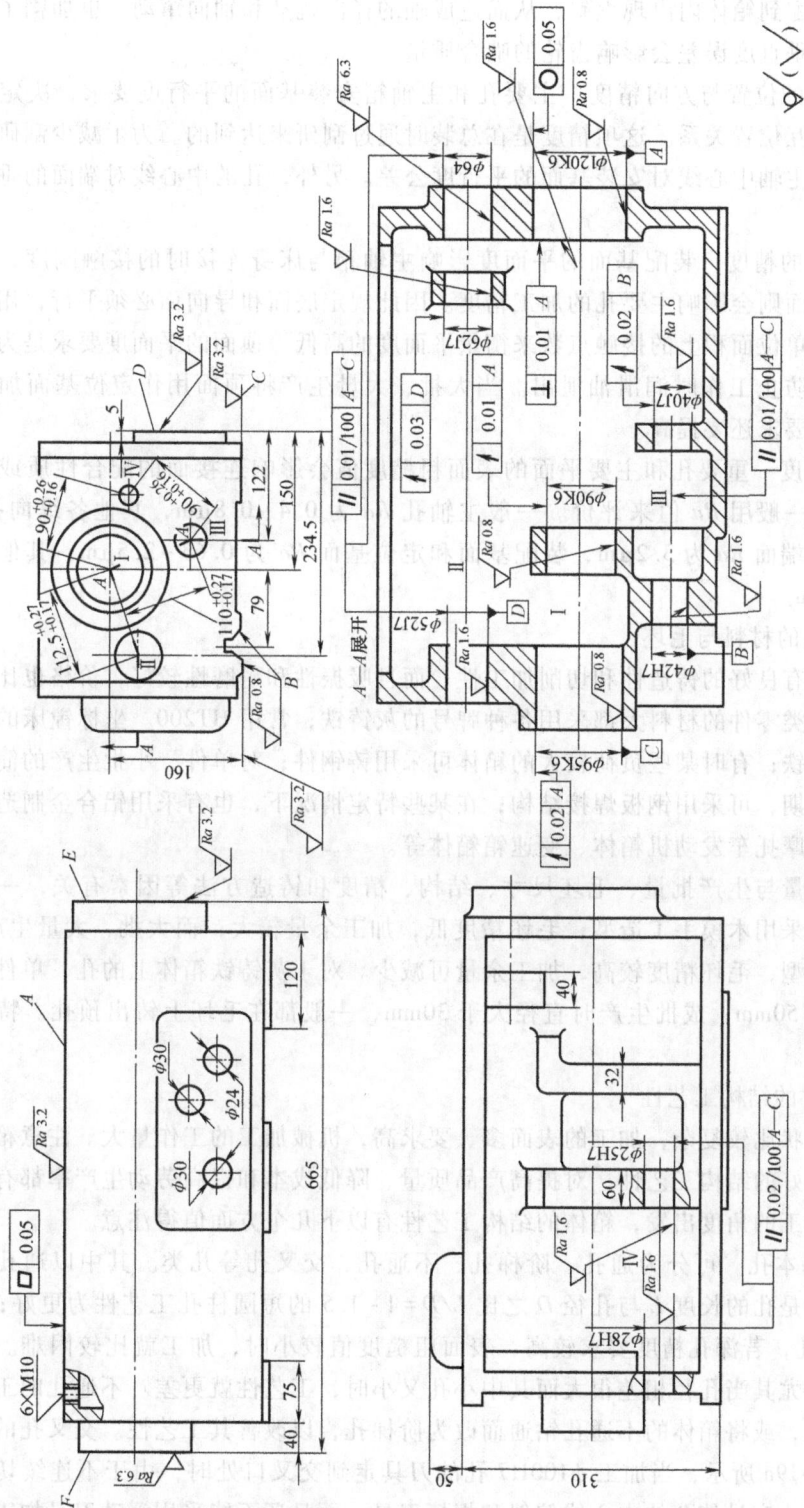

图 2-18　某车床主轴箱简图

（2）孔和孔的位置与方向精度　包括孔系的同轴度、平行度和垂直度要求。同轴度误差会使轴和轴承装配到箱体内出现歪斜，从而造成轴的径向跳动和轴向窜动，也加剧了轴承的磨损。平行度和垂直度误差会影响齿轮的啮合质量。

（3）孔与平面的位置与方向精度　主要孔和主轴箱安装基面的平行度要求，决定了主轴与床身导轨的相互位置关系。这项精度是在总装时通过刮研来达到的。为了减少刮研工作量，一般都要规定主轴中心线对安装基面的平行度公差。另外，孔的中心线对端面的垂直度也有一定的要求。

（4）主要平面的精度　装配基面的平面度影响主轴箱与床身连接时的接触刚度，加工过程中作为定位基面则会影响主要孔的加工精度。因此规定底面和导向面必须平行，用涂色法检查接触面积或单位面积上的接触点数来衡量平面度的高低。顶面的平面度要求是为了保证箱盖的密封性，防止工作时润滑油泄出。当大批、大量生产将顶面用作定位基面加工孔时，对它的平面度要求还要提高。

（5）表面粗糙度　重要孔和主要平面的表面粗糙度值会影响连接面的配合性质或接触刚度，其具体要求一般用 Ra 值来评价。一般主轴孔 Ra 为 $0.4 \sim 0.8 \mu m$，其他各纵向孔 Ra 为 $1.6 \mu m$，孔的内端面 Ra 为 $3.2 \mu m$，装配基面和定位基面 Ra 为 $0.63 \sim 2.5 \mu m$，其他平面的 Ra 为 $2.5 \sim 10 \mu m$。

3. 箱体类零件的材料与毛坯

由于灰铸铁具有良好的铸造性和切削加工性，而且吸振性和耐磨性较好，价格也比较低廉，因此一般箱体类零件的材料大都采用各种牌号的灰铸铁，常用 HT200。坐标镗床的主轴箱一般采用耐磨铸铁；有时某些负荷较大的箱体可采用铸钢件；对单件、小批生产的简单箱体，为缩短生产周期，可采用钢板焊接结构；在某些特定情况下，也有采用铝合金制造，如飞机发动机箱体及摩托车发动机箱体、变速箱箱体等。

毛坯的加工余量与生产批量、毛坯尺寸、结构、精度和铸造方法等因素有关，一般单件、小批生产时，采用木模手工造型，毛坯精度低，加工余量较大；而大批、大量生产时，常用金属模机器造型，毛坯精度较高，加工余量可减少。对于灰铸铁箱体上的孔，单件、小批生产时直径大于 50mm，成批生产时直径大于 30mm，一般都在毛坯上铸出预孔。特殊情况下可不受此限制。

4. 箱体类零件的结构工艺性

箱体的结构形状比较复杂，加工的表面多、要求高，机械加工的工作量大。注意箱体的结构，使其具有较好的结构工艺性，对提高产品质量、降低成本和提高劳动生产率都有重要的意义。从机械加工的角度出发，箱体的结构工艺性有以下几个方面值得注意。

（1）箱体的基本孔　可分为通孔、阶梯孔、不通孔、交叉孔等几类。其中以通孔的工艺性为最好，尤其是孔的长度 L 与孔径 D 之比 $L/D = 1 \sim 1.5$ 的短圆柱孔工艺性为更好；$L/D > 5$ 的孔，称为深孔，若深孔精度要求较高、表面粗糙度值较小时，加工就比较困难。阶梯孔的工艺性较差，尤其当孔径相差很大而其中小孔又小时，工艺性就更差。不通孔的工艺性很差，应尽量避免，或将箱体的不通孔钻通而改为阶梯孔，以改善其工艺性。交叉孔的工艺性也较差，如图 2-19a 所示，当加工 $\phi 100H7$ 孔的刀具走到交叉口处时，由于不连续切削产生径向受力不平衡，容易使孔的中心线偏斜和损坏刀具，而且还不能采用浮动刀具加工。为了改善其工艺性，可将 $\phi 70mm$ 的毛坯孔不铸通，如图 2-19b 所示，先加工完 $\phi 100 H7$ 孔后

再加工 $\phi70$ H7 的孔，孔的加工质量易于保证。

（2）箱体的同轴孔 箱体上同一轴线上各孔的孔径排列方式有三种，如图 2-20 所示。图 2-20a 为孔径大小向一个方向递减，且相邻两孔直径之差大于孔的毛坯加工余量，这种排列方式便于镗杆和刀具从一端伸入同时加工同轴线上的各孔，单件、小批生产中，这种结构最为方便。图 2-20b 为孔径大小从两边向中间递减，加工时可使刀杆从两边进入，这样不仅缩短了镗杆长度，提高了镗杆的刚度，而且为双面同时加工创造了条件，所以大批量生产的箱体，常采用这种形式。图 2-20c 为孔径大小不规则排列，工艺性差，应尽量避免。

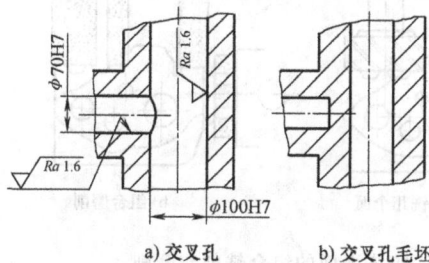

图 2-19 交叉孔的结构工艺性

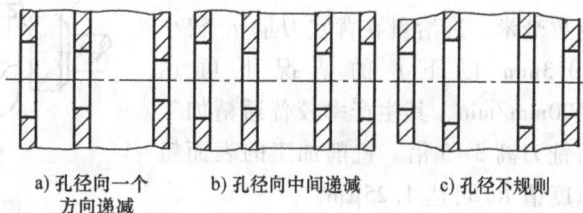

图 2-20 同轴线上孔径的排列方式

（3）箱体的端面 箱体的外端面凸台，应尽可能在同一平面上，如图 2-21a 所示。若采用图 2-21b 所示形式，加工就比较麻烦。箱体的内端面加工比较困难，如结构上必须加工时，应尽可能使内端面尺寸小于刀具需穿过的孔加工前的直径，如图 2-22a 所示。若是如图 2-22b 所示，加工时镗杆伸进后才能装刀，镗杆退出前又需将刀卸下，加工很不方便。当内端面尺寸过大时，还需采用专用的径向进给装置，工艺性更差。

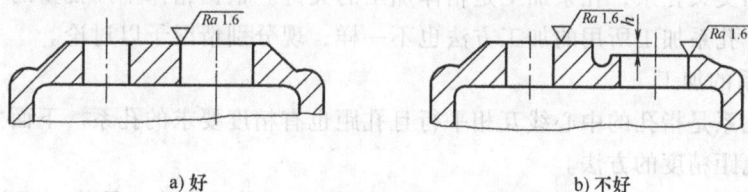

图 2-21 箱体外端面凸台的结构工艺性

（4）箱体的装配基面 尺寸应尽可能大，形状应尽量简单，以利于加工、装配和检验。此外，箱体上的紧固孔的尺寸规格应尽可能一致，以减少加工中换刀的次数。

2.3.2 箱体零件的平面加工

箱体平面的加工，常用的方法为刨削、铣削和磨削三种。刨削和铣削常用作平面的粗加工和半精加工，而磨削则用作平面的精加工。

（1）刨削加工 其特点是刀具结构简单，机床调整方便，但在加工较大平面时，生产率较低，主要适用于单件、小批生产。

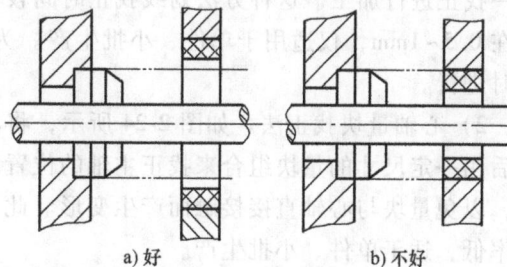

图 2-22 箱体孔内端面的结构工艺性

在龙门刨床上可以利用几个刀架，在一次装夹中可以同时进行或依次完成若干个表面的加工，从而能经济地保证这些表面间方向精度要求。另外，精刨还可以代替刮削，精刨后的表面粗糙度值 Ra 可达 $0.63 \sim 2.5 \mu m$，平面度可达 $0.002 mm/m$。

（2）铣削加工　铣削生产率高于刨削，在中批以上生产中多用铣削加工平面，当加工尺寸较大的箱体平面时，常在多轴龙门铣床上用几把铣刀同时加工几个平面，如图 2-23a 所示。这样既能保证平面间的相互方向精度，同时又提高了生产率。近年来面铣刀在结构、制造精度、刀具材料等方面都有很大改进。如不重磨面铣刀的齿数少，平行切削刃的宽度较大，每齿进给量 f_z 可达数毫米，进给量在背吃刀量 a_p 较小（ $0.3 mm$ 以下 ）的情况下可达 $6000 mm/min$，其生产率较普通精加工面铣刀高 3~5 倍。铣削加工的表面粗糙度值 Ra 可达 $1.25 \mu m$。

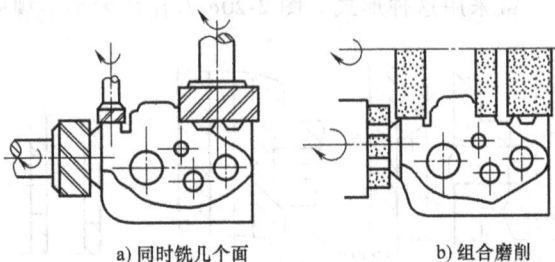

图 2-23　箱体平面的组合铣削与磨削

（3）磨削加工　平面磨削的加工质量比刨削、铣削都高。磨削表面的表面粗糙度值 Ra 可达 $0.32 \sim 1.25 \mu m$。生产批量较大时，箱体的主要平面常用磨削来精加工。为了提高生产率和保证平面间的相互位置精度，还可采用组合磨削来精加工平面，见图 2-23b。

2.3.3　箱体零件的孔系加工

箱体上一系列有相互位置与方向精度要求的孔的组合，称为孔系。孔系可分为平行孔系、同轴孔系和交叉孔系，孔系加工是箱体加工的关键。根据箱体生产批量的不同和孔系精度要求的不同，孔系加工所用的加工方法也不一样，现分别情况予以讨论。

1. 平行孔系的加工

所谓平行孔系是指孔的中心线互相平行且孔距也有精度要求的孔系。下面主要讨论一下保证平行孔系孔距精度的方法。

（1）找正法　是工人在通用机床（铣床、镗床）上利用辅助工具找正要加工孔的正确位置的加工方法。这种方法加工效率低，一般只适于单件、小批生产。根据找正方法的不同，找正法又可分为以下几种。

1）划线找正法。加工前按零件图要求在箱体毛坯划出各孔加工位置线，加工时按划线——找正进行加工。这种方法划线找正时间较长，生产率低，加工出来的孔距精度也低，一般在 0.5~1mm，仅适用于单件、小批生产。为了提高划线找正精度，往往可以结合试切法同时进行。

2）心轴量块找正法。如图 2-24 所示，将精密心轴分别插在机床主轴孔和已加工孔内，然后用一定尺寸的量块组合来找正主轴的位置。找正时，在量块与心轴之间要用塞尺测定间隙，以免量块与心轴直接接触而产生变形。此法可达到较高的孔距精度（ ±0.03mm），但生产率低，适于单件、小批生产。

3）样板找正法。如图 2-25 所示，用 10~20mm 厚的钢板制造样板，装在垂直于各孔的端面上（或固定于机床工作台上）。样板上的孔距精度较箱体孔系的孔距精度高（一般为

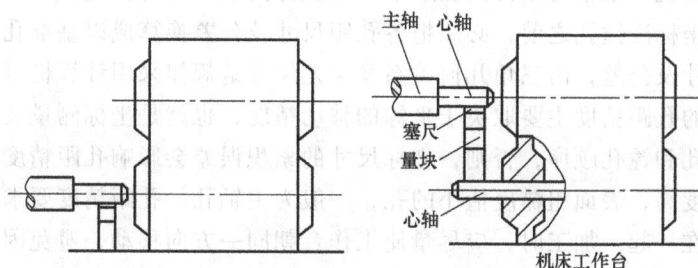

图 2-24　用心轴量块找正法

±0.01~0.03mm），样板上的孔径比工件上的孔径大，以便镗杆通过。样板上的孔径精度要求不高，但要有较高的形状精度和较低的表面粗糙度值，以便于找正。当样板准确地装到工件上后，在机床主轴上装一个千分表，按样板找正机床主轴位置进行加工。此法加工孔系不易出差错，找正方便，孔距精度可达±0.05mm，而且样板的成本低，仅为镗模成本的1/7~1/9，单件、小批生产的大型箱体加工常用此法。

（2）镗模法　用镗模加工孔系，如图 2-26 所示。工件装夹在镗模上，镗杆被支承在镗模的导套里，由导套引导镗杆在工件的正确位置上镗孔。

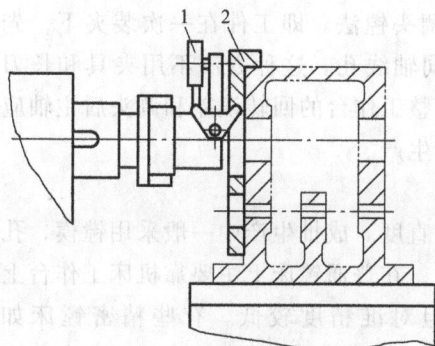

图 2-25　样板找正法
1—样板　2—千分表

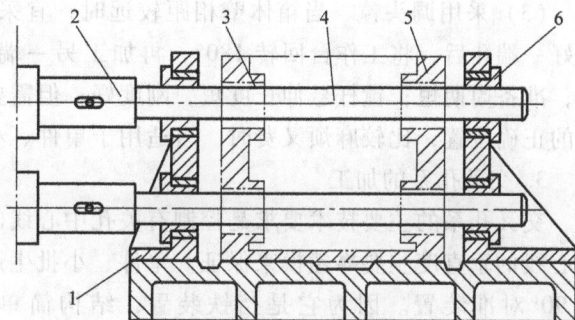

图 2-26　用镗模加工孔系
1—镗模支架　2—主轴　3—镗刀　4—镗杆　5—工件　6—镗杆

　　用镗模加工孔系时，镗杆与机床主轴多采用浮动连接，机床精度对孔系加工精度影响很小，孔距精度主要取决于镗模，因而可以在精度较低的机床上加工出精度较高的孔系。同时镗杆刚度大大提高，有利于采用多刀同时切削；定位夹紧迅速，不需找正，生产率高。因此，不仅在中批以上生产中普遍采用镗模加工孔系，就是在小批生产中，对一些结构复杂、加工量大的箱体孔系，采用镗模加工往往也是合理的。

　　但是，镗模的精度高，制造周期长，成本高，并且，由于镗模本身的制造误差和镗套与镗杆的配合及磨损对孔系加工精度有影响，因此，用镗模法加工孔系不可能达到很高的加工精度。一般孔径尺寸精度为 IT7 左右，表面粗糙度值 Ra 为 0.8~1.6μm；孔与孔的同轴度和平行度，从一端加工可达 0.02~0.03mm，从两端分别加工可达 0.04~0.05mm，孔距精度一般为±0.05mm 左右。

（3）坐标法　坐标法镗孔是在普遍卧式镗床，坐标镗床或数控铣镗床等设备上，借助于测量装置，调整机床主轴与工件间在水平和垂直方向上的相对位置，来保证孔距精度的一种镗孔法。采用坐标法镗孔之前，必须把各孔距尺寸及公差换算成以基准孔中心为原点的相互垂直的坐标尺寸及公差，由三角几何关系及工艺尺寸链规律采用计算机可方便算出。

坐标法镗孔的孔距精度主要取决于坐标的移动精度，也就是坐标测量装置的精度。另外要注意选择基准孔和镗孔顺序，否则，坐标尺寸的累积误差会影响孔距精度。基准孔应尽量选择本身尺寸精度高，表面粗糙度值小的孔，一般为主轴孔。孔距精度要求较高的孔，其加工顺序应紧紧连在一起，加工时，应尽量使工作台朝同一方向移动，避免因工作台往返移动由间隙而产生误差，影响坐标精度。

2. 同轴孔系的加工

成批生产中，箱体的同轴孔系的同轴度基本上由镗模保证。单件、小批生产，一般不采用镗模，其同轴度用下面几种方法来保证。

(1) 利用已加工孔作支承导向　当箱体前壁上的孔加工好后，在孔内装一导向套，支承和引导镗杆加工后壁上的孔，以保证两孔的同轴度要求，这种方法适用于加工箱壁较近的同轴线孔。

(2) 利用镗床后立柱上的导向套支承导向　这种方法其镗杆是两端支承，刚度好。但后立柱导套的位置调整麻烦、费时，往往需要用心轴量块找正，且需要用较长的镗杆，故多用于大型箱体的加工。

(3) 采用调头镗　当箱体壁相距较远时，宜采用调头镗法。即工件在一次装夹下，先镗好一端孔后，将工作台回转 180°，再加工另一端的同轴线孔。这种方法不用夹具和长刀杆，准备周期短；镗杆悬伸长度短，刚度好；但需要调整工作台的回转误差和调头后主轴应处的正确位置，比较麻烦又费时。多适用于单件、小批生产。

3. 交叉孔系的加工

交叉孔系的主要技术要求是控制有关孔中心线的垂直度。成批生产中一般采用镗模，孔中心线的垂直度主要靠镗模来保证。单件、小批生产中，在普通镗床上主要靠机床工作台上的 90°对准装置。因为它是挡铁装置，结构简单，但对准精度较低。有些精密镗床如 TM617，采用了端面齿定位装置，90°定位精度为 5″，有的则用了光学瞄准器。目前有些企业采用数控铣镗床及加工中心来加工箱体的交叉孔系，加工精度就易于保证。当有些镗床工作台 90°对准装置精度较低，不能满足加工精度要求时，可用检验棒和百分表找正来提高其定位精度。具体方法是：在加工好的孔中插入检验棒，工作台转位 90°后，用百分表找正，再加工另一交叉孔，如图 2-27 所示。

2.3.4　箱体加工工艺过程及其分析

1. 箱体零件机械加工工艺过程

箱体零件的结构复杂，加工部位多，依其批量大小和各厂的实际条件，其加工方法是不同的。表 2-4 为某车床主轴箱（图 2-18）小批生产的机械加工工艺过程，表 2-5 为某车床主轴箱（图 2-18）的大批生产工艺过程。

2. 箱体类零件机械加工工艺过程分析

从上面二表所列的箱体加工工艺过程可以看出，不同批量箱体加工的工艺过程，既有其共性，也有其特性。

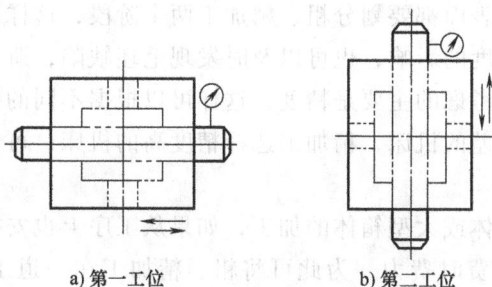

a) 第一工位　　　　　b) 第二工位

图 2-27　找正法加工交叉孔系

表 2-4　某主轴箱小批生产工艺过程

序号	工 序 内 容	定位基准	序号	工 序 内 容	定位基准
1	铸造		7	粗、精加工两端面 E、F	B、C 面
2	时效		8	粗、半精加工各纵向孔	B、C 面
3	涂底漆		9	精加工各纵向孔	B、C 面
4	划线：主轴孔留有加工余量且尽量均匀。划 C、A、E、D 面加工线		10	粗、精加工横向孔	B、C 面
5	粗、精加工顶面 A	按线找正	11	加工螺纹孔及各次要孔	
6	粗、精加工及 B、C 面及侧面 D	顶面 A 并校正主轴孔	12	清洗、去毛刺	
			13	检验	

表 2-5　某主轴箱大批生产工艺过程

序号	工 序 内 容	定位基准	序号	工 序 内 容	定位基准
1	铸造		9	粗镗各纵向孔	顶面 A 及两工艺孔
2	时效		10	精镗各纵向孔	顶面 A 及两工艺孔
3	涂底漆		11	精镗主轴孔 I	顶面 A 及两工艺孔
4	铣顶面	孔 I 与 II	12	加工横向孔及各次要孔	
5	钻、扩、铰 2×φ8H7 工艺孔（将 6×M10 先钻点 φ7.8，铰 2×φ8H7）	顶面 A 及外形	13	磨导轨面 B、C 及前面 D	顶面 A 及两工艺孔
6	铣两端面 E、F 及前面 D	顶面 A 及两工艺孔	14	将 2×φ8H7 及 4×φ7.8 均扩钻至 φ8.5，攻 6×M10	
7	铣导轨面 B、C	顶面 A 及两工艺孔	15	清洗，去毛刺	
8	磨顶面 A	导轨面 B、C	16	检验	

（1）拟定箱体工艺过程的共同性原则

1）加工顺序为先面后孔。以加工好的平面定位，再来加工孔。因为箱体的孔比平面加工困难得多，先以孔为粗基准加工平面，再以平面为精基准加工孔。这样不仅为孔的加工提供了稳定可靠的精基准，同时可使孔的加工余量较为均匀；并且，由于箱体上的孔大都分布在箱体的平面上，先加工平面，切除了铸件表面的凹凸不平和夹砂等缺陷。对孔的加工较为有利；钻孔时，可减少钻头引偏；扩孔或铰孔时，可防止刀具崩刃；对刀调整也比较方便。

2）加工阶段粗、精分开。因为箱体结构复杂，壁厚不均，刚性不好，而加工精度要求又高，所以箱体重要加工表面都要划分粗、精加工两个阶段，这样可以避免粗加工产生的内应力和切削热等对加工精度的影响，也可以及时发现毛坯缺陷，避免更大的浪费。粗加工考虑的主要是效率，精加工考虑的主要是精度，这样可以根据不同的要求，合理选择机床。粗加工选择功率大而精度较差的机床，精加工选择精度高的机床，可使高精度机床的使用寿命延长，提高经济效益。

单件、小批生产的箱体或大型箱体的加工，如果从工序上也安排粗、精分开，则机床和夹具要增加，工件转运也费时费力，为此可将粗、精加工在一道工序内完成。但从工步上讲，粗、精加工还是分开的，即在粗加工后将工件松开一点，然后再用较小的夹紧力夹紧工件。使工件因夹紧力而产生的弹性形变在精加工前得以恢复。

3）安排合理的热处理工序。由于箱体结构复杂，壁厚不均，铸造应力较大，为了消除残余应力，减少加工后的变形，保持精度的稳定，铸造后要安排人工时效处理。对一些高精度的箱体或形状特别复杂的箱体，在粗加工之后还要安排一次人工时效处理，以消除粗加工所造成的残余应力。进一步提高箱体加工精度的稳定性。

（2）不同批量箱体加工的工艺特点

1）粗基准的选择。虽然箱体类零件一般都选择重要孔（如主轴孔）为粗基准，随着生产类型不同，实现以主轴孔为粗基准的工件装夹方式是不同的。

① 中小批生产时，由于毛坯精度较低，一般采用划线装夹，其方法如下：首先将箱体用千斤顶安放在平台上（图2-28a），调整千斤顶，使主轴孔 I 和 A 面与台面基本平行，D 面与台面基本垂直，根据毛坯主轴孔划出主轴孔的水平轴线 I-I 和 A 面、C 面的加工线，并检查所有加工部位在水平方向上的加工余量。然后将箱体翻转90°，D 面一端置于千斤顶上（图2-28b），调整千斤顶，使 I-I 线与台面垂直，根据毛坯主轴孔并考虑各加工部位在垂直方向的加工余量，划出主轴孔的垂直轴线 II-II 及 D 面加工线。再将箱体翻转90°（图2-28c），E 面一端置于千斤顶上，调整千斤顶，使 I-I 线、II-II 线与台面垂直，划出 F 面的加工线。加工箱体平面时，按线找正装夹工件。这样就体现了以主轴孔为粗基准。

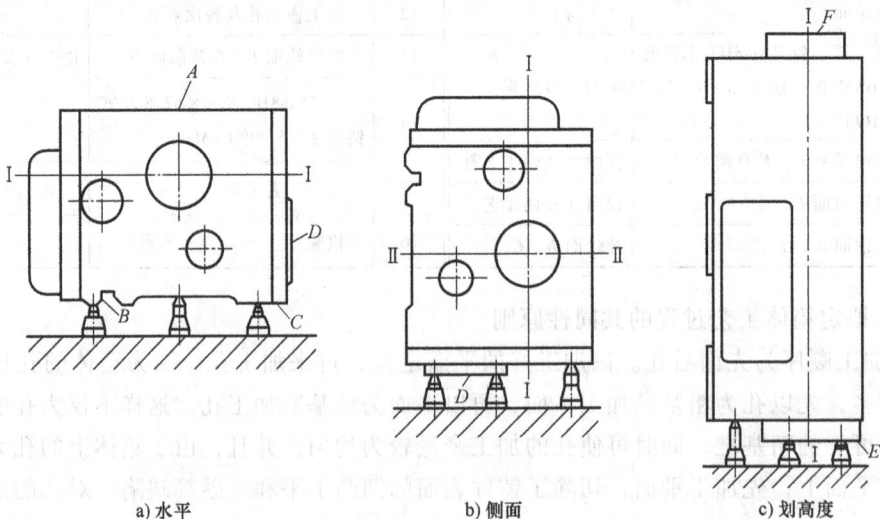

a) 水平　　　　　　　　b) 侧面　　　　　　　　c) 划高度

图2-28　主轴箱的划线

② 大批、大量生产时，毛坯精度较高，可直接以主轴孔在夹具上定位，采用图 2-29 所示的夹具装夹。装夹时，先将工件放在支承 1、3、5 上，使箱体侧面靠紧支架 4，箱体一端靠住挡销 6，这就完成了预定位。此时将液压控制的两短轴 7 伸入主轴孔中，每个短轴上的三个活动支柱 8 分别顶住主轴孔内的毛坯面，将工件抬起，离开支承 1、3、5。使主轴孔轴线与夹具的两短轴轴线重合，这时主轴孔即为定位基准。为了限制工件绕两短轴转动的自由度。在工件抬起后，调节两可调支承 10，通过样板校正，使箱体顶面基本成水平。再调节辅助支承 2，使其与底面接触，以增加箱体的刚度。然后再将液压控制的两夹紧块 11 伸入箱体两端孔内压紧工件，即可进行加工。

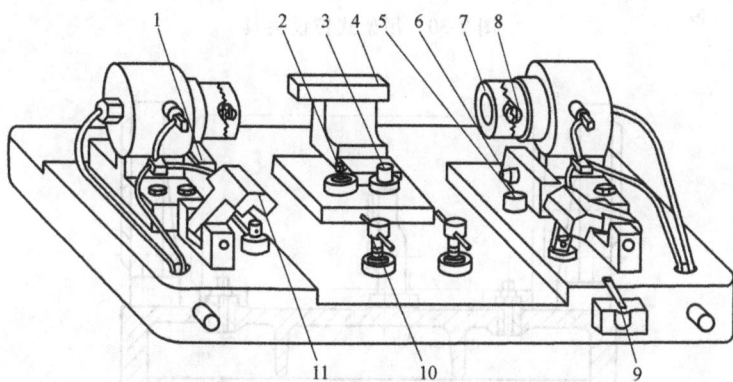

图 2-29 以主轴孔为粗基准铣顶面的夹具

1、3、5—支承　2—辅助支承　4—支架　6—挡销　7—短轴　8—活动支柱　9—操纵手柄　10—可调节支承　11—夹紧块

2）精基准的选择。也与生产批量大小有关。

① 单件、小批量生产用装配基准作定位基准。图 2-18 为某车床主轴箱单件、小批加工孔系时，选择箱体底面导轨 B、C 面作为定位基准。B、C 面既是主轴箱的装配基准，又是主轴孔的设计基准，并与箱体的两端面、侧面以及各纵向孔在相互位置上有直接联系，故选择 B、C 面作为定位基准，可以消除主轴孔加工时的基准不重合误差。此外，用 B、C 面定位稳定可靠，装夹误差少，加工各孔时，由于箱口朝上，更换导向套、安装调整刀具、观察、测量等都很方便。这种定位方式也有不足之处，加工箱体中间壁上孔时，为提高刀具系统的刚度，应设置刀杆的支承和导套，由于箱体底部是封闭的，中间支承只能用如图 2-30 所示的吊架从箱体顶面的开口处伸入箱体内，每加工一件需装卸一次，容易产生误差且使辅助时间增加，因此这种定位方式只适用于单件、小批生产。

② 批量大时采用顶面及两个销孔作定位基准，如图 2-31 所示。这种定位方式，加工时箱体口朝下，中间导向支承架可以紧固在夹具体上，提高了夹具刚度，有利于保证各支承孔加工的相互位置精度。同时工件装卸方便，减少了辅助工时，提高了生产效率。

这种定位方式也有不足之处。由于主轴箱顶面不是设计基准，产生基准不重合误差，使定位误差增加。为克服这一缺点，应进行尺寸的换算。另外，由于箱体口朝下，加工时不便观察、测量和调整刀具。所以，采用这种定位方式加工时，适宜选用定径刀具（如扩孔钻、铰刀等）。

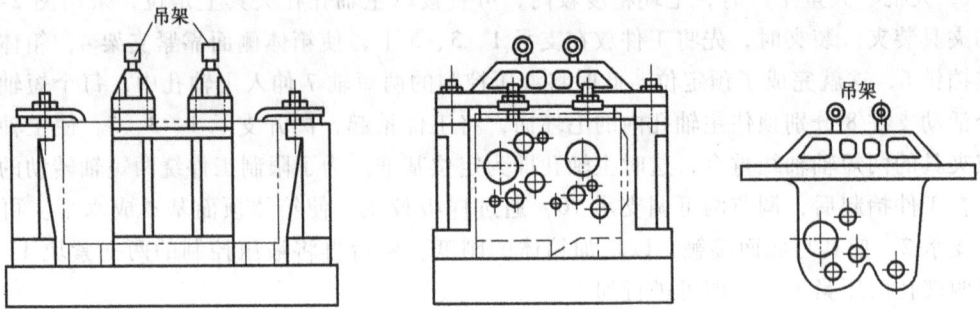

图 2-30　吊架式镗模夹具

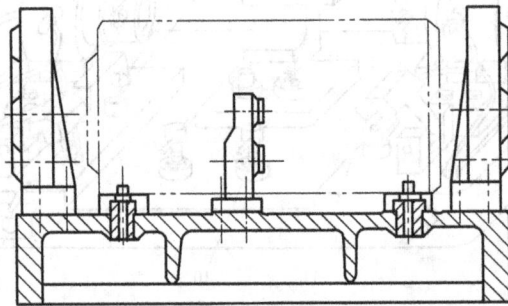

图 2-31　用箱体顶面及两销定位的镗模

3）所用工艺装备依批量不同而异。单件、小批生产一般都在通用机床上进行，除个别必须用专用夹具才能保证质量的工序（如孔系加工）外，一般不用专用夹具，尽量使用通用夹具和组合夹具；而大批量箱体的加工则广泛采用组合机床，各主要孔则采用多工位组合机床、专用镗床、数控机床等，专用夹具用得也很多，这就大大提高了生产率。

3. 加工分离式箱体的工艺特点

为了制造和装配的方便，一般减速箱常做成可分离式的，由底座和盖两部分组成。要求轴承支承孔的中心线在底座和盖的对合面上；底座的底面与对合面必须平行；对合面的表面粗糙度值 Ra 小于 $0.6\mu m$；两对合面的接合间隙不超过 $0.03mm$。其他技术要求与一般箱体类同。

图 2-32 为某分离式箱体简图，表 2-6 为某分离式箱体的箱盖与底座的工艺过程，表 2-7 为装合后的加工工艺过程。

从分离式箱体的工艺过程可以看出，分离式箱体的机械加工工艺过程与一般箱体加工相比，有以下特点：

（1）加工顺序的确定　分离式箱体的整个加工过程分为两大阶段。第一阶段，先对箱盖和底座分别加工，主要完成平面及紧固孔的加工，为箱体装合作准备；第二阶段，是对装合后的轴承支承孔端面及轴承孔进行粗、精加工。

（2）定位基准的选择

1）粗基准的选择。为了保证不加工的凸缘二面主对合面的高度一致，箱盖以凸缘上表面 A 为刨对合面的粗基准；加工底座对合面则以凸缘下表面 B 为粗基准。

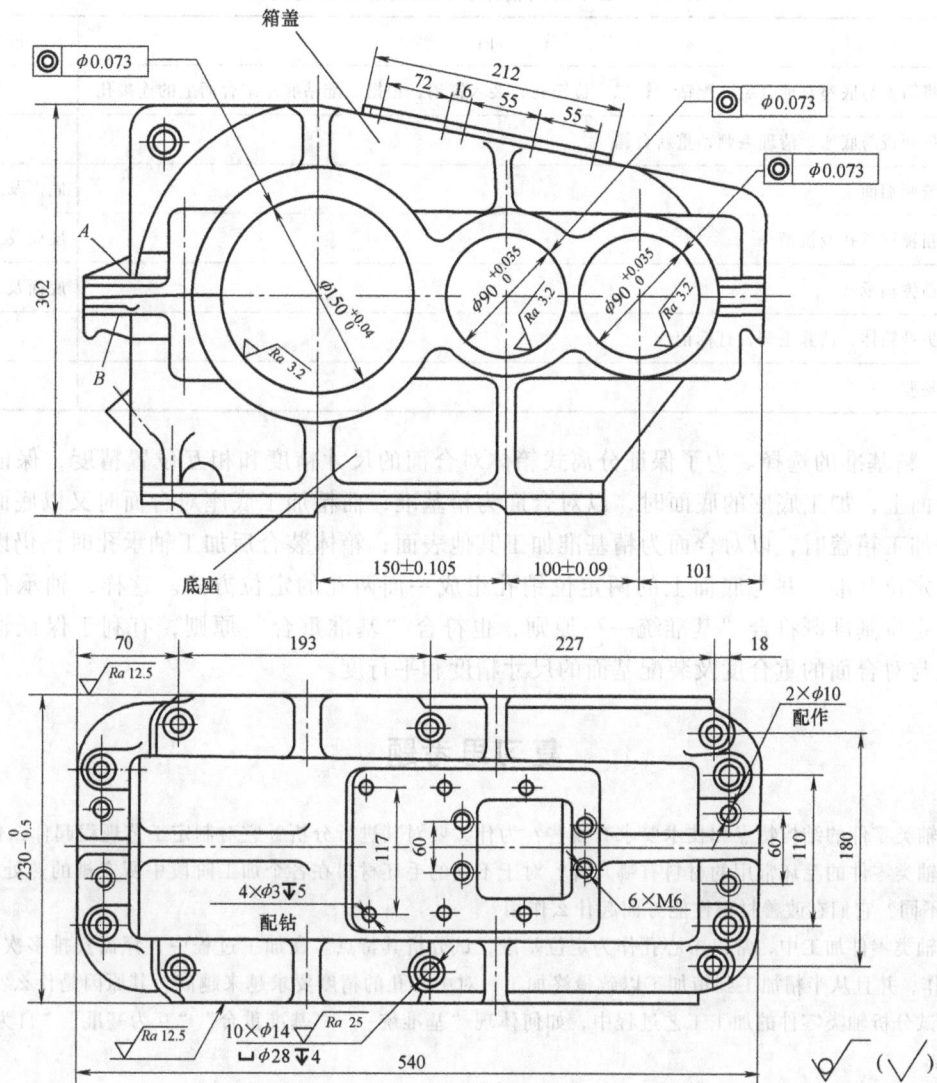

图 2-32　某分离式箱体简图

表 2-6　某分离式箱体的箱盖与底座的加工工艺过程

箱　　盖			底　　座		
序号	工序内容	定位基准	序号	工序内容	定位基准
1	铸造		1	铸造	
2	时效		2	时效	
3	涂底漆		3	涂底漆	
4	粗刨对合面	凸缘上表面 A	4	粗刨对合面	凸缘下表面 B
5	刨顶面	对合面及一侧面	5	刨底面	对合面
6	钻孔、攻螺纹	对合面及外形	6	钻孔、攻螺纹	底面
7	磨对合面	顶面及一侧面	7	磨对合面	底面
8	检验		8	检验	

表 2-7　某分离式箱体装合后的加工工艺过程

序号	工 序 内 容	定位基准
1	将箱盖与底座对准合装，配钻、铰二定位销孔，装入锥销，根据盖配钻底座结合面上的连接孔	
2	拆开盖与底座，清理毛刺，重新合箱	
3	铣两端面	底面及二销孔
4	粗镗轴承孔及沉槽	底面及二销孔
5	精镗轴承孔	底面及二销孔
6	拆开箱体，清除毛刺，打标记	
7	检验	

2）精基准的选择。为了保证分离式箱体对合面的尺寸精度和相互位置精度，保证轴线在对合面上，加工底座的底面时，以对合面为精基准，而精加工底座对合面时又以底面为精基准；加工箱盖时，以对合面为精基准加工其他表面；箱体装合后加工轴承孔时，仍以底面为主要定位基准，并与底面上的两定位销孔组成一面两孔的定位方式。这样，轴承孔的加工，其定位基准既符合"基准统一"原则，也符合"基准重合"原则，有利于保证轴承孔中心线与对合面的重合度及装配基面的尺寸精度和平行度。

复习思考题

1. 轴类零件的结构特点和技术要求有哪些？为什么要对其进行分析？它对制定工艺规程起什么作用？

2. 轴类零件的毛坯常用的材料有哪几种？对于不同的毛坯材料在各个加工阶段中所安排的热处理工序有什么不同？它们在改善材料性能方面起什么作用？

3. 轴类零件加工中，常以中心孔作为定位基准，试分析其特点。在加工过程中，穿插安排多次修研中心孔工作，并且从半精加工到精加工以致最终加工，对中心孔的精度要求越来越高，其原因是什么？

4. 试分析轴类零件的加工工艺过程中，如何体现"基准统一""基准重合""互为基准""自为基准"的原则？

5. 车削轴类零件的一般操作程序是：对于刚性较好的轴，先车小端外圆，而且先从小直径依次向大直径外圆加工，然后调头车大端外圆；对于刚性差的轴则应先加工大端外圆，然后从大直径向小直径依次加工小端外圆。试说明其理由。

6. 编写习题图 2-1 所示轴件的机械加工工艺过程，生产类型属单件生产，材料为 20Cr 钢。如属大量生产，工艺过程又怎样？

7. 箱体的结构特点和主要的技术要求有哪些？为什么要规定这些要求？

8. 举例说明箱体零件的粗、精基准选择时应考虑哪些问题。试举例比较采用"一面两销"或"几个面"组合两种定位方案的优缺点和适用场合。

9. 何谓孔系？孔系加工方法有哪几种？试举例说明各种加工方法的特点和适用范围。

10. 浮动镗刀有何结构特点？用其加工箱体孔有什么好处？能否改善孔的相互位置与方向精度？

11. 在卧式镗床上加工箱体内孔时，可采用如习题图 2-2 所示的各种方案：工件进给（图 a）；镗杆进给（图 b）；工件进给，镗杆加后支承（图 c）；镗杆进给，并加后支承（图 d）；采用镗模夹具工件进给（图 e）等。若只考虑镗杆受切削力变形的影响时，试分析各种方案加工后镗孔的加工误差。

12. 试举例说明安排箱体零件的加工顺序时，一般应遵循哪些主要的原则。

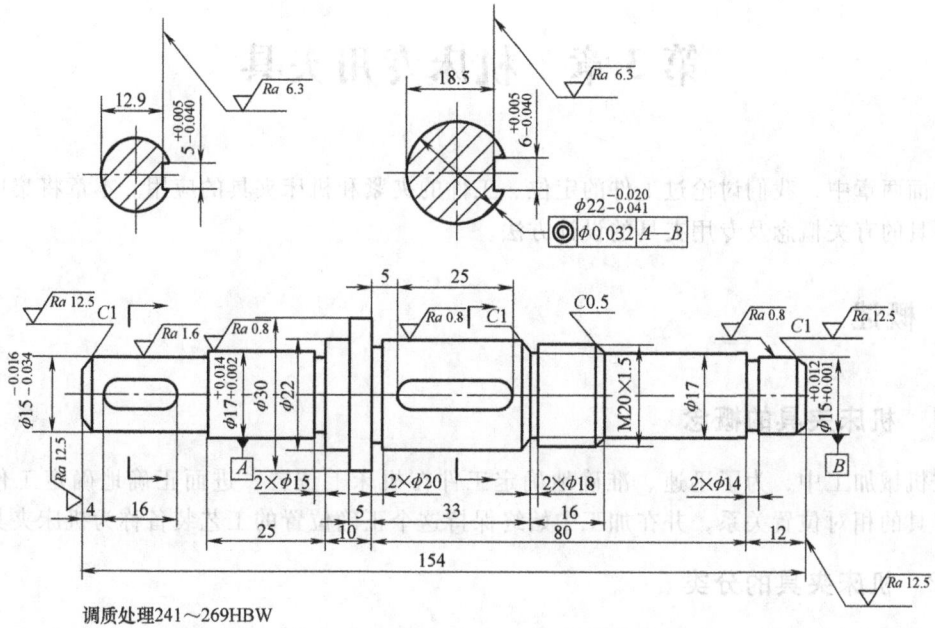

习题图　2-1

调质处理241～269HBW

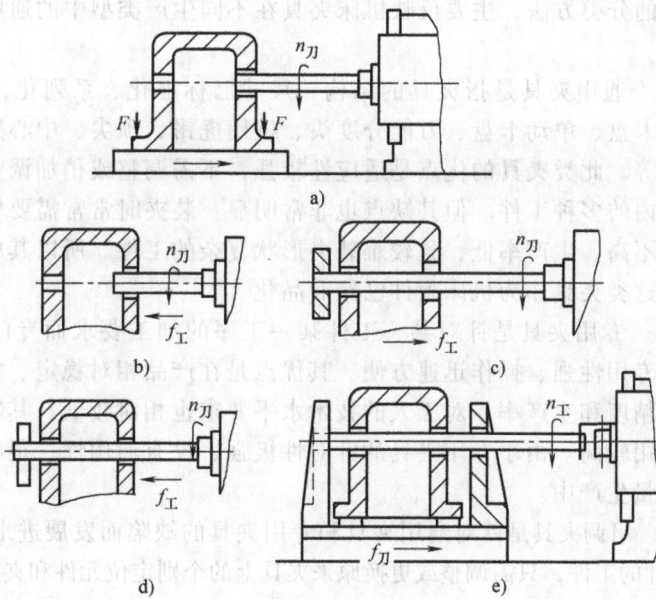

习题图　2-2

第3章 机床专用夹具

前面两章中，我们讨论过工件的定位、工件的夹紧和机床夹具的应用。本章将集中讨论机床夹具的有关概念及专用夹具的设计方法。

3.1 概述

3.1.1 机床夹具的概念

在机械加工中，为了迅速、准确地确定工件在机床上位置，进而正确地确定工件与机床、刀具的相对位置关系，并在加工中始终保持这个正确位置的工艺装备称为机床夹具。

3.1.2 机床夹具的分类

机床夹具的种类很多，现按几种常见的分类方法描述如下。

1. 按机床夹具的通用特性分类

这是一种基本的分类方法，主要反映机床夹具在不同生产类型中的通用特性，是我们选择夹具的主要依据。

（1）通用夹具 通用夹具是指夹具的结构、尺寸已标准化、系列化，具有一定通用性的夹具。如自定心卡盘、单动卡盘、万能分度头、机用虎钳、顶尖、中心架、跟刀架、回转工作台、电磁吸盘等。此类夹具的优点是适应性较强，不需调整或稍加调整即可用来装夹一定形状和尺寸范围内的多种工件。但其缺点也非常明显：装夹时常常需要辅以人工找正工件位置，故加工精度不高、生产率低，且较难装夹形状复杂的工件。所以其应用范围仅限于单件、小批量生产。这类夹具作为机床附件已经商品化。

（2）专用夹具 专用夹具是针对某一工件某一工序的加工要求而专门设计和制造的机床夹具。这类夹具专用性强、操作迅速方便。其优点是在产品相对稳定、批量较大的生产中可获得较高的加工精度和生产率，对工人的技术水平要求也相对较低。其缺点是设计制造周期长、夹具制造费用较高。由于专用夹具的针对性极强、没有通用性，很明显只能适用于产品相对稳定的大批量生产中。

（3）可调夹具 可调夹具是针对通用夹具和专用夹具的缺陷而发展进来的一类新型夹具。对于不同类型和尺寸的工件，只需调整或更换原来夹具上的个别定位元件和夹紧元件便可使用。

在通用夹具上设置可调（或可换）元件构成可调夹具，则称为通用可调夹具，其通用范围比通用夹具更大；在专用夹具上设置可调（或可换）元件构成可调夹具，则称为专用可调夹具，也称成组夹具。它是按成组原理设计并能加工一族相似的工件，故能在多品种、中小批量生产中取得较好的经济效益。

（4）组合夹具 组合夹具是在夹具零、部件标准化的基础上发展起来的一种模块化夹具。标准的模块元件具有较高的精度和耐磨性，可组装成各种夹具，夹具用毕可拆卸，经清洗后入库留待组装新的夹具。其特点是：可缩短生产准备周期、元件能重复使用、可减少夹具数量、可降低生产成本等。因此组合夹具在单件、中小批量生产和数控加工中比较经济、实用。组合夹具也已经商品化。

（5）自动线夹具　自动线夹具一般分为两种：一种为固定式夹具，它与专用夹具相似；另一种为随行夹具，使用中夹具随工件一起在自动线上运动，将工件沿着自动线从一个工位移至下一个工位加工。

2. 按夹具使用的机床分类

这是专用夹具设计所用的分类方法。按夹具在何种机床上使用分为：车床夹具、铣床夹具、钻床夹具、镗床夹具、磨床夹具和其他机床夹具等。设计时要求机床的类别、型号和主要参数均已确定。

3. 按夹紧动力源分类

按夹具夹紧时使用的动力源，可将夹具分为手动夹具和机动夹具，机动夹具又可分为气动夹具、液压夹具、气液夹具、电动夹具、电磁夹具、真空夹具和其他夹具，其选择应根据工件生产批量的大小、所需夹紧力的大小、企业现有的生产条件等综合考虑。

3.1.3　机床夹具的组成

（1）定位装置　夹具上用来确定工件位置的一些元件总称定位装置。定位装置是机床夹具的主要功能元件之一，其功能是确定工件在夹具上的正确位置。

（2）夹紧装置　夹具中由夹紧元件、中间传力机构和动力装置构成的装置称为夹紧装置。夹紧装置也是机床夹具的主要功能元件之一，其功能是确保工件定位后获得的正确位置在加工过程中各种力的作用下保持不变。

（3）夹具体　夹具体是机床夹具的基础支承件，是基本骨架，其功能是将夹具中的定位装置、夹紧装置及其他所有元件或装置连接起来构成一个整体，并通过它与机床相连接，以确定整个夹具在机床上的位置。

（4）连接元件　连接元件用来确定夹具本身在机床上的位置。根据机床的工作特点，夹具在机床上的安装连接有两种形式：一种是安装在机床工作台上，例如铣床夹具、镗床夹具等；另一种是安装在机床主轴上，例如车床夹具中的心轴类、花盘类夹具等。夹具在机床上的安装形式不同，所用的连接元件也不相同，例如铣床夹具上用于与铣床工作台连接用的定位键、花盘类车床夹具与车床主轴连接用的过渡盘都是连接元件。

（5）对刀元件　对刀元件用来确定刀具与工件的位置。它是铣床夹具的特殊元件，加工前，用对刀元件来调整铣刀的位置。

（6）导向元件　导向元件用来调整刀具的位置，并引导刀具进行切削。它是钻床夹具和镗床夹具所特有的特殊元件，主要指钻模中的钻套和镗模中的镗套等。加工时，钻头与钻套、镗杆与镗套之间均应留有适量间隙，因此钻头和镗杆的中心就有可能略偏离理想位置，这是影响钻床夹具和镗床夹具加工精度的一个因素。

（7）其他元件或装置　根据不同工件的不同加工表面要素的加工需要，有些夹具分别需要采用分度装置、靠模装置、上下料装置、顶出器和平衡块等，以分别满足生产率、加工精度、仿形、装卸工件等其他要求。这些装置或元件一般需专门设计。

3.1.4　机床夹具的作用

（1）保证加工精度，稳定加工质量　工件经过在夹具上装夹，使得工件与机床、刀具之间获得了稳定且正确的相对位置和几何关系，因此可以较容易地保证工件的加工精度。另外，采用夹具装夹工件后，工件的定位不再受划线、找正等主、客观因素的影响，减少对其他生产条件的依赖，所以能稳定地保证一批工件的加工质量。

（2）提高劳动生产率　使用夹具后，工件的定位、夹紧能在很短的时间内完成，缩短辅助时间；如果夹具上采用了高效的多件、多工位、快速或联动夹紧方式，则更能够显著地缩短辅助时间和基本时间，从而提高劳动生产率。

（3）改善工人的劳动条件，降低对工人的技术要求　用夹具装夹工件，方便、省力、安全。当采用机动夹紧的夹紧装置时，可明显减轻工人的劳动强度。由于采用夹具装夹工件一般不需要复杂的划线、找正等工作，故可适当降低对工人的技术要求。

（4）降低生产成本　在批量生产中使用夹具时，由于劳动生产率的提高和允许使用技术等级较低的工人操作，故可明显降低生产成本。

（5）扩大机床的工艺范围　根据机床的成形运动，附以不同类型的夹具，即可扩大原有机床的工艺范围。例如在车床的溜板上或摇臂钻床的工作台上装上镗模，即可进行箱体的镗孔加工。

3.2　各类机床夹具

3.2.1　车床夹具

车床夹具是用于保证被加工零件在车床上与刀具之间具有相对正确位置的专用工艺装备。车床夹具通常是安装在车床的主轴前端部，与主轴一起旋转。由于夹具本身处于旋转状态，因而车床夹具在保证定位和夹紧的基本要求前提下，还必须有可靠的放松结构。

车床夹具的基本组成包括夹具体、定位元件、夹紧装置、辅助装置等部分。前三者是各种夹具所共有的。在车床夹具中，夹具体一般为回转体形状，并通过一定的结构与车床主轴定位联结。根据定位和夹紧方案设计的定位元件和夹紧装置安装在夹具体上。辅助装置包括用于消除偏心力的平衡块和用于高速快速操作的气动、液压和电动操作机构。

（1）角铁式夹具　如图3-1所示，在加工轴承座的内孔时，工件以底面和两孔定

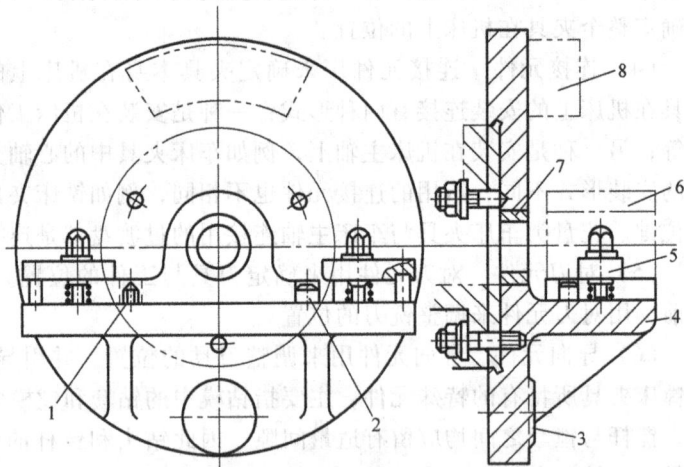

图 3-1　角铁式车削夹具

1—削边销　2—圆柱销　3—夹具体　4—支承板　5—压板
6—工件　7—导向套　8—平衡块

位，采用两压板夹紧。夹具体与主轴端部以定位锥配合，用双头螺柱联接在主轴上。导向套用于引导刀具。平衡块用于消除回转时的不平衡现象。

（2）定心夹紧夹具　对于回转体工件或以回转体表面定位的工件可采用定心夹紧夹具。常见的有弹簧套筒、液性塑料夹具等。在图 3-2 所示的夹具中，工件以内孔定位夹紧，采用了液性塑料夹具。工件套在定位圆柱上，轴向由端面定位，旋紧螺钉 2，经过滑柱 1 和液性塑料 3 使薄壁定位套 4 产生变形，使工件 5 同时定心夹紧。

（3）组合夹具　组合夹具是采用预先制造好的标准夹具元件，根据设计好的定位夹紧方案组装而成的专用夹具。它既具有专用夹具的优点，又具有标准化、通用化的优点。产品变换后，夹具的组成元件可以拆开清洗入库，不会造成浪费，适用于新产品试制和多品种小批量的生产。在大量采用数控机床、应用 CAD/CAM/CAPP 技术的现代企业机械产品生产过程中具有独特的优点。图 3-3 所示是一个典型的车削组合夹具。工件用已加工的底面和两个孔定位，用两个压板夹紧。图中，夹具体、定位销、压板、底座等均为通用元件。

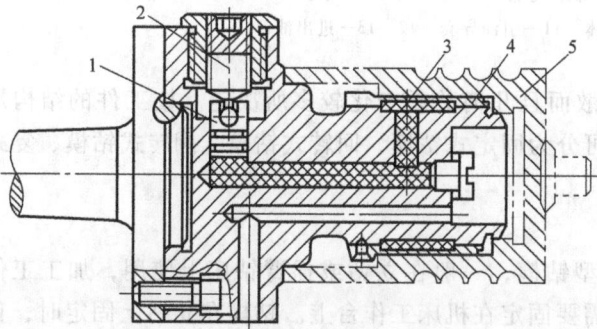

图 3-2　液性塑料定心夹紧夹具
1—滑柱　2—压紧螺钉　3—液性塑料　4—薄壁定位套　5—工件

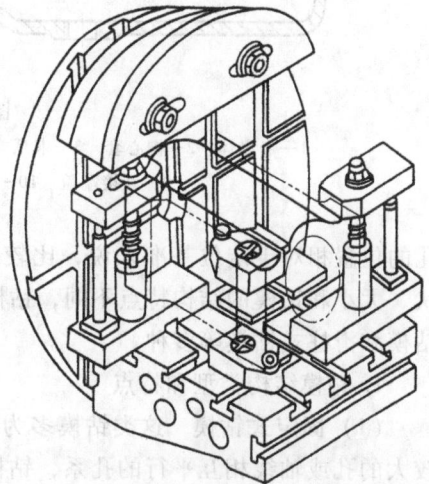

图 3-3　组合夹具

（4）自动车床夹具　在数控车床上，为提高加工生产率，并有利于 FMS 的形成，一般采用自动夹具，实现对工件的自动夹紧。常见的有气动、液压和电动卡盘。图 3-4 是由液压缸和楔式自动定心卡盘构成的液压自动卡盘。当液压缸左腔进油时，通过拉杆推动楔心套 2 向右移动，楔心套上有与轴线成 15°夹角的 T 形槽，该槽与滑座 6 相配合，迫使滑座向外，使卡爪松开工件；反之，夹紧工件。液压缸的缸体 10 通过联结法兰与主轴尾端联接，与主轴一起旋转。

3.2.2　钻床夹具

钻床夹具是指用来在各种钻床（如台钻、立钻、摇臂钻、多轴钻等）上加工孔的机床夹具。这类夹具用一种特殊元件——引导元件来引导刀具（钻头、扩孔钻、铰刀）进入正确的加工位置，以保证刀具与工件定位基准间的相互位置精度，所以这类夹具又称为钻模。

钻模是机床夹具中应用最广泛的一种夹具。钻模的结构形式很多，这主要是由于被加工

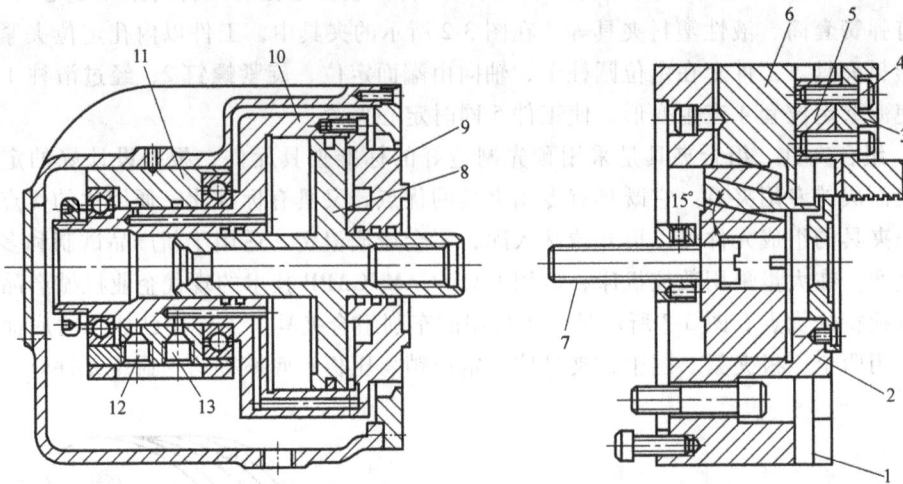

图 3-4　液压自动卡盘

1—卡盘体　2—楔心套　3—卡爪　4—联接螺钉　5—T 形块　6—滑座　7—螺钉　8—活塞
9—联接端盖　10—缸体　11—引油导套　12、13—进出油口

孔的位置相对于定位基准来说，比较分散而且几何关系变化较多所决定。按工件的结构形状、大小和钻模的结构特点不同，钻模可分为固定式钻模、回转式钻模、翻转式钻模、复式钻模和滑柱式钻模等多种。

1. 钻模结构类型和特点

（1）固定式钻模　这类钻模多为大型钻模，一般在立钻或摇臂钻床上使用，加工工件较大的孔或轴线相互平行的孔系，钻模需要固定在机床工作台上。钻模在立钻上固定时，首先用装在钻床主轴上的钻头或同直径的心轴插入钻模引导孔内校正其位置，然后将其固定。这样既可以减少钻模引导元件的磨损，又可保证有较高的位置精度。

图 3-5 为固定式钻模的典型结构。工件以一平面、一外圆柱面和一小孔作定位基准，在夹具的定位元件上定位，用螺旋夹紧件通过开口垫圈 2 夹紧工件，钻模板固定在夹具体上，而夹具体则固定在钻床工作台上。

（2）回转式钻模　当工件的被加工孔是轴线相互平行的轴向孔或是分布在圆柱面上的径向孔时，使用回转式钻模是很方便的，既可以保证加工精度，又可提高生产率。

回转式钻模的结构形式按其转轴的位置可分为立轴式、卧轴式和斜轴式三种。这类钻模的引导元件——钻套一般是固定不动的，为了实现工件在一次装夹中进行多工位加工的目的，钻模上一般采用回转式分度装置。

图 3-6 为立轴式回转钻模，用于标准立轴式分度钻台上加工圆周分布的各轴向孔，夹具通过中心销在转台上定位和夹紧后，即可进行加工。

（3）翻转式钻模　这类钻模的特点是整个夹具可以和工件一起翻转，可以用来加工同方向的平行孔系，也可以用来加工不同方向的孔。这类钻模是一种小型夹具，在操作过程中，需要人工进行翻转，因此这类钻模一般重量不超过 10kg，对于稍大一些的工件用翻转钻模时，必须设计专门的托架。

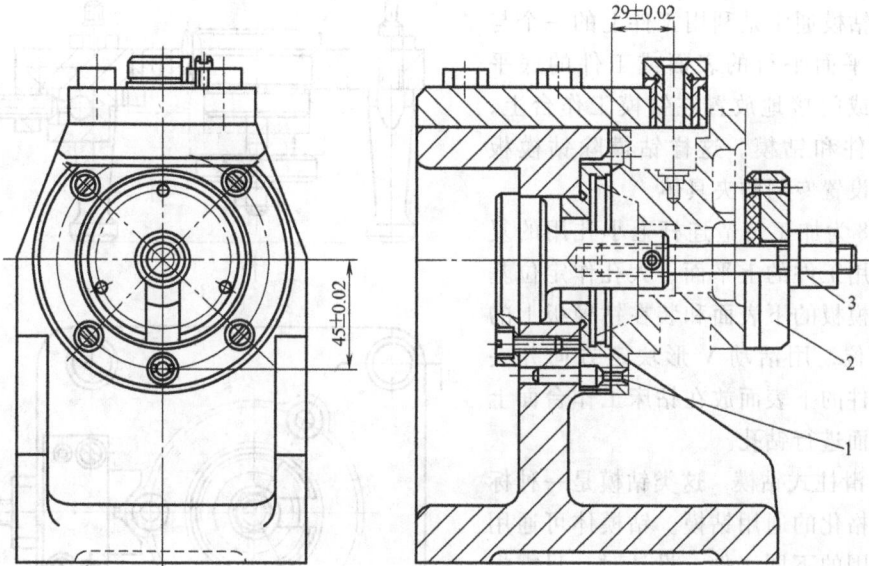

图 3-5 固定式钻模
1—菱形销 2—开口垫圈 3—螺母

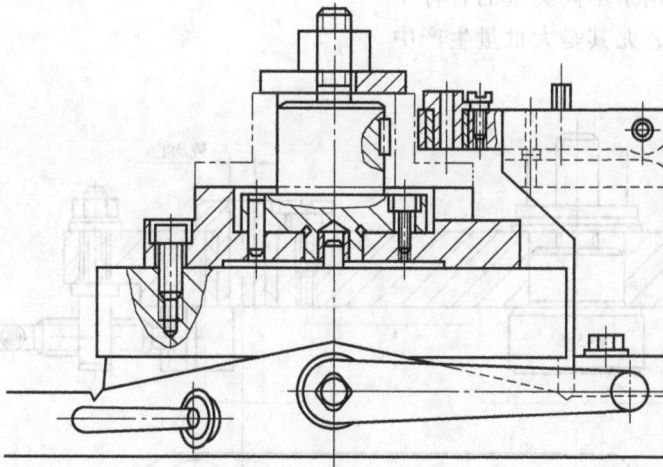

图 3-6 立轴式回转钻模

支柱式钻模是这类钻模的典型结构之一，其结构特点是用四个支脚来支承钻模。装卸工件时，必须将钻模翻转 180°，装好工件后，再翻转回来进行加工。夹具装配好后，四个支脚的支承面必须再磨平，以保证四个支脚的支承面在同一平面内，并与钻套孔中心线垂直。

图 3-7 所示为一种盘状零件用支柱式钻模，工件用内孔和端面为定位基准，在夹具的定位销和钻模板的底平面上定位，用一活动 V 形块定方向，用螺母通过开口垫圈进行轴向夹紧，翻转过来即可进行钻孔加工。

（4）复式钻模 这类钻模的特点是将钻模板装在工件上，定位元件、夹紧元件和钻套

均装在钻模板上，以保证加工孔的位置精
度。这类钻模通常是利用工件上的一个与
定位基准平面平行的表面或工件的底平
面，直接或间接地放置在钻模工作台上，
以支承工件和钻模。这样钻模除钻模板
外，不用设置专门的夹具体。

图 3-8 为加工铸造连杆上小孔用的复
式钻模。用工件的上平面、大孔作定位基
准，在钻模板的下表面和装在钻模板上的
定位销定位，用活动 V 形块定方向并夹
紧。用工件的下表面放在钻床工作台面上
作为支承面进行钻孔。

（5）滑柱式钻模　这类钻模是一种标
准化、规格化的通用钻模。钻模体可通用
于较大范围的不同工件。设计时，只需根
据不同的加工对象设计相应的定位、夹紧
元件，因此可以简化设计工作。另外，这
种钻模不必设计单独的夹紧装置，夹紧工
件方便、迅速，适用于不同类型的各种中
小型零件的孔加工，尤其是大批量生产中
应用较广。

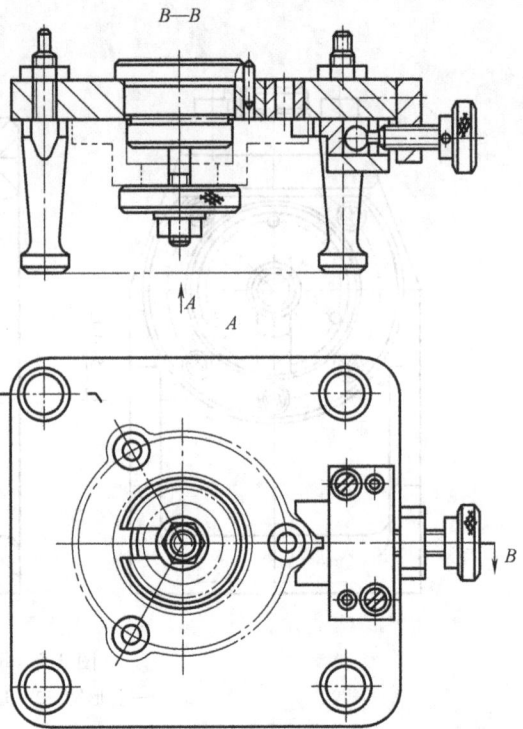

图 3-7　支柱式钻模

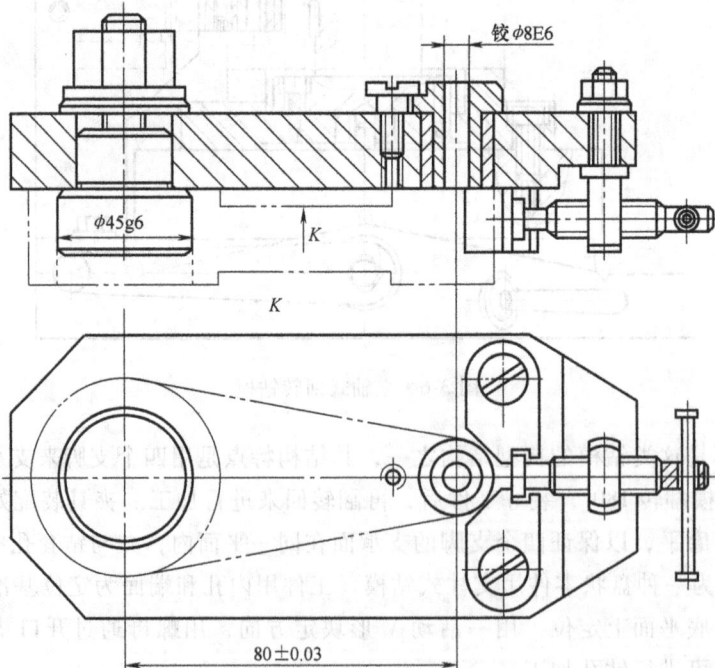

图 3-8　复式钻模

　　图 3-9 为滑柱式钻模的应用实例,用于钻、扩、铰削加工拨叉零件上一个 ϕ20H7 的孔。工件以加工部位的外形在定位元件 9 上定心;左端用两个可调支承 2 支承在工件底面上,以保证工件的水平位置;后侧面放一挡销 3,以克服加工过程中产生转矩;工件的夹紧是靠装在钻模板上的液性塑料夹紧装置来实现的。转动手柄,钻模板向下移动,压柱 4 将工件压紧,刀具顺次从钻套 7 的引导孔中进入加工位置,进行孔的钻、扩和铰削加工。

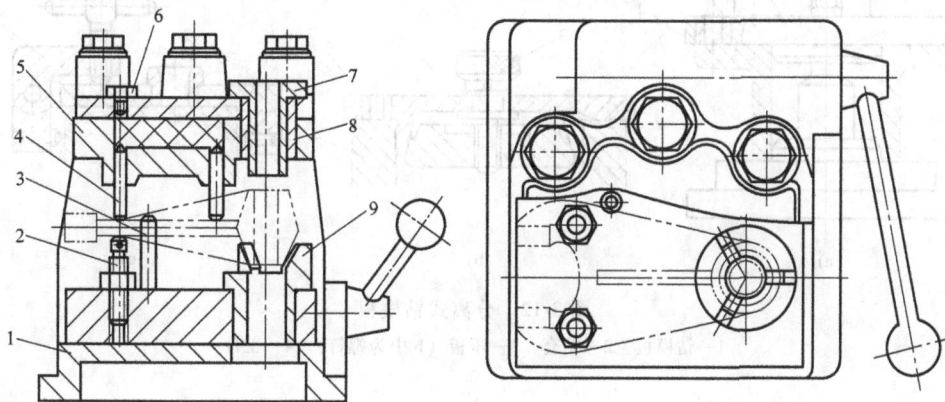

图 3-9　滑柱式钻模

1—钻模体　2—支承钉　3—挡销　4—压柱　5—垫板　6—螺钉　7—钻套　8—衬套　9—定位元件

2. 钻模板

　　用于装夹钻套的钻模板,是钻床夹具的重要组成部分,按其与夹具体的连接方式可分为固定式、铰链式、分离式和悬挂式等几种。

　　(1) 固定式钻模板　如图 3-10 所示,它直接固定在夹具体上,因此钻模板 1 上的钻套 2 相对于夹具体是固定的,所以精度较高。由于是固定式结构,对于有些工件的装卸不是很方便。固定式钻模板与夹具体可以采用销钉定位、螺钉紧固结构。对于简单的钻模,也可采用整体铸造或者焊接结构。

　　(2) 铰链式钻模板　如图 3-11 所示,是用铰链装在夹具体上的,因此它可以绕铰链轴翻转。由于铰链孔和轴销之间存在间隙,所以它的加工精度不如固定式钻模板高,但是装卸工件方便。

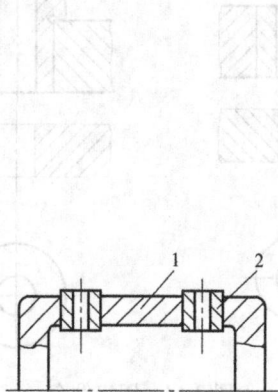

图 3-10　固定式钻模板

1—钻模板　2—钻套

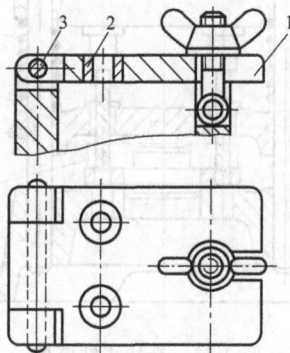

图 3-11　铰链式钻模板

1—钻模板　2—钻套　3—轴销

（3）分离式钻模板　如图 3-12 所示，它与夹具体是分离的，成为一个独立部分。工件在夹具每装卸一次，钻模板也要装卸一次。用这种钻模板钻孔的精度较高，但是装卸工件的时间长，效率低。图 3-12 所示为分离式钻模板三种不同的结构。

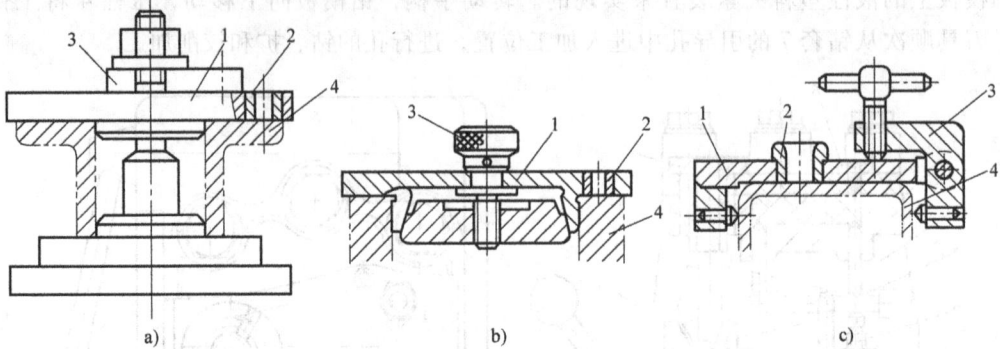

图 3-12　分离式钻模板
1—钻模板　2—钻套　3—压板（b 中为螺钉）　4—工件

（4）悬挂式钻模板　如图 3-13 所示，钻模板悬挂在机床主轴上，由机床主轴带动而与工件靠紧或离开。它与夹具体的相对位置由滑柱来确定。图中的钻模板 4 悬挂在滑柱 2 上，通过弹簧 5 和横梁 6 与主轴连接。这种钻模板多与组合机床的多轴头联用。

3. 钻套

钻套（又称导套）是确定刀具位置及方向的元件。它在钻模中的作用是保证被加工孔的位置精度，引导刀具防止加工时偏斜，提高刀具的刚性，防止加工时振动。

钻套根据其结构的不同可分为：固定钻套、可换钻套、快换钻套和特种钻套四类。

（1）固定钻套　图 3-14 为固定钻套的两种形式，这种钻套的外圆用 H7/n6 或 H7/r6 的过盈配合压入钻模板或夹具体上。这种钻套的缺点是磨损后不易更换。因此主要用于中小批生产的钻模上或用来加工孔距小以及孔距精度要求高的孔。

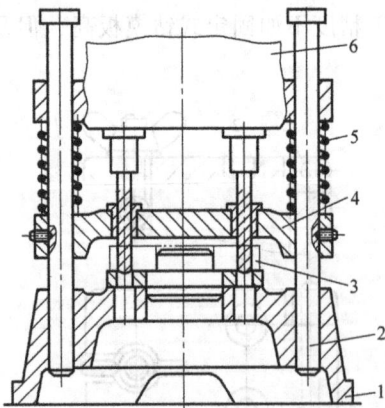

图 3-13　悬挂式钻模板
1—夹具体　2—滑柱　3—工件
4—钻模板　5—弹簧　6—横梁

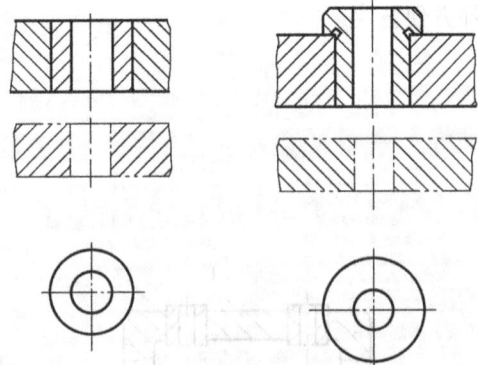

图 3-14　固定钻套

　　（2）可换钻套　图 3-15 为可换钻套。可换钻套外圆用 H6/g5 或 H7/g6 的间隙配合装在衬套孔中，而衬套外圆与钻模板底孔的配合则采用 H7/n6 或 H7/r6 的过盈配合。可换钻套由螺钉固定住，以防止转动。由于钻套外圆与衬套内孔的配合间隙影响，其加工精度不如固定钻套，但钻套磨损后更换方便。

　　（3）快换钻套　图 3-16 为快换钻套。该钻套更换迅速，只要将钻套转动一下即可从钻模板中取出。这种钻套适用于在一个工序中用几种刀具（钻、扩、铰）依次连续加工情况，广泛地应用于批量生产。

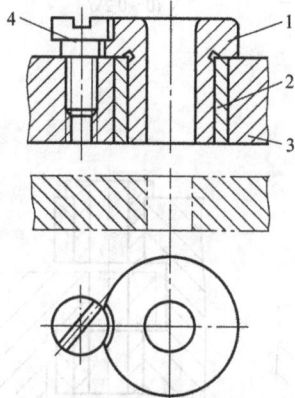

图 3-15　可换钻套
1—可换钻套　2—衬套　3—钻模板　4—螺钉

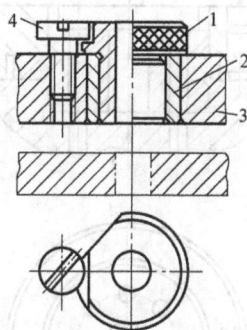

图 3-16　快换钻套
1—可换钻套　2—衬套　3—钻模板　4—螺钉

　　（4）特种钻套　当工件的结构形状或工序加工条件均不允许采用上述标准钻套时，就应根据具体情况设计各种形式的特种钻套。图 3-17 为几种特种钻套的例子。

3.2.3　铣床夹具

　　1. 铣平面夹具

　　图 3-18 为铣削气缸体上平面的专用夹具。气缸体的工序简图见图 3-19，气缸体的上平面加工为第一道工序。

　　工件以内平面 N、前后两半圆孔和前端面，以及上平面水套孔一侧面 B 为定位基准，分别以支承钉 5、定向块 9、挡销 2 及校正块 4 定位，完成六点定位。

　　由于工件较大，因此在工件底面有四个辅助支承钉 13，以增强定位的刚性和稳定性。安装时，先将工件放在两个支承钉 5 和挡销 2 上，并由两个浮动定向块 9 定向。然后翻下校正块 4，调节螺钉 6 使调节销 8 伸出，推动工件绕两支承钉 5 回转，直到工件上平面水套孔的一侧面 B 与贴合校正块的量块 14 工作面对齐，此时 6 个自由度全部消除。转动手柄 11 通过锁紧液压缸将底面四个辅助支承钉锁紧。将压板 1 伸入工件前后两端孔中，再转动手柄 10 使夹紧液压缸动作把工件夹紧。

　　由于工件在后道工序加工气缸孔时要求壁厚均匀，且保证与 M 面距离为 123mm±0.2mm，因此不用工件底面为定位基准，而采用了校正块装置。校正块共两块，其校正精度由调整螺钉 3 调节。为保证气缸孔 C 的轴线与该孔上平面垂直以及尺寸 123mm±0.2mm，校正块基面与定向块中心距为 123mm±0.05mm，校正块基面与量块工作面间的尺寸为 9.5mm±

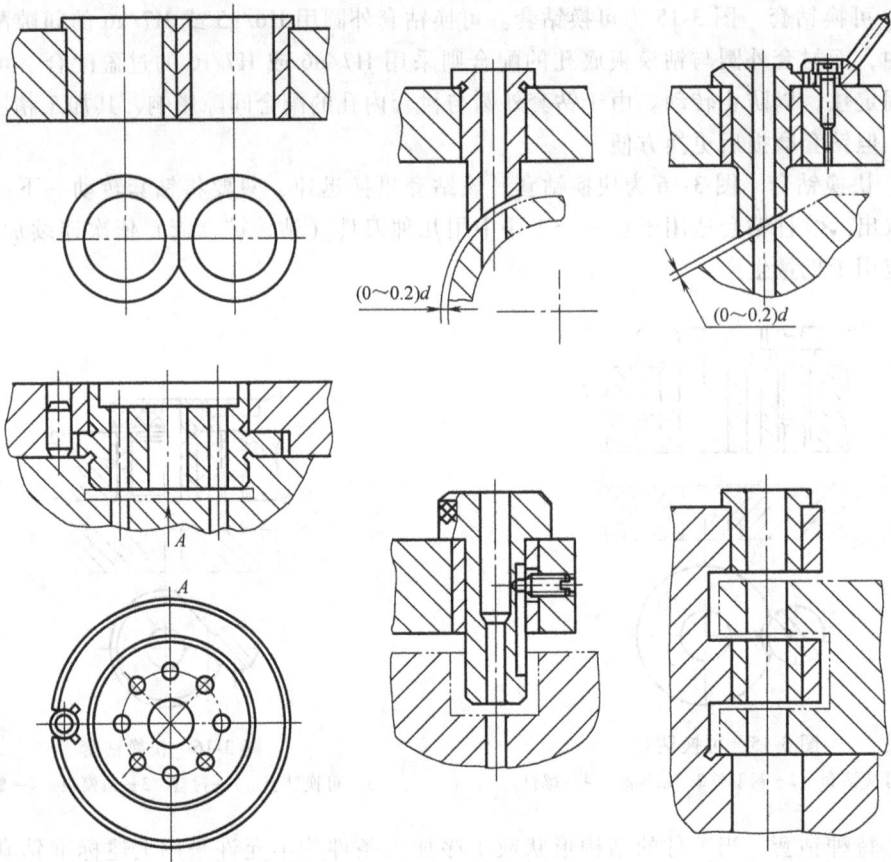

图 3-17　特种钻套

0.05mm，必要时尚需修刮量块的工作面。工件定位夹紧后，取出量块 14 并翻开校正块，即可进行铣削加工。

2. 铣槽夹具

图 3-20a 为铣槽夹具，图 3-20b 为铣槽工序简图。铣槽工序应保证的精度要求为：工序尺寸 30mm，74mm±0.13mm，以及槽的对称中心面与 ϕ24.7mm 孔的轴线垂直度误差不大于 0.1mm，与 ϕ60.5mm 外圆轴线的对称度误差不大于 0.15mm。

为提高生产率，该夹具一次装夹 6 个工件。工件轴端靠在支承板 4 上，限制其轴向移动自由度，由菱形销 3 限制工件绕轴线转动的自由度，以工件外圆在 V 形块 2 上定位限制余下的四个自由度。工件用螺旋压板夹紧机构夹紧。由定向键 7 确定夹具在机床上的位置，通过直角对刀块 6 确定夹具相对铣刀的位置。夹具上设置有四个吊环螺钉 5，便于夹具的吊装和搬运。

3.2.4　镗床夹具

1. 前后双支承镗床夹具

图 3-21 为镗削泵体上两个相互垂直的孔及端面用的夹具。夹具经找正后紧固在卧式镗床的工作台上，可随工作台一起移动和转动。工件以 A、B 面在支承板 1、2、3 上定位，

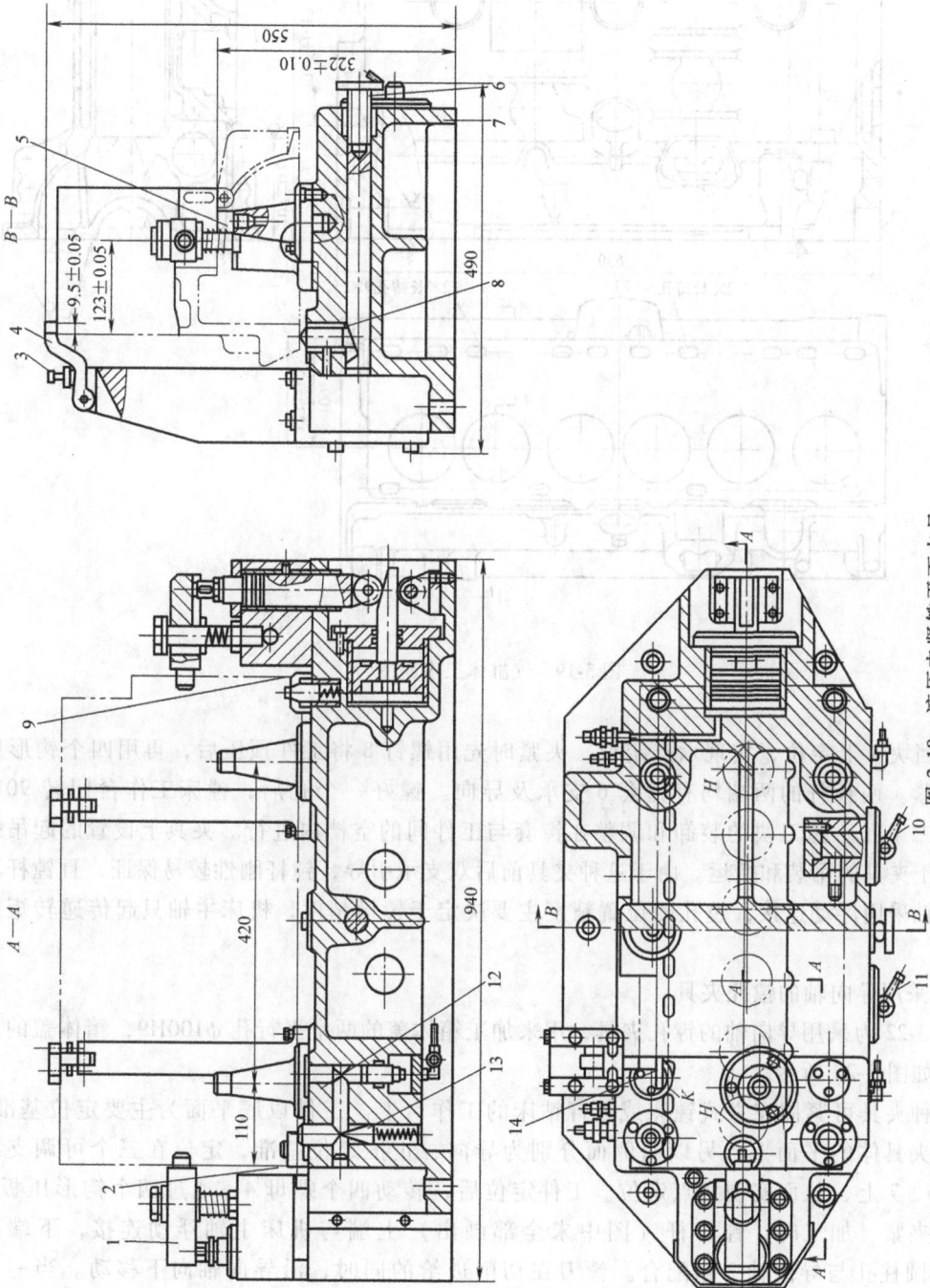

图 3-18　液压夹紧铣平面夹具

1—压板　2—挡销　3—调整螺钉　4—校正块　5—支承钉　6—螺钉　7—夹具体　8—调节销　9—定向块　10—夹紧缸手柄　11—锁紧缸手柄　12—锁紧钉　13—辅助支承钉　14—量块

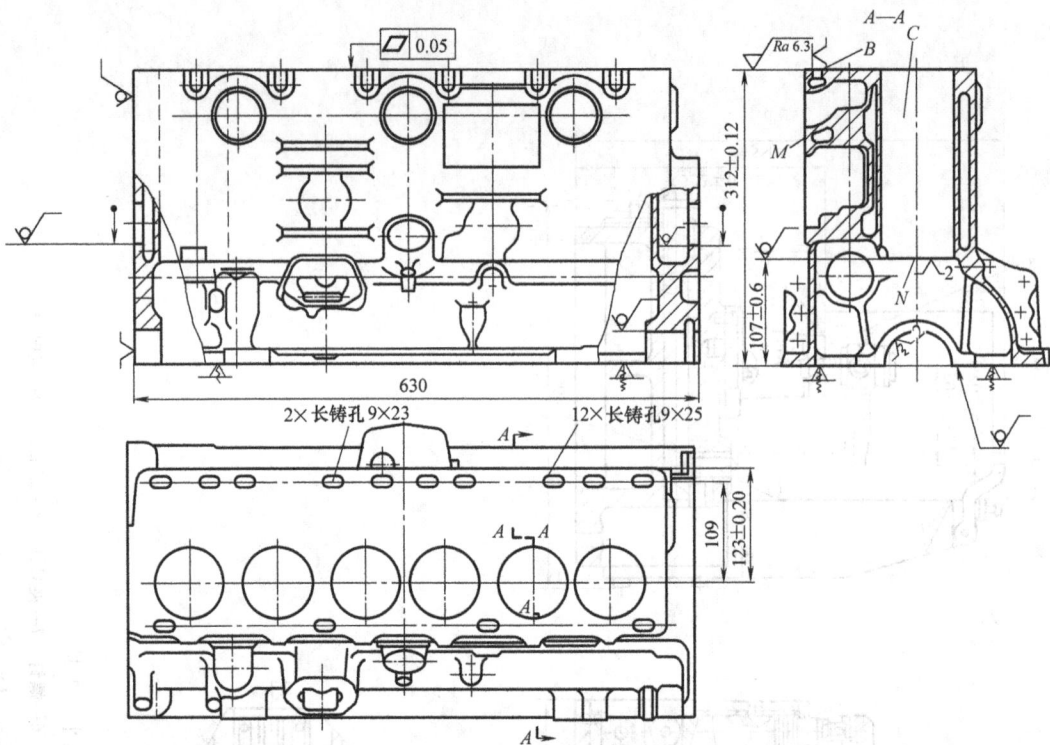

图 3-19　气缸体工序简图

C 面在挡块 4 上定位，实现六点定位。夹紧时先用螺钉 8 将工件预压后，再用四个钩形压板 5 压紧。两镗杆的两端均有镗套 6 支承及导向。镗好一个孔后，镗床工作台回转 90°，再镗第二个孔。镗刀块的装卸和调整在镗套与工件间的空档内进行。夹具上设置的起吊螺栓 9 便于夹具的吊装和搬运。由于这种夹具前后双支承引导，镗杆刚性较易保证，且镗杆和镗床主轴采用浮动连接，镗孔的位置精度主要决定于镗模精度，机床主轴只起传递转矩的作用。

2. 采用导向轴的镗孔夹具

图 3-22 为采用导向轴的镗孔夹具，用来加工箱体盖的两个平行孔 $\phi 100H9$，箱体盖的工序简图如图 3-23 所示。

这种夹具可紧固在立式镗床或摇臂钻床的工作台上。工件以底平面为主要定位基准，安装在夹具体的平面上，另以两侧面分别为导向、止推定位基准，定位在三个可调支承钉 5、6、7 上，从而实现六点定位。工件定位后，转动四个螺母 4，通过四个钩形压板 3 将工件夹紧。加工时，镗刀杆（图中未全部画出）上端与机床主轴浮动连接，下端以 $\phi 35H7$ 圆柱孔与导向轴 2 相配合。镗刀在切削进给的同时，沿导向轴向下移动。当一个孔加工完毕后，镗刀杆再与另一个导向轴配合，加工第二个孔。这种夹具结构简单，定位合理，夹紧可靠，其主要特点是导向元件不采用一般的镗套形式，而以导向轴来代替，从而使工件安装方便。

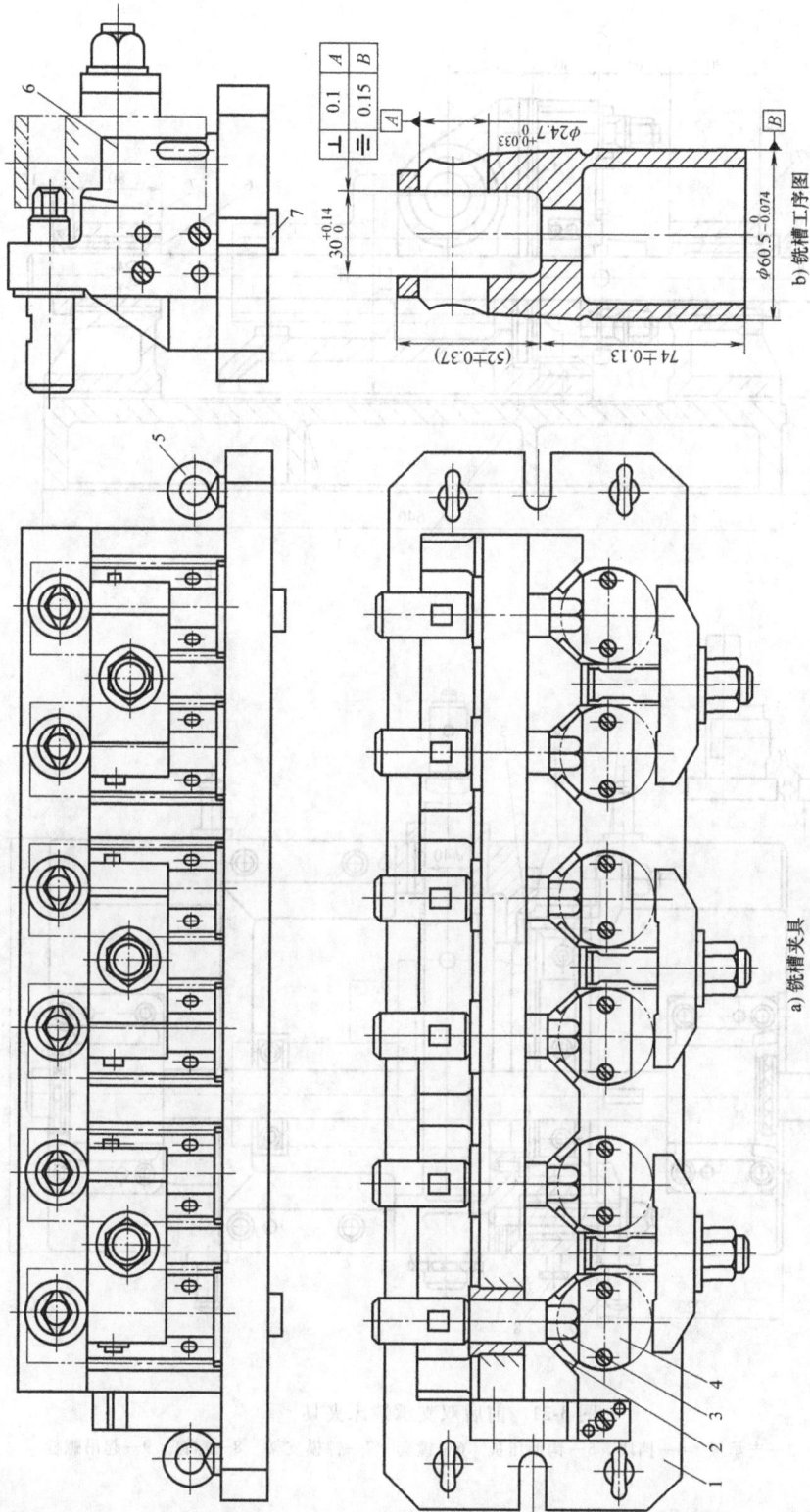

图 3-20　铣槽夹具

a) 铣槽夹具　　b) 铣槽工序图

1—夹具体　2—V 形块　3—菱形销　4—支承板　5—起吊螺钉　6—对刀块　7—定向键

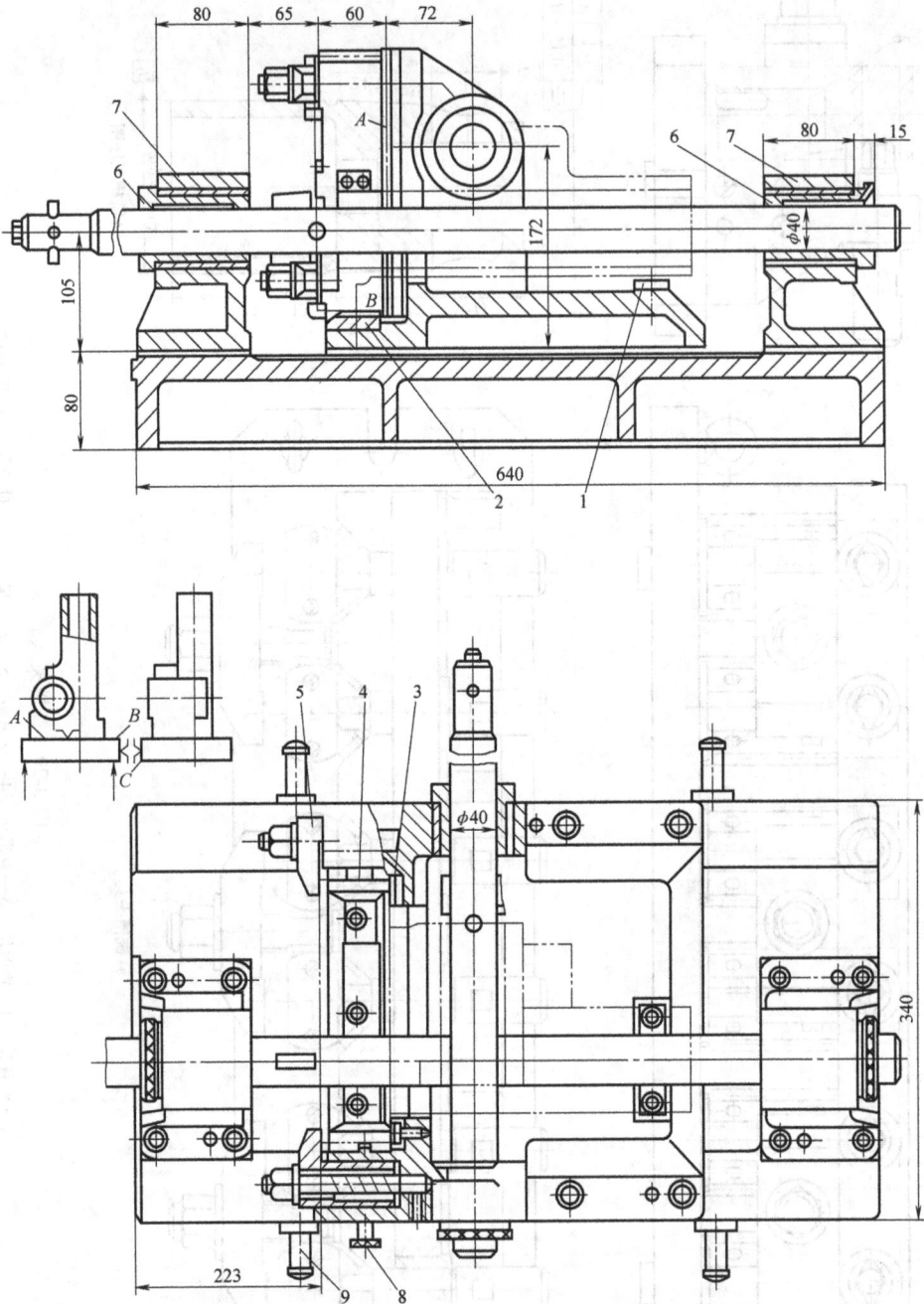

图 3-21　前后双支承镗床夹具

1、2、3—支承板　4—挡块　5—钩形压板　6—镗套　7—镗模支架　8—螺钉　9—起吊螺栓

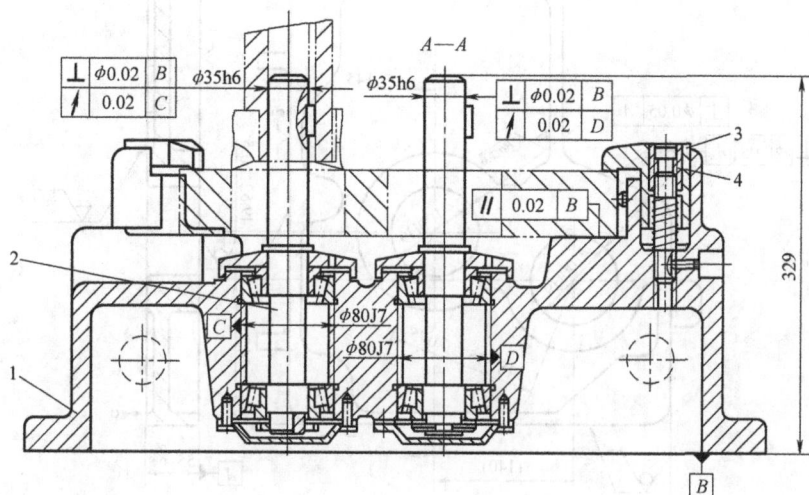

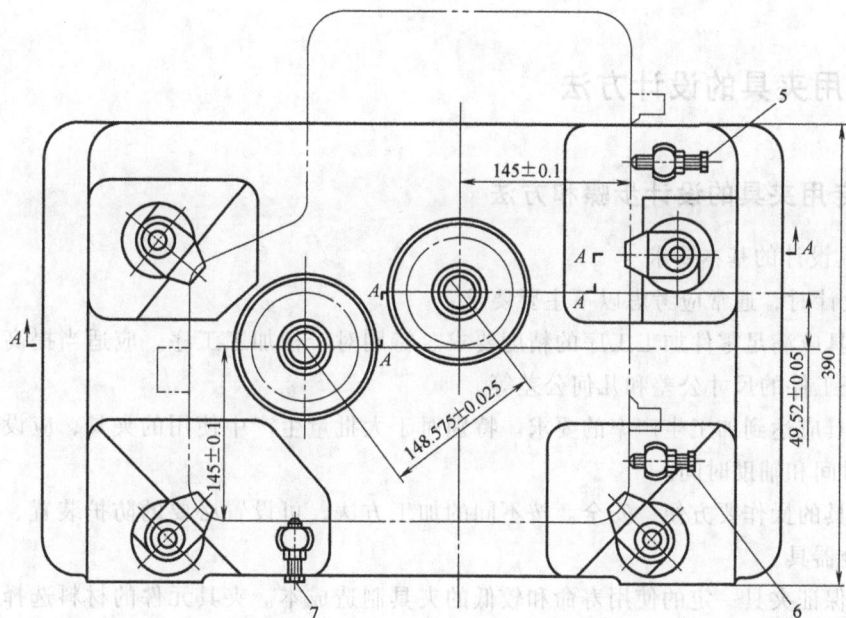

图 3-22　采用导向轴的镗孔夹具

1—夹具体　2—导向轴　3—钩形压板　4—螺母　5、6、7—可调支承钉

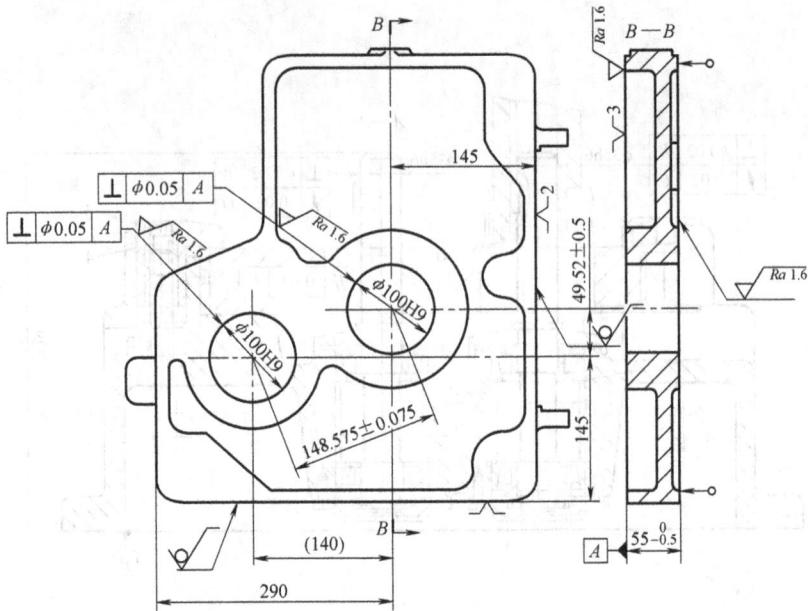

图 3-23　箱体盖工序图

3.3　专用夹具的设计方法

3.3.1　专用夹具的设计步骤和方法

1. 夹具设计的基本要求

夹具设计时，通常应考虑以下主要要求：

1）夹具应满足零件加工工序的精度要求。特别对于精加工工序，应适当提高夹具的精度，以保证工件的尺寸公差和几何公差等。

2）夹具应达到加工生产率的要求。特别对于大批量生产中使用的夹具，应设法缩短加工的基本时间和辅助时间。

3）夹具的操作要方便、安全。按不同的加工方法，可设置必要的防护装置、挡屑板以及各种安全器具。

4）能保证夹具一定的使用寿命和较低的夹具制造成本。夹具元件的材料选择将直接影响夹具的使用寿命。因此，定位元件以及主要元件宜采用力学性能较好的材料。夹具的复杂程度应与工件的生产批量相适应。在大批量生产中，宜采用如气动、液压等高效夹紧机构。

5）要适当提高夹具元件的通用化和标准化程度。选用标准化元件，特别应选用商品化的标准元件，以缩短夹具制造周期，降低夹具成本。

6）具有良好的结构工艺性，以便于夹具的制造和维修。

以上要求有时是相互矛盾的，故应在全面考虑的基础上，处理好主要矛盾，使之达到较好的效果。例如钻模设计中，通常侧重于生产率的要求；镗模等精加工用的夹具则侧重于加工精度的要求等。

2. 夹具设计的方法

夹具设计主要是绘制所需的图样，同时制定有关的技术要求。夹具设计是一种相互关联的工作，它涉及很广的知识面。通常，设计者在参阅有关典型夹具图样的基础上，按加工要求构思出设计方案，再经修改，最后确定夹具的结构。夹具的设计方法可用图 3-24 表示。

显然，夹具设计的过程中存在着许多重复的劳动。近年来，迅速发展的机床夹具计算机辅助设计（CAD），为克服传统设计方法的缺点提供了新的途径。

3. 夹具设计的步骤

夹具设计的步骤可以划分为五个阶段：

（1）设计的准备　夹具设计前，设计人员应明确设计任务和要求，根据任务认真调查研究，要收集所需资料，并对其进行分析。

1）收集产品零件图、装配图、毛坯图和工艺规程等技术文件，分析零件的作用、形状、结构特点、材料和技术要求。

2）分析零件的加工工艺规程，特别是本工序半成品的形状、尺寸、加工余量、切削用量和所使用的工艺基准。

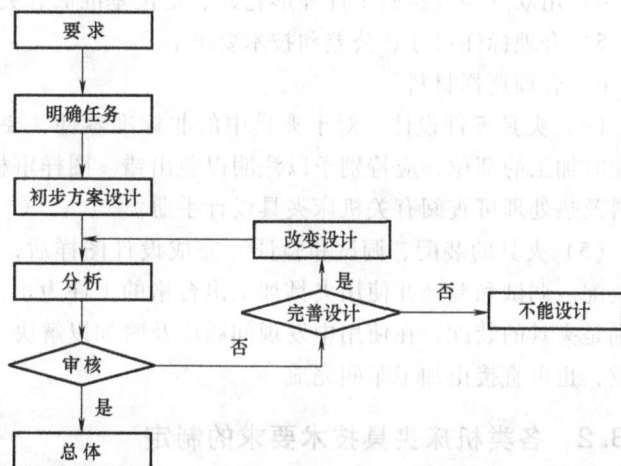

图 3-24　夹具的设计方法

3）分析工艺装配设计任务书，研究任务书所提出要求的合理性、可行性和经济性，以便发现问题，及时与工艺人员进行磋商。

4）了解所使用机床的规格、性能、精度以及与夹具连接部分结构的联系尺寸。

5）了解所使用刀具、量具的规格。

6）了解零件的生产纲领、投产批量以及生产组织等有关问题。

7）收集有关设计的资料，其中包括国家标准、部颁标准、企业标准等资料以及典型夹具资料。

8）熟悉本厂工具车间的加工工艺。

（2）方案设计　这是夹具设计的重要阶段。在分析各种原始资料的基础上，应完成下列设计工作：

1）确定夹具的类型。

2）根据六点定位原理确定工件的定位方式，选择合适的定位元件。

3）确定工件的夹紧方式，选择合适的夹紧装置。

4）确定刀具的调整方案，选择合适的对刀元件或导向元件。

5）确定夹具与机床的连接方式。

6）确定其他元件和装置的结构形式，如分度装置、靠模装置等。

7）确定夹具总体布局和夹具体的结构形式。

8）绘制总体草图。

9）进行工序精度分析。

10）对动力夹紧装置进行夹紧力验算。

（3）绘制夹具总图　夹具总装配图应按国家标准绘制，绘制时还应注意以下事项：

1）尽量选用 1∶1 的比例，以使所绘制的夹具具有良好的直观性。

2）尽可能选择面对操作者的方向作为主视图。

3）总装图应把夹具的工作原理、结构和各种元件间的装配关系表达清楚。

4）用双点划线绘制工件外形轮廓、定位基准面、夹紧表面和加工表面。

5）合理标注尺寸、公差和技术要求。

6）合理选择材料。

（4）夹具零件设计　对于夹具中的非标准零件，要分别绘制零件图。其中对于需要在装配时加工的部位，应特别予以注明以免出错。图样审核与一般设计相同。常用夹具元件的材料及热处理可查阅有关机床夹具设计手册。

（5）夹具的装配、调试和验证　完成设计图样后，设计工作尚未全部完成。只有待完成装配、调试和验证并使用夹具加工出合格的工件为止，才算完成夹具设计的全过程。其中特别是夹具的装配，在使用中发现问题应及时加以解决。夹具的调试和验证可以在工具车间完成，也可直接由加工车间完成。

3.3.2　各类机床夹具技术要求的制定

1. 总装图应标注的尺寸和公差配合

通常应标注以下五种尺寸。

（1）夹具外形的最大轮廓尺寸　这类尺寸按夹具结构尺寸的大小和机床参数设计，以表示夹具在机床上所占据的空间尺寸和可活动的范围。

（2）工件与定位元件之间的联系尺寸　如圆柱定位销工作部分的配合尺寸公差等，以便控制工件的定位误差（Δ_D）。

（3）对刀或导向元件与定位元件之间的联系尺寸　这类尺寸主要是指对刀块的对刀面至定位元件之间的尺寸、塞尺的尺寸、钻套至定位元件间的尺寸、钻套导向孔尺寸和钻套孔距尺寸等。这些尺寸影响调整误差（Δ_T）。

（4）与夹具安装有关的尺寸　这类尺寸用以确定夹具体的安装基面相对于定位元件的正确位置。如铣床夹具定向键与机床工作台 T 形槽的配合尺寸、角铁式车床夹具安装基面（止口）的尺寸、角铁式车床夹具中心至定位面间的尺寸等。这些尺寸对夹具的安装误差（Δ_A）会有不同程度的影响。

（5）其他装配尺寸　如定位销与夹具体的配合尺寸和配合代号等，这类尺寸通常与加工精度无关或对其无直接影响，可按一般机械零件设计。

2. 总图应标注的几何精度

通常应标注以下三种几何精度。

（1）定位元件之间的位置精度　这类精度直接影响夹具的定位误差（Δ_D）。

（2）连接元件（含夹具体基面）与定位元件之间的位置精度　这类精度所造成的夹具安装误差（Δ_A）也影响夹具的加工精度。

（3）对刀或导向元件的位置精度　通常这类精度是以定位元件为基准。为了使夹具的工艺基准统一，也可以取夹具体的基面为基准。

3. 公差的确定

为满足加工精度的要求，夹具本身应有较高的精度。由于目前分析计算方法还不够完善，因此，对于夹具公差仍然是根据实践经验来确定。如生产规模较大，要求夹具有一定使用寿命时，夹具有关公差可取得小些；对加工精度较低的夹具，则取较大的公差。

一般可按以下方式选取：

1）夹具上的尺寸和角度公差取 $(1/2 \sim 1/5)\delta_K$。δ_K 为工件的工序尺寸公差。

2）夹具上的位置公差取 $(1/2 \sim 1/3)\delta_K$。

3）当加工尺寸未注公差时，取 $\pm 0.01 \text{mm}$。

4）未注几何公差的加工面，按 GB/T 1184—1996 中 9～11 级精度的规定选取。

夹具有关公差都应在工件公差带的中间位置，即不管工件公差对称与否，都要将其化成对称公差，然后取其 1/2～1/5 以确定夹具的有关基本尺寸和公差。

4. 配合精度的选择

导向元件的配合，可详见钻套、镗套的设计部分。常用夹具元件的公差配合可参考有关夹具设计手册。

对于工作时有相对运动但无精度要求的部分，如夹紧机构的铰链连接，则可选用 H9/d9、H11/c11 等配合；对于需要固定的构件可选用 H7/n6、H7/p6、H7/r6 等配合；若用 H7/js6、H7/k6、H7/m6 等配合，则应加紧固螺钉使构件固定。

5. 夹具的其他技术要求

夹具在制造和使用上的其他要求，如夹具的平衡和密封、装配性能和要求、有关机构的调整参数、主要元件的磨损范围和极限，打印标记和编号以及使用中注意的事项等，要用文字标注在夹具的总装图上。

3.3.3　工件在夹具中加工的精度分析

1. 保证加工精度的条件

为了保证夹具设计的正确性，首先要在设计图样上对夹具的精度进行分析。

用夹具装夹工件进行加工时，其工序误差可用不等式 $\Delta_D + \Delta_A + \Delta_T + \Delta_G < \delta_K$ 表示。由于各种误差均为独立的随机变量，故应将各误差用概率法叠加，即

$$\sqrt{\Delta_D^2 + \Delta_A^2 + \Delta_T^2 + \Delta_G^2} \leqslant \delta_K$$

式中　Δ_D——定位误差（mm）；

Δ_A——夹具的安装误差（mm）；

Δ_T——刀具的调整误差（mm）；

Δ_G——与加工方法有关的误差，包括机床误差、刀具误差、变形误差等（mm）；

δ_K——工件的工序尺寸公差（mm）。

上述各项误差中，与夹具直接有关的误差为 Δ_D、Δ_A、Δ_T 三项，可用极限法计算。加工方法误差 Δ_G 具有很大的偶然性，很难精确计算，通常这项误差可按机床精度，并取 $\delta_K/3$ 作为估算的范围和储备精度之用。

2. 机床夹具加工精度分析实例

下面以钻床夹具为例，说明几何精度的标注方法以及对加工精度的影响。一般钻床夹具的加工精度是很低的，故当零件精度要求较高时，应采用导柱铰刀加工，以减小导向误差。图 3-25 所示为短轴零件简图。加工 $\phi16H9$ 孔，加工孔的几何精度要求为：

1) $\phi16H9$ 孔对 $\phi50h7$ 外圆轴线的垂直度公差 δ_{K1} 为 0.1mm/100mm。

2) $\phi16H9$ 孔对 $\phi50h7$ 外圆轴线的对称度公差 δ_{K2} 为 0.1mm。

夹具的结构和几何精度的标注如图 3-26 所示。图中标注了三项几何公差。

位置精度（$\delta_{K1}=0.01mm/100mm$，$\delta_{K2}=0.10mm$）校核如下。

① 影响位置精度 δ_{K1} 的因素有三项：

$$\Delta_D = \frac{0.01mm}{100mm}（V形块标准圆对夹具体基面 B 的平行度）$$

$$\Delta_A = \frac{0.02mm}{100mm}（铰套轴线对夹具体基面 B 的垂直度）$$

$$\Delta_T = \frac{(0.05-0.014)mm}{48mm} = \frac{0.075mm}{100mm}（铰刀尺寸为 \phi16^{+0.026}_{+0.014}mm 时的歪斜）$$

按概率法计算得

$$\sqrt{\left(\frac{0.01}{100}\right)^2+\left(\frac{0.02}{100}\right)^2+\left(\frac{0.075}{100}\right)^2}\frac{mm}{mm} = \frac{0.078mm}{100mm} < \delta_{K1}$$

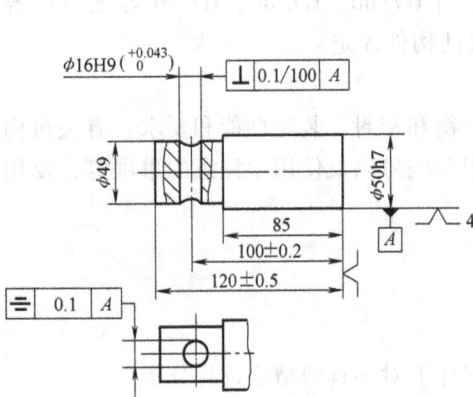

图 3-25　短轴零件简图

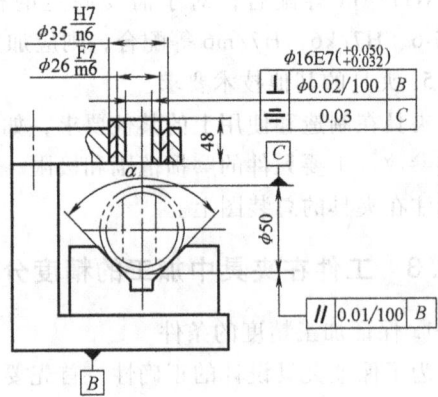

图 3-26　钻床夹具实例

② 影响位置精度 δ_{K2} 的因素有两项：

$\Delta_{T1} = 0.03mm$（铰套中心对 V 形块标准圆柱的对称度）

$\Delta_{T2} = (0.050-0.014)mm = 0.036mm$（铰刀与铰套的配合间隙）

将误差合成得

$$\sqrt{0.03^2+0.036^2}\,mm = 0.046mm < \delta_{K2}$$

以上两项夹具误差的合成，并未考虑加工误差 Δ_G 的影响。若考虑到 Δ_G 以及夹具的磨损造成的精度损失，则可知此夹具精度较低。

3.3.4　夹具的结构工艺性

1. 夹具的制造特点

夹具通常是单件生产，且制造周期很短。为了保证工件的加工要求，很多夹具要有较高的制造精度。企业的工具车间有多种加工设备，例如加工孔系的坐标镗床，加工复杂形面的万能铣床、精密车床和各种磨床等，都具有较好的加工性能和加工精度。夹具制造中，除了生产方式与一般产品不同外，在应用互换性原则方面也有一定的限制，以保证夹具的制造精度。

2. 保证夹具制造精度的方法

对于与工件加工尺寸直接有关的且精度较高的部位，在夹具制造时常用调整法和修配法来保证夹具精度。

（1）修配法的应用　对于需要采用修配法的零件，可在其图样上注明"装配时精加工"或"装配时与××件配作"等字样。如图 3-27 所示，支承板和支承钉装配后，与夹具体合并加工定位面，以保证定位面对夹具体基面 A 的平行度公差。

图 3-28 为一钻床夹具保证钻套孔距尺寸 10mm±0.02mm 的方法。在夹具体 2 和钻模板 1 的图样上注明"配作"字样，其中钻模板上的孔可先加工至留 1mm 余量的尺寸，待测量出正确的孔距尺寸后，即可与夹具体合并加工出销孔 B。显然，原图上的 A_1、A_2 尺寸已被修正。这种方法又称"单配"。图 3-29 为用单配的方法保证标准圆轴线对夹具体找正面 A 的平行度公差。

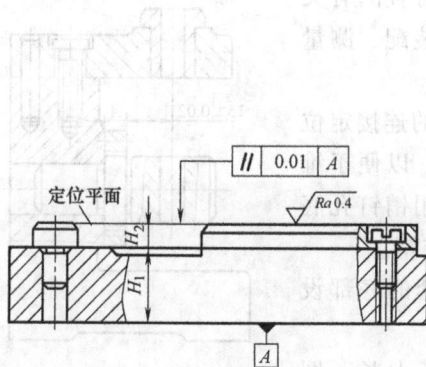

图 3-27　支承板和支承钉合并加工
保证几何精度的方法

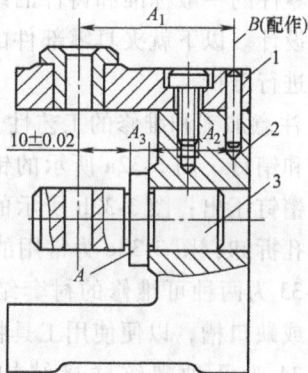

图 3-28　钻模的修配法
1—钻模板　2—夹具体　3—定位轴

车床夹具的安装误差 Δ_A 较大，对于同轴度要求较高的加工，可在所使用的机床加工出定位面来。如车床夹具的测量工艺孔和校正圆的加工，可通过过渡盘和所使用的车床连接后直接加工出来，从而使该两个加工面的中心线和车床主轴轴线重合，获得较精确的几何精度。又如图 3-30 所示为采用机床自身加工的方法。加工时需夹持一个与装夹直径相同的试件（夹紧力也相似），然后车削软爪即可使自定心卡盘达到较高的精度，卡盘重新安装时需再加工卡爪的定位面。

镗床夹具也常采用修配法，例如将镗套的内孔与所使用的镗杆的实际尺寸单配，间隙在 0.008~0.01mm 内，即可使镗模具有较高的导向精度。

夹具的修配法都步及夹具体的基面，从而不致使各种误差累积，达到预期的精度要求。

（2）调整法的应用　调整法与修配法相似，在夹具上通常可设置调整垫圈、调整垫板、调整套等元件来控制装配尺寸。这种方法较简易，调整件选择得当即可补偿其他元件的误差，以提高夹具的制造精度。

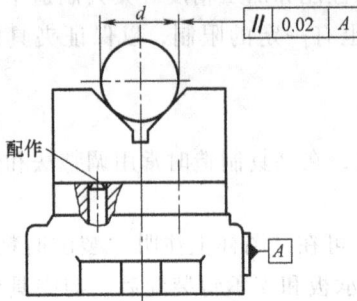

图 3-29　铣床夹具保证几何精度的方法

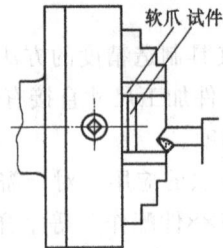

图 3-30　自定心卡盘的修配法

如将图 3-28 的钻模改为调整结构，则只要增设一个支承板（图 3-31），待钻模板装配后再按测量尺寸修正支承板的尺寸 A 即可。

3. 结构工艺性

夹具的结构工艺性主要表现为夹具零件制造、装配、调试、测量、使用等方面的综合性能。夹具零件的一般标准和铸件的结构要素等，均可查阅有关手册进行设计。以下就夹具零部件的加工、维修、装配、测量等工艺性进行分析。

（1）注意加工和维修的工艺性　夹具主要元件的连接定位采用螺钉和销钉，图 3-32a 所示的销钉孔制成通孔，以便于维修时能将销钉压出；图 3-32b 所示的销钉则可以利用销钉孔底部的横向孔拆卸；图 3-32c 为常用的带内螺纹的圆锥销。

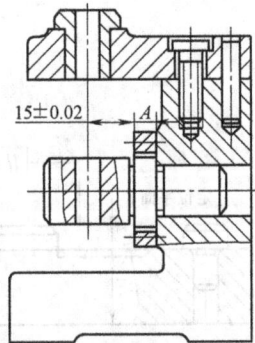

图 3-33 为两种可维修的衬套结构，它们在衬套的底部设计有螺孔或缺口槽，以便使用工具将其拔出。

图 3-34 为几种螺纹联接结构。图 3-34a 螺孔太长；图 3-34d 所用的螺钉太长且突出外表面，在设计时都要避免。

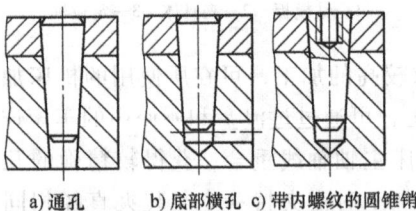

图 3-31　钻模的调整法

a) 通孔　b) 底部横孔 c) 带内螺纹的圆锥销

图 3-32　销孔联接的工艺性

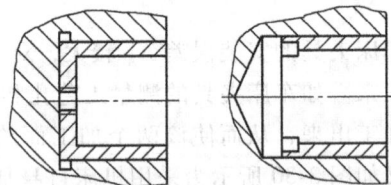

图 3-33　衬套连接的工艺性

（2）注意装配测量的工艺性　夹具的装配测量是夹具制造的重要环节。无论是修配法或调整法装配，还是用检具检测夹具精度时，都应处理好基准问题。

为了使夹具的装配、测量具有良好的工艺性，应遵循基准统一原则，以夹具体的基面为统一的基准，以便于装配、测量、保证夹具的制造精度。

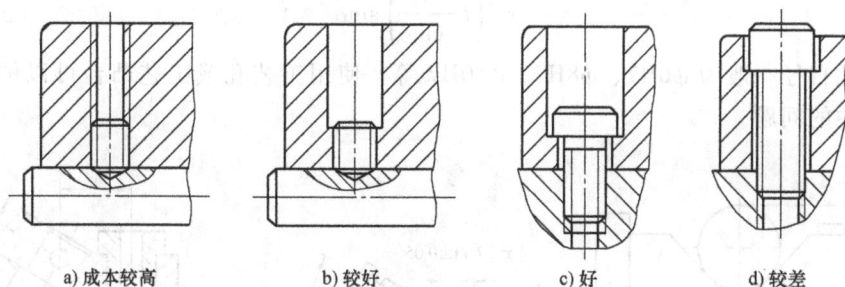

| a) 成本较高 | b) 较好 | c) 好 | d) 较差 |

图 3-34　螺纹联接的工艺性

图 3-35 为用数显游标高度尺测量钻模孔距的方法。由于盖板钻模没有夹具体，故直接用钻模板及定位元件为测量基准。

图 3-36 为用检验棒和量块测量 V 形块标准圆中心高和平行度的方法。

图 3-37 为检验棒测量镗模导向孔平行度的方法。装配时可通过修刮支架的底面来保证镗模的中心高尺寸和平行度要求。

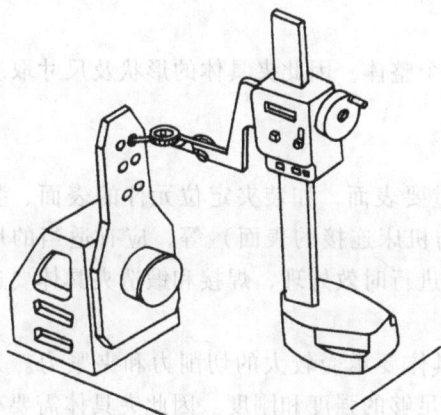

图 3-35　盖板式钻模的测量

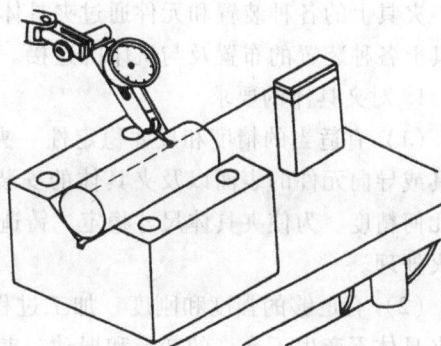

图 3-36　测量 V 形块的精度

当夹具体的基面不能满足上述要求时，可设置工艺孔或工艺凸台。图 3-38 为两种常用的工艺方法。图 3-38a 为测量 V 形架中心位置的工艺凸台，可控制其尺寸 A。当尺寸较复杂时，可用工艺孔控制，如图 3-38b 所示的测量定位销座位置的工艺孔 K。当工件中心高为 44mm 时，可先设定工艺孔至定位座底面的高度尺寸为 60mm±0.05mm，工艺孔水平方向的尺寸 x 可计算得

$$x = (60-44)\,\text{mm}/\tan 30° = 27.71\text{mm}$$

图 3-38c 为测量钻套位置的工艺孔，图中 l、α 为已知数，L 为设定尺寸，则

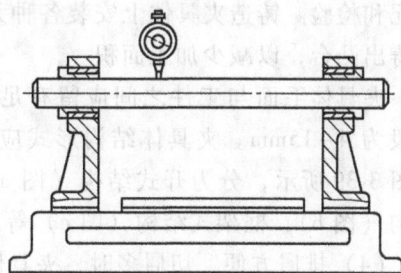

图 3-37　镗模导向孔平行度的检测

$$x = \left(l - \frac{L}{\tan\alpha} \right) \sin\alpha$$

工艺孔直径一般为 $\phi6H7$、$\phi8H7$、$\phi10H7$ 等。使用工艺孔或工艺凸台可以解决上述装配、测量中的问题。

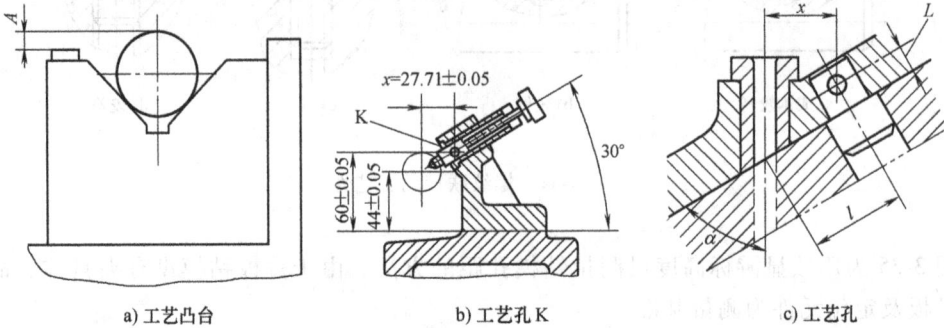

a) 工艺凸台　　　　　　　b) 工艺孔 K　　　　　　c) 工艺孔

图 3-38　工艺凸台和工艺孔的应用

3.3.5　夹具体设计

夹具上的各种装置和元件通过夹具体连接成一个整体。因此夹具体的形状及尺寸取决于夹具上各种装置的布置及与机床的连接。

1. 对夹具体的要求

（1）有适当的精度和尺寸稳定性　夹具上的重要表面，如装夹定位元件的表面、装夹刀具或导向元件的表面以及夹具体的安装基面（与机床连接的表面）等，应有适当的尺寸和几何精度。为使夹具体尺寸稳定，铸造夹具体要进行时效处理，焊接和锻造夹具体要进行退火处理。

（2）有足够的强度和刚度　加工过程中，夹具体要承受较大的切削力和夹紧力。为保证夹具体不产生不允许的变形和振动，夹具体应有足够的强度和刚度。因此夹具体需要有一定的壁厚，铸造和焊接夹具体常设置加强肋，或在不影响工件装卸的情况下采用框架式夹具体，如图 3-39c 所示。

（3）结构工艺性要好　夹具体应便于制造、装配和检验。铸造夹具体上安装各种元件的表面应铸出凸台，以减少加工面积。

夹具体毛面与工件之间应留有足够的间隙，一般为 4～15mm。夹具体结构形式应便于装卸，如图 3-39 所示，分为开式结构（图 a）、半开式结构（图 b），框架式结构（图 c）等。

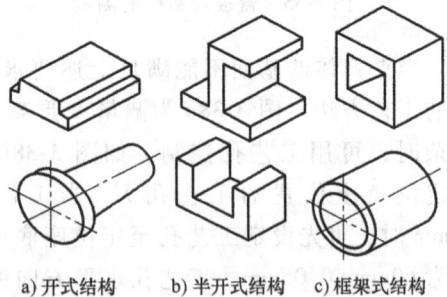

a) 开式结构　　b) 半开式结构　　c) 框架式结构

图 3-39　夹具体结构形式

（4）排屑方便　切屑多时，夹具体上应考虑排屑结构。如图 3-40a，在夹具体上开排屑槽。图 3-40b 为在夹具体下部设置排屑斜面，斜角可取 30°～50°。

（5）在机床上安装稳定可靠　夹具在机床上的安装都是通过夹具上的安装基面与机床

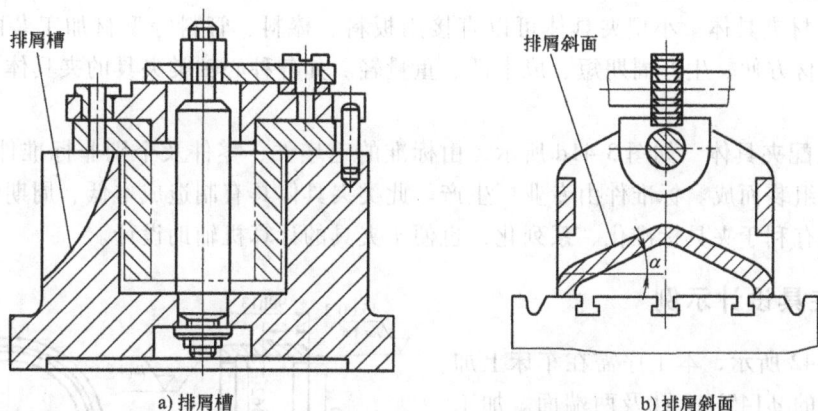

图 3-40 夹具体上设置排屑结构

上相应表面的接触或配合实现的。当夹具在机床工作台上安装时，夹具的重心应尽量低，重心越高则支承面应越大；夹具底面四边应凸出，使其接触良好，或底部设置四个支脚（见有关机床夹具设计手册）。当夹具在机床主轴上安装时，夹具安装基面与主轴相应表面应有较高的配合精度，并保证安装稳定可靠。

2. 夹具体毛坯的类型

（1）铸造夹具体 如图 3-41a 所示，铸造夹具体的优点是工艺性好，可铸出各种复杂形状，具有较好的抗压强度、刚度和抗振性。但生产周期长，需进行时效处理，以消除内应力。常用材料为灰铸铁，如 HT200，要求强度高时用铸钢，如 ZG270—500，要求重量轻时用铸铝，如 ZAlSi9Mg（ZL104）。目前铸造夹具体应用较广。

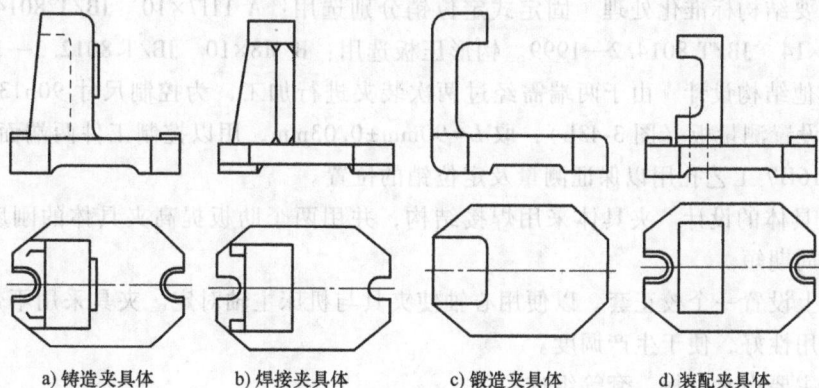

图 3-41 夹具体毛坯类型

（2）焊接夹具体 如图 3-41b 所示，它由钢板、型材焊接而成，制造方便、生产周期短、成本低、重量轻（壁厚比铸造夹具体薄）。但焊接夹具体的热应力较大，易变形，需经退火处理，以保证夹具体尺寸的稳定性。

（3）锻造夹具体 如图 3-41c 所示，它适用于形状简单、尺寸不大、要求强度、刚度大的场合。锻造后也需经退火处理。此类夹具体应用较少。

（4）型材夹具体　小型夹具体可以直接用板料、棒料、管料等型材加工装配而成。这类夹具体取材方便、生产周期短、成本低、重量轻。如各种心轴类夹具的夹具体及钢套钻模夹具体。

（5）装配夹具体　如图 3-41d 所示，由标准的毛坯件、零件及个别非标准件通过螺钉、销钉联接、组装而成。标准件由专业厂生产。此类夹具体具有制造成本低、周期短、精度稳定等优点，有利于夹具标准化、系列化，也便于夹具的计算机辅助设计。

3.3.6　夹具设计示例

如图 3-42 所示，本工序需在车床上加工壳体零件的 φ145H10 孔及两端面。加工工艺要求为 φ145H10 孔距尺寸 116mm ± 0.3mm，端面距尺寸 45mm ± 0.2mm，90h13；生产纲领为中批生产。

（1）定位方案设计　采取基准重合原则，选用底平面和两个 φ11H8 孔为定位基准，定位方案如图 3-42 所示。支承板限制工件的 $\vec{z}$、$\hat{x}$、$\hat{y}$ 三个自由度，圆柱销限制 $\vec{x}$、$\vec{y}$ 两个自由度，菱形销限制工件的 $\hat{z}$ 自由度。

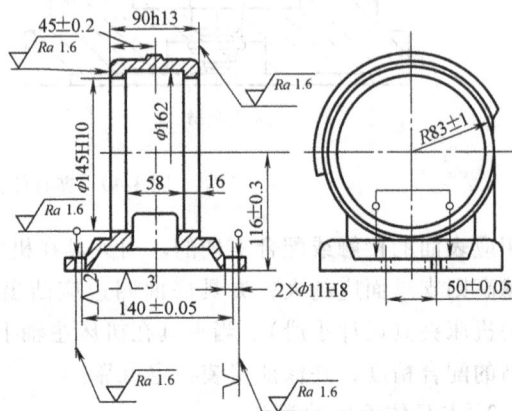

图 3-42　壳体零件简图

（2）夹紧方案设计　采取四个夹紧点夹紧工件，用钩形压板联动夹紧机构。如图3-43b、c 所示，两对钩形压板通过杠杆将工件在两处夹紧，其结构紧凑、操作方便。

（3）主要结构标准化处理　固定式定位销分别选用：A 11f7×10　JB/T 8014.2—1999；B 10.942h6×14　JB/T 8014.2—1999。钩形压板选用：B M8×10　JB/T 8012.2—1999。

（4）其他结构设计　由于两端需经过两次装夹进行加工，为控制尺寸 90h13 和 45mm ± 0.2mm，故设置测量板（图 3-43b），取 $L=90mm\pm0.03mm$，用以控制工件两端面的对称度。另设置的 φ16H7 工艺孔用以保证测量及定位销的位置。

（5）夹具体的设计　夹具体采用焊接结构，并用两个肋板提高夹具体的刚度，其结构紧凑、制造周期短。

夹具体上设置一个校正套，以便用心轴使夹具与机床主轴对定。夹具采用不带止口的过渡盘，故通用性好，便于生产调度。

夹具体主要由盘、板、套等组成。

（6）总体设计　夹具总图通常可按定位元件、夹紧装置以及夹具体等结构顺序绘制。特别应注意表达清楚定位元件、夹紧装置与夹具体的装配关系。

图 3-44 为所设计的夹具装配图。圆形支承板 6 装配在角铁面上，两个固定式定位销成对角线布置，销距尺寸计算为 148.7mm ± 0.02mm。工艺孔位置取对称的中心位置尺寸 70mm±0.015mm。测量板位置取 90mm±0.03mm；定位面尺寸取 116mm±0.01mm。这些尺寸公差对夹具的精度都有不同程度的影响。

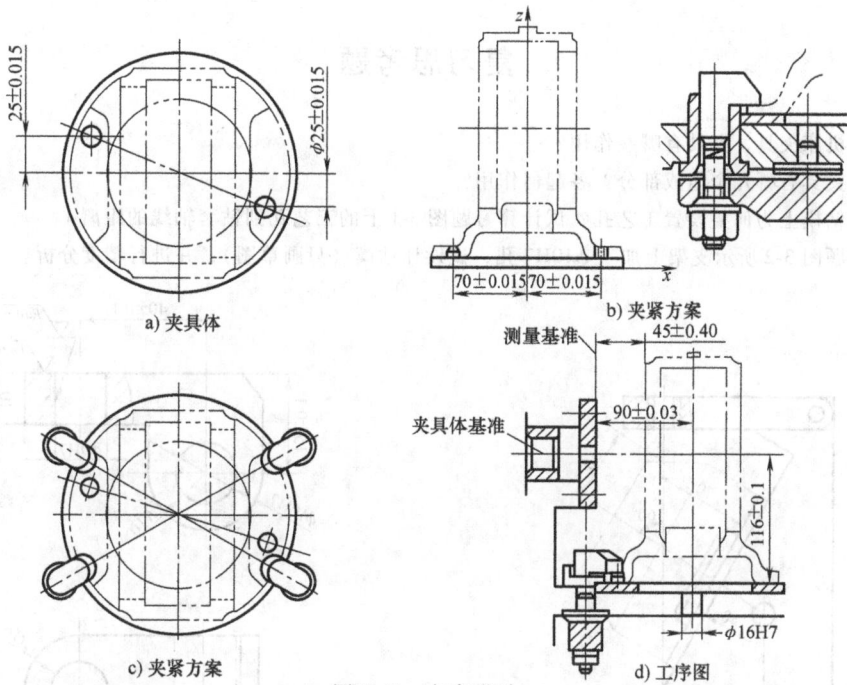

a) 夹具体

b) 夹紧方案

测量基准　45±0.40

夹具体基准

c) 夹紧方案

d) 工序图

图 3-43　方案设计

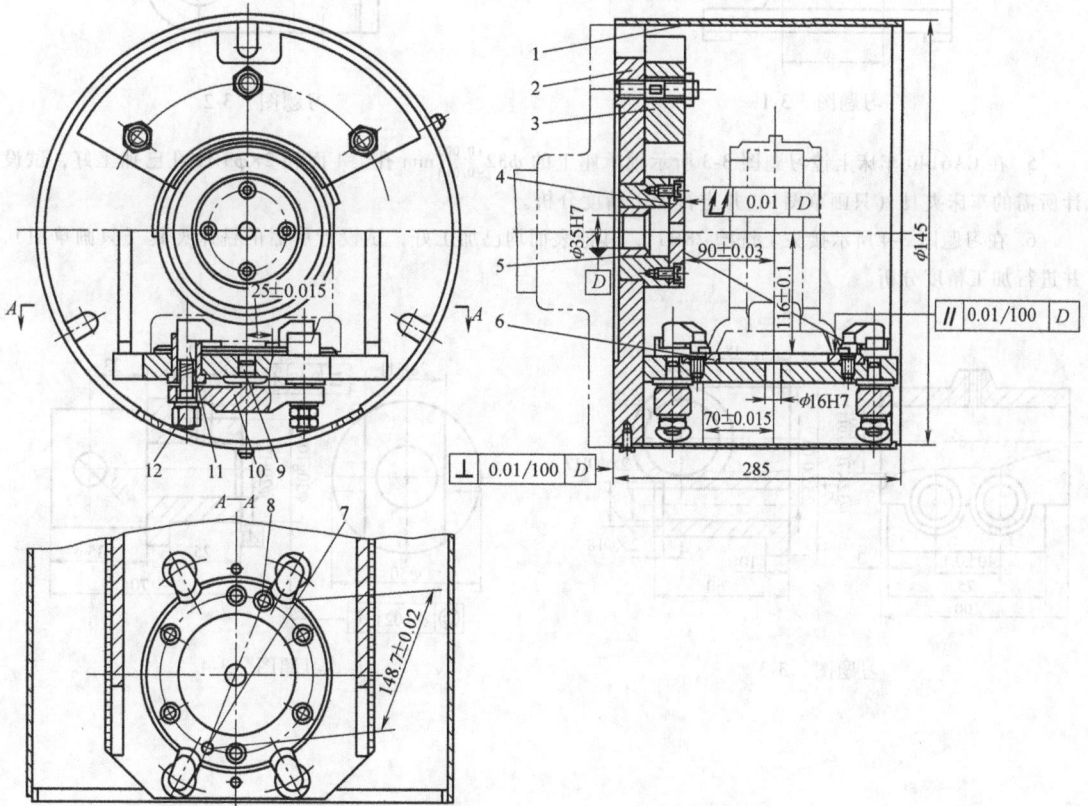

图 3-44　车床夹具装配图
1—防屑板　2—夹具体　3—平衡　4—测量板　5—基准套　6—支承板　7—菱形销
8—定位销　9—支承销　10—杠杆　11—钩形压板　12—螺母

复习思考题

1. 何谓机床夹具，夹具有哪些作用？

2. 机床夹具有哪几个组成部分？各起何作用？

3. 斜孔钻模上为何要设置工艺孔？试计算习题图 3-1 上的工艺孔到钻套轴线的距离 x。

4. 在习题图 3-2 所示支架上加工 ϕ10H7 孔，试设计钻模（只画草图），并进行精度分析。

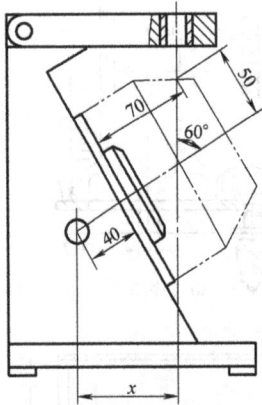

习题图　3-1

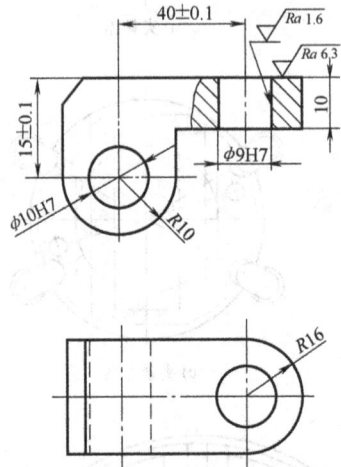

习题图　3-2

5. 在 CA6140 车床上镗习题图 3-3 所示轴承座上的 $\phi 32^{+0.007}_{-0.018}$ mm 孔，A 面和 $2\times\phi$9H7 孔已加工好，试设计所需的车床夹具（只画草图），并进行加工精度分析。

6. 在习题图 3-4 所示接头上铣槽 28H11，其他表面均已加工好，试设计所需的铣床夹具（只画草图），并进行加工精度分析。

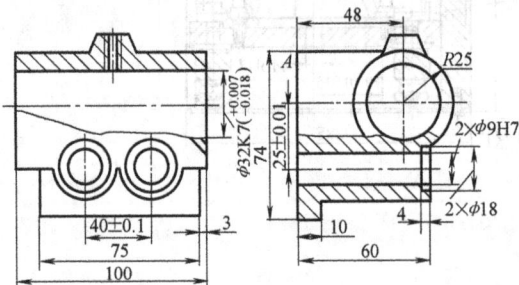

习题图　3-3

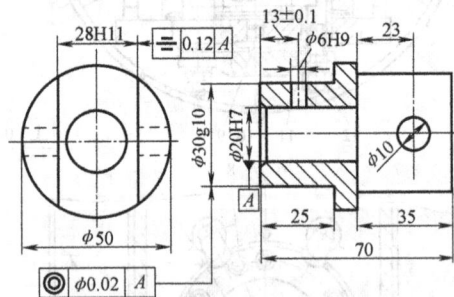

习题图　3-4

第4章 机械加工精度

4.1 概述

4.1.1 机械加工精度的概念

机械加工精度（简称加工精度）是指零件加工后的实际几何参数对理想几何参数的符合程度。他们之间的偏离程度即为加工误差。加工误差越大，则加工精度越低，反之越高。机械加工中是用控制加工误差来保证零件的加工精度。加工精度包括零件的尺寸精度、形状精度、相互位置精度、方向精度和跳动精度。

4.1.2 影响加工精度的原始误差

机械加工时，机床、刀具、夹具和工件等组成了一个工艺系统，工艺系统的各个部分在加工过程中应该保持严格的相对位置关系。由于受到许多因素的影响，系统的各个环节难免会产生一定的偏移，使工件和刀具间相对位置的准确性受到影响，从而引起加工误差。原始误差即导致工艺系统各环节产生偏移的这些因素的总称。原始误差中，有的取决于工艺系统的初始状态，有的与切削过程有关。

下面以外圆车削为例，说明原始误差与加工误差的关系。

如图 4-1 所示，车外圆时，当原始误差使刀具相对于工件沿径向偏移一个 δ 时，就会使工件直径产生一个 2δ 的加工误差；如果原始误差使刀具相对于工件沿切向偏移一个 δ 时，则工件半径的加工误差为

$$\Delta = \sqrt{R^2+\delta^2} - R = \frac{R^2+\delta^2-R^2}{\sqrt{R^2+\delta^2}+R} = \frac{\delta^2}{\sqrt{R^2+\delta^2}+R} \approx \frac{\delta^2}{2R} = \frac{\delta^2}{D}$$

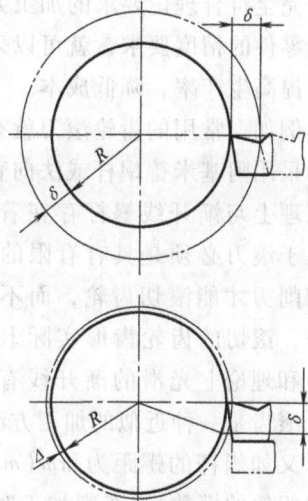

(4-1)

图 4-1 原始误差与加工误差的关系

由式（4-1）可以看出，半径误差 Δ 与相对位移量 δ 相比是高阶小量，一般可忽略不计。通过分析可知，其他方向的原始误差对加工精度的影响情况介于上述两种情况之间。即：当原始误差的方向发生在加工表面法线方向时，引起的加工误差最大；当原始误差的方向发生在加工表面的切线方向时，引起的加工误差最小，一般可以忽略不计。为了便于分析原始误差对加工精度的影响程度，我们把对加工精度影响最大的那个方向（即通过切削刃的加工表面的法向）称为误差的敏感方向，而把对加工精度影响最小的那个方向（即通过切削刃的加工表面的切向）称为误差的不敏感方向。在分析加工精度问题时，要注重误差敏感方

向的原始误差情况。

1. 与工艺系统初始状态有关的主要原始误差

（1）原理误差　加工原理上存在的误差。

（2）工艺系统几何误差　主要包括机床、刀具、夹具的制造误差和磨损，系统调整误差，工件定位误差和夹具、刀具安装误差等。实际上，切削加工中的原理误差也属于几何误差，只是因为其原因特别，所以予以区分。

2. 与切削过程有关的主要原始误差

（1）工艺系统力效应产生的变形　包括系统受力变形，工件内应力变形等。

（2）工艺系统热效应产生的变形　在系统工作中出现的热源的影响下引起的变形。

此外，环境的温度条件，测量方法和工人的技术水平等，也对加工精度有影响。

4.2　工艺系统几何误差

4.2.1　加工原理误差（理论误差）

原理误差即是在加工中由于采用近似的加工运动、近似的刀具轮廓和近似的加工方法而产生的原始误差。

完全符合理论要求的加工方法，有时很难实现，甚至是不可能的。这种情况下，只要能满足零件的精度要求，就可以采用近似的方法进行加工。这样能够使加工难度大为降低，有利于提高生产率，降低成本。

例如，常用的齿轮滚刀就有两种原理误差：一是近似造形原理误差，即由于制造上的困难，采用阿基米德蜗杆或法向直廓基本蜗杆代替渐开线基本蜗杆，这两种蜗杆的螺旋面在成形原理上与渐开线蜗杆存在着差异；二是由于滚刀必须是具有有限的前后刀面和切削刃才能滚切齿轮，而不是连续的蜗杆，滚切的齿轮齿形实际上是一根折线，和理论上光滑的渐开线有差异。所以，滚齿是一种近似的加工方法。

又如蜗杆的螺距为 πm（m 为与之啮合的蜗轮的模数），车削加工时，由于 π 是无理数，无法精确选配交换齿线轮齿数，只能用近似于 π 的分数值来计算交换齿轮，从而产生了原理误差。这一原理误差使得成形运动不准确，造成螺距误差。

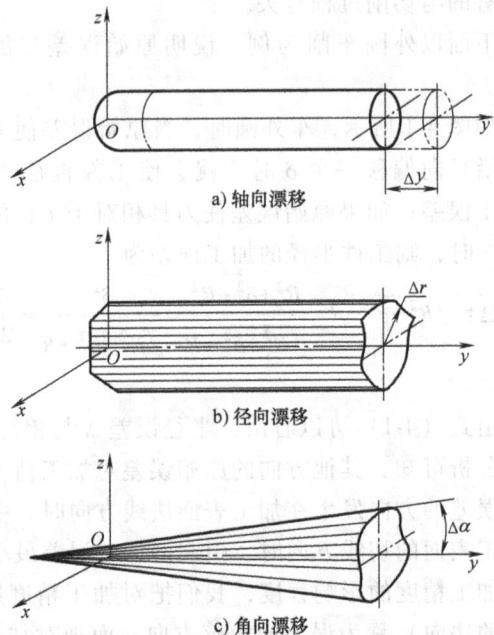

a) 轴向漂移

b) 径向漂移

c) 角向漂移

图 4-2　主轴回转轴线误差运动

4.2.2　机床几何误差

机床几何误差包括机床制造、磨损和装配误差。其中主轴回转误差、导轨导向误差和传动链误差是影响加工精度的主要因素。

1. 主轴回转误差

主轴回转轴线的误差运动，可分为三种基本形式：

（1）轴向漂移 瞬时回转轴线沿平均回转轴线方向的漂移运动（图 4-2a）。它主要影响所加工工件的端面形状精度而不影响圆柱面的形状精度（图 4-3）。在加工螺纹时则影响螺距精度。

（2）径向漂移 瞬时回转轴线始终平行于平均回转轴线，但沿 x 轴和 z 轴方向有漂移运动（图 4-2b），因此在不同横截面内，轴心的误差运动轨迹都是相同的。径向漂移运动对加工精度的影响要看加工的具体情况而定。如图 4-4 所示，在车削加工中对工件圆柱面的形状精度无影响，而在镗床上镗孔时则对孔的形状精度有影响，如图 4-5 所示。

由图 4-5 可知

$$y = A\cos\phi + R\cos\phi$$
$$z = R\sin\phi$$

对两式平方后相加，则得

$$\frac{y^2}{(R+A)^2} + \frac{z^2}{R^2} = 1$$

这是一个长半轴为（$R+A$）、短半轴为 R 的椭圆方程，它代表孔横截面形状，由方程知道，孔存在大小为 $2A$ 的圆度误差。

（3）角向漂移 瞬时回转轴线与平均回转轴线成一倾斜角，但其交点位置固定不变的漂移运动（图 4-2c）。因此，在不同横截面内，轴心的误差运动轨迹是相似的。角向漂移运动主要影响所加工工件圆柱面的形状精度，同时对端面的形状精度也有影响。

实际上，主轴工作时其回转轴线的漂移运动总是上述三种漂移运动的合成，故不同横截面内轴心的误差运动轨迹既不相同，又不相似，既影响所加工工件圆柱面的形状精度，又影响端面的形状精度。

主轴回转轴线漂移的原因，主要有：轴承的误差、轴承间隙、与轴承配合零件的误差、主轴系统工作时的受力变形和热变形以及回转过程多方面的动态因素。

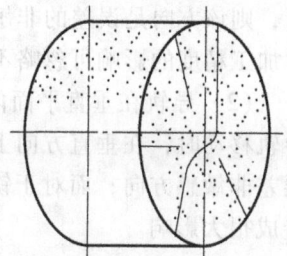

图 4-3 主轴轴向漂移对端面加工的影响

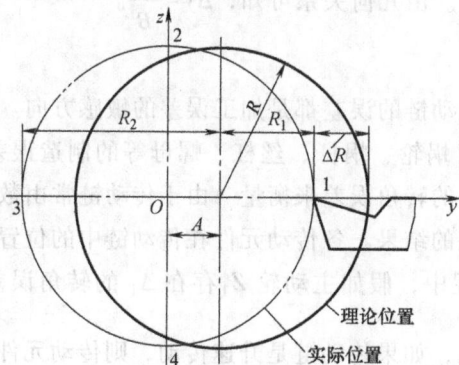

图 4-4 车削时几何偏心引起的径向圆跳动对圆度的影响

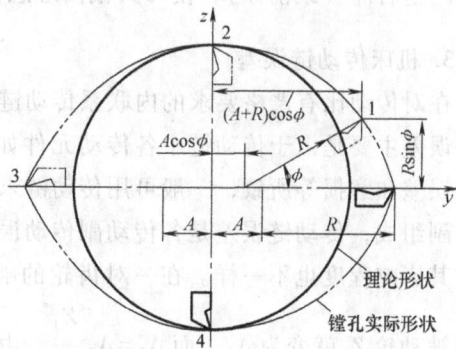

图 4-5 镗孔时主轴几何偏心引起的径向圆跳动对孔的圆度的影响

提高主轴回转精度的途径：通过上面分析可知，主轴回转误差对加工精度有显著影响。为了提高主轴回转精度，不但要根据机床精度要求选择相应精度等级的轴承，还需要恰当确定支承轴颈、支承座孔等有关零件的精度及其与轴承的配合精度，并严格保证装配质量要求。只有这样，才能获得高的回转精度。

2. 机床导轨误差

在各类机床上进行机械加工时一般都需要机床的某些运动部件完成直线运动，该运动大多作为加工中的进给运动。加工中进给运动的精度高低直接关系到加工精度的好坏。机床导轨副是实现直线运动的主要导向部件，其制造、装配精度和使用中的磨损程度是影响直线运动精度的主要因素。现以水平设置的导轨结构为例，说明机床导轨误差的形式及其影响。

（1）导轨在水平面内的直线度误差　如图 4-6 所示，导轨如果存在水平方向的直线度误差，则导轨上的移动部件沿导轨直线移动时，将在水平方向偏离理想位置。对于在车床、外圆磨床上加工外圆来讲，这是加工误差的敏感方向，在工件的半径上造成等量的误差；对于在铣床、刨床上加工垂直面来说，它也是敏感方向。但如果是在平面磨床上磨削水平面或在铣床、刨床上加工水平面，则该方向是误差的非敏感方向，该误差对加工精度的影响可忽略不计。

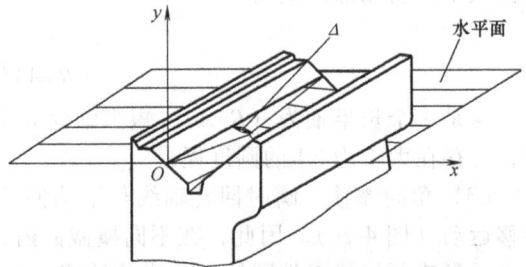

图 4-6　导轨在水平面内的直线度误差

（2）导轨在垂直平面内的直线度误差　导轨在磨损后都会出现这种情况。移动部件沿导轨移动时，在垂直方向上偏离理想位置。如图 4-7 所示。这对于车、磨床加工外圆时，为误差非敏感方向；而对于铣、刨、磨水平面的加工，却是误差的敏感方向，该误差会对加工造成很大影响。

（3）导轨面间的平行度误差　图 4-8 是车床床身的两条平行导轨，其平行度误差（扭曲）是指导轨在水平方向的倾斜，且两导轨面不一致。在某一截面上就出现了图示的状况：床鞍产生后仰（或前倾），使刀具偏离理想位置 Δy。由几何关系可知，$\Delta y = \dfrac{H\Delta}{B}$。

3. 机床传动链误差

在对传动比有严格要求的内联系传动链中，传动链的误差都是加工误差的敏感方向。传动链误差主要是由于传动链中各传动元件如齿轮、蜗轮、蜗杆、丝杠、螺母等的制造误差、装配误差和磨损等所致，一般可用传动链末端元件的转角误差来衡量。由于传动链常由数个传动副组成，传动链误差是各传动副传动误差累积的结果。各传动元件在传动链中的位置不同，其影响程度也不一样。在一对齿轮的啮合过程中，假如主动轮 Z_1 存在 Δ_1 的转角误差，传到被动轮 Z_2 就变为 Δ_2，而 $\Delta_2 = \Delta_1 \dfrac{Z_1}{Z_2}$。由此可见，如果传动链是升速传动，则传动元件的转角误差被扩大；反之，则转角误差被缩小。机床的传动系统较多是降速的，因此其末端元件的误差对加工精度的影响最大，精度要求应最高。

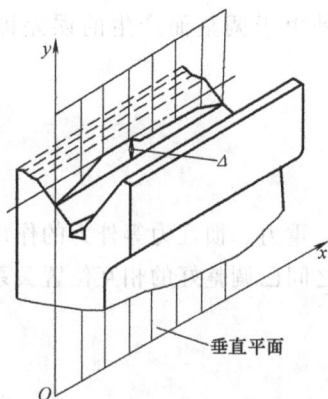

图 4-7　导轨在垂直平面内
的直线度误差

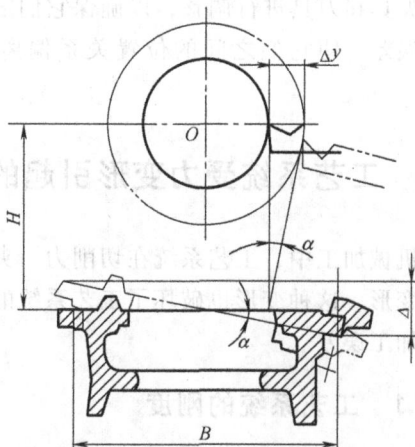

图 4-8　机床导轨面的平行度误差

4.2.3　工艺系统中的刀具和夹具误差

（1）刀具误差　一般刀具（如普通车刀、单刃镗刀和铣平面的铣刀等）的制造误差不直接影响加工精度，但在加工时，其切削过程中的磨损将造成一定的加工误差。例如，车削长轴时，由于刀具的磨损，工件的纵剖面将出现锥度。为了减小刀具磨损对加工精度的影响，应根据工件的材料和加工要求，合理选择刀具材料、切削用量和冷却润滑方法。

用定尺寸刀具（如钻头、绞刀、拉刀等）加工时，刀具的制造误差和使用过程中的磨损都将直接影响工件的尺寸精度，刀具安装不正确也会影响工件的尺寸精度。

用成形刀具加工时，刀具的形状误差将直接影响工件的形状精度，用刀具对工件表面进行展成加工时，刀具的切削刃形状及有关尺寸和技术条件也会直接影响工件的加工精度。另外这类刀具使用过程中的磨损都会造成加工误差。

（2）夹具误差　夹具误差主要是指由于定位元件、刀具导向装置、分度机构以及夹具的零、部件的制造误差，引起定位元件工作面间、导向元件间、定位工作面与对刀面或导向元件工作面间，以及定位工作面与夹具在机床上的定位面间等的尺寸误差和几何误差。夹具误差将直接影响加工表面的几何精度或尺寸精度。例如平面定位时支承钉的等高性误差将直接影响加工表面的方向精度；各钻模套间的尺寸误差和平行度（或垂直度）误差将直接影响所加工孔系的尺寸精度和方向精度。

4.2.4　工艺系统的定位误差和调整误差

工件与刀具、夹具夹装在机床上或工件装在夹具上，均应保证它们之间一定的相互位置关系，但由于定位、调整不可避免地存在误差，影响它们之间的相互位置关系，因而影响工件的加工精度。

定位误差在前面章节中已详细讲解，这里不再赘述。

零件加工的每一个工序中，为了获得被加工表面的形状、尺寸和位置精度，必须对机床、夹具和刀具进行调整，以确保它们之间的相互位置关系正确。任何调整工作必然会带来一些误差，使它们之间的位置关系偏离理想状态。这种由于调整而产生的误差即为调整误差。

4.3　工艺系统受力变形引起的加工误差

机械加工中，工艺系统在切削力、夹紧力、传动力、重力、惯性力等外力的作用下，会发生变形，这种变形也破坏了工艺系统的切削刃与工件之间已调整好的相互位置关系，从而产生加工误差。

4.3.1　工艺系统的刚度

1. 刚度的概念

弹性系统在载荷作用下产生的变形量大小，取决于载荷大小、载荷性质和弹性系统的刚度大小。根据胡克定律，作用力 F（静载）与在作用力方向上产生的变形量 y 的比值，称为物体的静刚度 k（简称刚度）。换句话说，物体的刚度是使物体产生单位变形所需的力，或者说是物体抵抗外力欲使其变形的能力。

$$k = \frac{F}{y} \tag{4-2}$$

式中　k——静刚度（N/mm）；

　　　F——作用力（N）；

　　　y——沿作用力 F 方向的变形量（mm）。

由机床、夹具、刀具和工件组成的工艺系统，在切削力、传动力、惯性力、夹紧力以及重力等的作用下，将产生相应的变形（弹性变形和塑性变形）和振动。这种变形和振动，将破坏刀具和工件之间的成形运动的位置关系和速度关系，还影响切削运动的稳定性，从而产生各种加工误差和表面粗糙度。

例如车削细长轴时（图 4-9），在切削力的作用下，工件因弹性变形而出现"让刀"现象。随着刀具的进给，在工件的全长上切削深度将会由多变少，然后再由少变多，结果使零件产生腰鼓形。再如精磨外圆时，一般到磨削后期需进行"无进给磨削"或称"光磨"，此时砂轮虽无进给，但磨削时火花继续存在，且先多后少，直至最后消失。这就是用

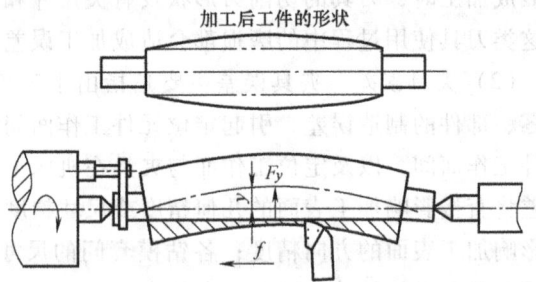

图 4-9　车削细长轴时的变形

多次无进给磨削消除工艺系统的受力变形，以保证零件的加工精度和表面粗糙度。

由此可见，工艺系统的受力变形是加工中一项很重要的原始误差。它不仅严重地影响加工精度，而且还影响表面质量，也限制切削用量和生产率的提高。

切削加工中，工艺系统各部分在各种外力作用下，将在各个受力方向产生相应的变形。其中，对加工精度影响最大的那个方向上的力和变形的分析计算将更有意义。因此，工艺系

统刚度 k_{xt} 定义为：零件加工表面法向分力 F_y，与刀具在切削力作用下相对工件在该方向上位移 y_n 的比值，即

$$k_{xt} = \frac{F_y}{y_n} \qquad (4-3)$$

法向分力 F_y 一般指切削力在工件径向的分力（如车削或磨削）。法向位移 y_n，一般应包括切削分力 F_y、F_z 及 F_x 在径向所引起的变形，如图 4-10 所示（F_x 分力图中未示出）。一般写为：

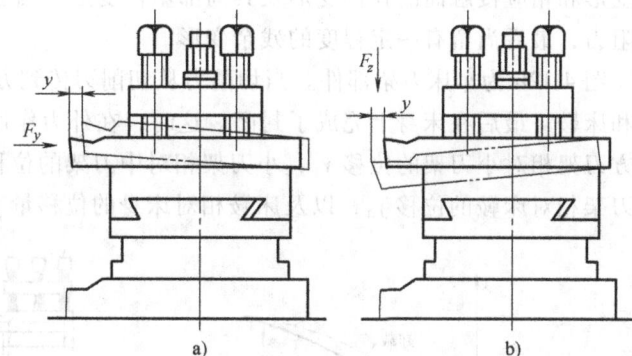

图 4-10　刀具受力变形

$$k_{xt} = \frac{F_y}{y} \qquad 或 \quad y = \frac{F_y}{k_{xt}}$$

2. 工件、刀具的刚度

由于工件和刀具可看作单一构件，因而其刚度可按材料力学中有关悬臂梁或简支梁的公式求得（图 4-11）。

悬臂梁的刚度为

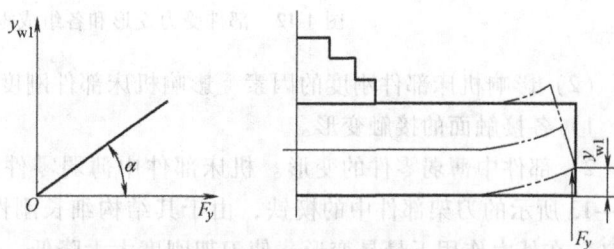

图 4-11　外力与变形的关系

$$y_{w1} = \frac{F_y L^3}{3EI}, \qquad k_{w1} = \frac{3EI}{L^3}$$

简支梁的刚度为

$$y_{w2} = \frac{F_y L^3}{48EI}, \qquad k_{w2} = \frac{48EI}{L^3}$$

式中　L——工件长度；

E——材料的弹性模量；

I——工件断面的惯性矩；

y_{w1}——外力作用在梁端点的最大位移；

y_{w2}——外力作用在梁中点的最大位移。

3. 机床部件刚度及其测定

（1）机床部件刚度的特征　由图 4-11 可看出：单一构件在弹性状态下的变形与载荷是线性关系，即刚度可看作是一个常数。而任何机床部件在外力作用下所产生的变形，必然与组成该部件的有关零件本身变形和它们之间的接触变形有关。其中各接触变形的总量在整个部件变形中占很大比重，因而对机床部件来说，外力与变形之间是一种非线性函数关系。故由多个零件组成的部件的刚度是非常数。

从图 4-12a 所示机床部件的受力变形过程看，首先是消除各有关配合零件之间的间隙，挤掉其间的油膜层的变形，接着是部件中薄弱零件的变形，最后才是其他组成零件本身的弹

性变形和相应接触面的弹性变形及其局部塑性变形。当去掉外力时，由于局部塑性变形和摩擦阻力，最后尚留有一定程度的残余变形。

图 4-12b 为车床刀架部件。当切削力从切削刃传到方刀架时，经小刀架、中刀架、下刀架和床鞍，最后在床身上完成了封闭。这时，在外力作用下，切削刃相对床身的总位移量 y 是方刀架相对小刀架的位移 y_1、小刀架相对中刀架的位移 y_2、中刀架相对下刀架的位移 y_3、下刀架相对床鞍的位移 y_4，以及床鞍相对床身的位移量 y_5 迭加的结果。

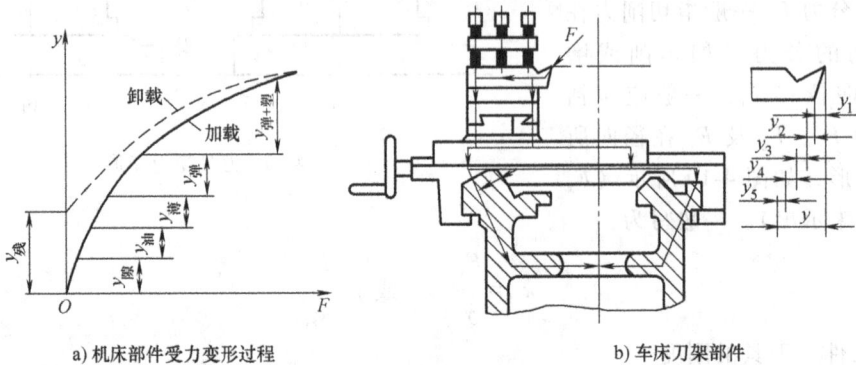

图 4-12　部件受力变形和各组成零件间的关系

a) 机床部件受力变形过程　　　　　　　b) 车床刀架部件

（2）影响机床部件刚度的因素　影响机床部件刚度的因素有

1）各接触面的接触变形。

2）部件中薄弱零件的变形。机床部件中薄弱零件的受力变形对部件刚度的影响最大。图 4-13 所示的刀架部件中的楔铁，由于其结构细长刚性差，又不易加工平直，使用时接触不良，在外力作用下最易变形，使刀架刚度大大降低。

3）间隙和摩擦的影响。零件接触面之间的间隙对接触刚度的影响，主要表现在加工中载荷方向经常变化的镗床和铣床上。当载荷方向改变时，间隙引起的位移，影响刀具与零件表面间的准确位置，如图 4-14 所示。对于单向受力的情况，由于力使工件始终靠向一边加工，其间隙的影响较小。

零件接触面间的摩擦力对接触刚度的影响主要表现为当载荷变动时较为显著。当加载时，摩擦力阻止变形增加；而卸载时，摩擦力又阻止变形恢复。这样，由于变形的不均匀增减而影响加工精度。

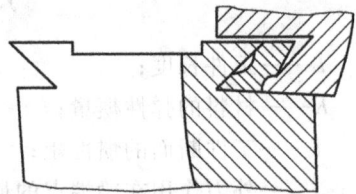

图 4-13　部件刚度的薄弱环节

（3）机床部件刚度的测定　由于机床部件刚度的复杂性，用分析计算法确定其对加工精度的影响比较困难，所以一般采用实验方法加以测定。

1）单向静载测定法。单向静载测定法是在机床处于静止状态，模拟切削过程中起决定性作用的力，对机床部件施加静载荷并测量其变形量，通过计算求出机床的静刚度。如图 4-15 所示，在车床顶尖间装一根刚性很大的短轴 2，在刀架上装一个螺旋加力器 5，其间装上测力环 4。当转动加力器的螺钉时，刀架与轴之间便产生作用力，力的大小由测力环中的百分表读出（测力环预先在材料试验机上用标准作用力标定）。作用力一方面传到车床的刀架上，另一方面经过轴传到前后顶尖上。若加力器位于轴的中点，则床头和床尾各受到 1/2 的作用力，而刀架却受到整个作用力的作用。床头、床尾和刀架的变形可分别从百分表 1、3 和 6 读出。实验时，可连续进行加载，逐渐增大至某一最大值（根据机床尺寸确定），再逐渐减小。

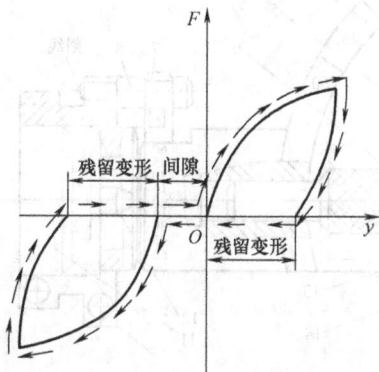

图 4-14 间隙对刚度曲线的影响

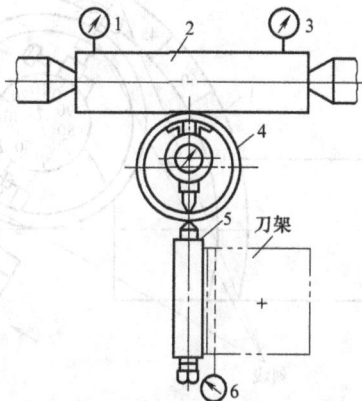

图 4-15 单向静载测定法

这种静刚度测定法简单，但与机床加工时的受力情况出入较大，故一般只能用于比较机床部件刚度的高低。

2）三向静载测定法。用单向静载法测定刚度，不符合机床实际工作情况。应当模拟实际切削时 F_z、F_y 及 F_x 的比值，从 z、y、x 三个方向加载，这样测定的部件刚度较接近加工实际。

图 4-16 所示为三向静载测定装置，在半圆弓形体 1 上每隔 15° 有一螺孔，依照实际加工时切削分力 F_z 和 F_y 的比例，把加力螺杆 2 旋入相应的螺孔。螺杆 2 与可转刀头 14 之间放置测力环 3，再按照所模拟的 F_z 和 F_y 的比例，将测力装置旋转到相应的位置，然后连续施加载荷并由床头、尾座及刀架上的三个百分表分别测出相应的变形量，绘制出各有关部件的刚度曲线，求出在一定载荷范围内的平均刚度。

3）生产测定法。用三项静载测定法测量刚度，虽然解决了受力状态与实际生产状态的一致问题，但该方法是在静止状态下测量的，因而其结果与实际的工作状态下的刚度情况仍不一致。生产测定法是在切削条件下进行的，因此它较为符合实际情况，如图 4-17 所示。在两顶尖间车削直径分别为 D_1 及 D_2 的阶梯轴，由于该轴短而粗，刚度大，加工中的变形可忽略不计。当车削阶梯轴时，切削分力 $F_y(= \lambda C_{F_y} a_p f^{0.75})$ 将随背吃刀量 a_p 的不同而异。因之车削 D_1 处的切削力大于 D_2 处的切削力，造成工艺系统在加工 D_1 和 D_2 时的位移变化，引起零件的加工误差（即加工后形成相应的直径 d_1 及 d_2）。加工后零件的加工误差 $\Delta = d_1 - d_2$ 与毛坯的原始误差 $\Delta_m = D_1 - D_2$ 的比值为：

$$\frac{\Delta_w}{\Delta_m} = \frac{\lambda C_{F_y} f^{0.75}}{k_{xt}} \tag{4-4}$$

从上式可近似求得工艺系统刚度为：

$$k_{xt} = \frac{\lambda C_{F_y} f^{0.75} \Delta_m}{\Delta_w} = \frac{\lambda C_{F_y}(D_1 - D_2) f^{0.75}}{d_1 - d_2} \tag{4-5}$$

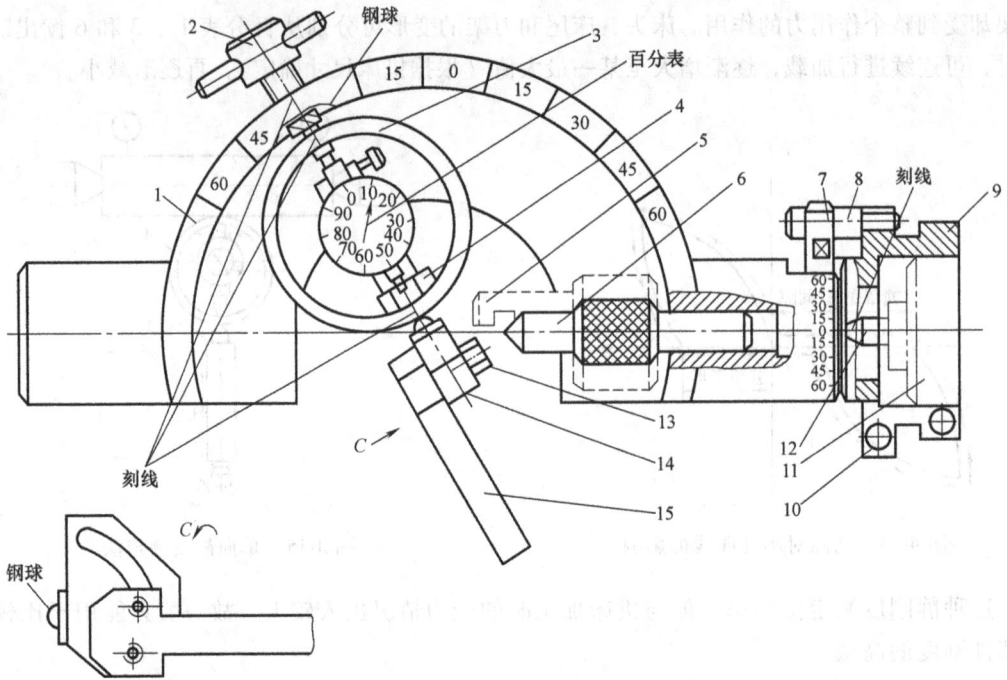

图 4-16　三向静载测定法装置

1—半圆弓形体　2—加力螺杆　3—测力环　4—百分表座　5—水平对刀块　6—高度对刀块

7—固定销　8—活动销　9—固定套　10—固定螺钉　11—尾座套筒

12—后顶尖　13—夹紧螺钉　14—可转刀头　15—刀杆

此式证明见后续内容。

4. 工艺系统刚度及其计算

在切削加工时，工艺系统中的机床的有关部件、夹具、刀具和工件在切削力作用下，都产生不同程度的变形，导致切削刃和加工表面在法线方向的相对位置发生变化，产生加工误差。工艺系统在受力情况下产生的变形 y_{xt}，是各个组成部分的变形 y_{jc}、y_{jj}、y_{dj} 和 y_w 的迭加。即

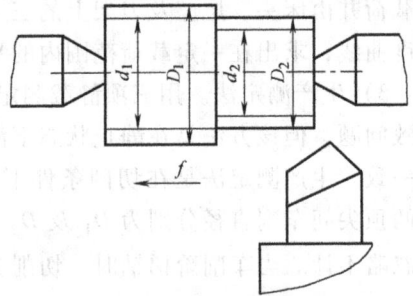

图 4-17　生产测定法

$$y_{xt} = y_{jc} + y_{dj} + y_{jj} + y_w$$

而　　$k_{xt} = \dfrac{F_y}{y_{xt}}$，$k_{jc} = \dfrac{F_y}{y_{jc}}$，$k_{jj} = \dfrac{F_y}{y_{jj}}$，$k_w = \dfrac{F_y}{y_w}$，$k_{dj} = \dfrac{F_y}{y_{dj}}$

式中　　y_{xt}——工艺系统总的变形量；

$\qquad k_{xt}$——工艺系统的刚度；

$\qquad y_{jc}$——机床的变形量；

$\qquad k_{jc}$——机床的刚度；

$\qquad y_{jj}$——夹具的变形量；

k_{jj}——夹具的刚度；

y_{dj}——刀具的变形量；

k_{dj}——刀具的刚度；

y_w——工件的变形量；

k_w——工件的刚度。

所以工艺系统刚度的一般式为

$$k_{xt} = \cfrac{1}{\cfrac{1}{k_{jc}} + \cfrac{1}{k_{jj}} + \cfrac{1}{k_{dj}} + \cfrac{1}{k_w}} \tag{4-6}$$

因此，当知道了工艺系统的各组成部分的刚度以后，即可求出系统的刚度。

用刚度一般式求解加工中某一系统的刚度时，应针对加工的具体情况进行分析。例如，外圆车削时，车刀本身在切削力作用下的变形，对加工误差的影响很小，可略去不计，这时工艺系统刚度的计算式中可省掉刀具刚度一项。再如镗孔时，镗杆的受力变形严重地影响着加工精度，而工件（箱体零件）的刚度一般较大，其受力变形很小，可忽略不计。

另外，夹具的刚度和机床部件的刚度一样比较复杂，目前也只能用实验方法进行测定。

4.3.2　工艺系统受力变形所引起的加工误差

1. 由于切削力着力点位置变化而产生的加工误差

工艺系统刚度除受各组成部分刚度的影响外，还随切削力着力点位置的变化而变化。举例说明如下：

（1）在两顶尖间车削粗而短的光轴　如图 4-18a 所示，由于工件刚度较大，在切削力作用下的变形，相对机床、夹具和刀具的变形要小得多，故可忽略不计。此时，工艺系统的总变形完全取决于机床头架、尾座（包括顶尖）和刀架（包括刀具）的变形。

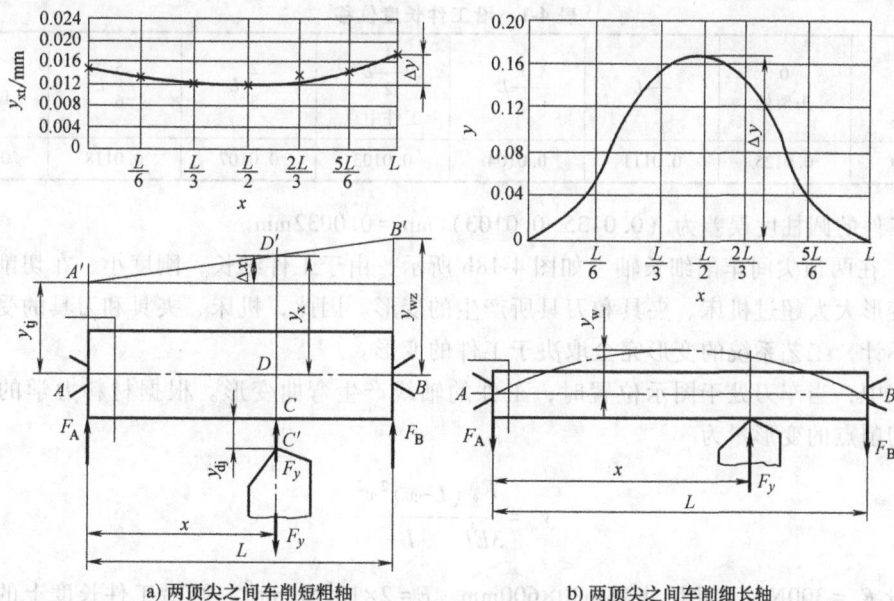

a) 两顶尖之间车削短粗轴　　　　b) 两顶尖之间车削细长轴

图 4-18　工艺系统变形随受力点位置的变化而变化

加工中，当车刀处于图示位置时，在切削分力 F_y 的作用下，头架由 A 点位移到 A'，尾座由 B 点位移到 B'，刀架由 C 位移到 C'，它们的位移量分别用 y_{tj}、y_{wz} 及 y_{dj} 表示。而工件轴心线 AB 位移到 $A'B'$，刀具切削点处工件轴线的位移 y_x 为

$$y_x = y_{tj} + \Delta_x$$

即

$$y_x = y_{tj} + (y_{wz} - y_{tj})\frac{x}{L}$$

设 F_A、F_B 为 F_y 所引起的头尾座处的作用力

则

$$y_{tj} = \frac{F_A}{k_{tj}} = \frac{F_y}{k_{tj}}\left(\frac{L-x}{L}\right)$$

$$y_{wz} = \frac{F_B}{k_{wz}} = \frac{F_y}{k_{wz}}\frac{x}{L}$$

将 y_{tj}、y_{wz} 代入上式得

$$y_x = \frac{F_y}{k_{tj}}\left(\frac{L-x}{L}\right)^2 + \frac{F_y}{k_{wz}}\left(\frac{x}{L}\right)^2$$

工艺系统的总位移为

$$y_{xt} = y_x + y_{dj} = F_y\left[\frac{1}{k_{dj}} + \frac{1}{k_{tj}}\left(\frac{L-x}{L}\right)^2 + \frac{1}{k_{wz}}\left(\frac{x}{L}\right)^2\right]$$

由上式看出，工艺系统刚度是随着力点的变化而变化，当按上述条件车削时，工艺系统刚度实为机床刚度。

若设 $k_{tj} = 6\times10^4\text{N/mm}$，$k_{wz} = 5\times10^4\text{N/mm}$，$k_{dj} = 4\times10^4\text{N/mm}$，$F_y = 300\text{N}$，工件长 $L = 600\text{mm}$，则沿工件长度上各不同位置的位移见表 4-1。

表 4-1　沿工件长度位移

x	0 头架处	$\frac{1}{6}L$	$\frac{1}{3}L$	$\frac{1}{2}L$ 工件中点	$\frac{2}{3}L$	$\frac{5}{6}L$	L 尾座处
y_{xt}/mm	0.0125	0.0111	0.0104	0.0103	0.0107	0.0118	0.0135

故工件的圆柱度误差为 $(0.0135-0.0103)\text{ mm} = 0.0032\text{mm}$。

（2）在两顶尖间车削细长轴　如图 4-18b 所示，由于工件细长，刚度小，在切削力作用下，其变形大大超过机床、夹具和刀具所产生的变形。因此，机床、夹具和刀具的受力变形可略去不计，工艺系统的变形完全取决于工件的变形。

加工中，当车刀处于图示位置时，工件的轴线产生弯曲变形。根据材料力学的计算公式，其切削点的变形量为

$$y_w = \frac{F_y(L-x)^2 x^2}{3EI\,L}$$

仍设 $F_y = 300\text{N}$，工件尺寸为 $\phi30\times600\text{mm}$，$E = 2\times10^5\text{N/mm}^2$，则沿工件长度上的变形见表 4-2。

表 4-2　沿工件长度变形

x	0 头架处	$\frac{1}{6}L$	$\frac{1}{3}L$	$\frac{1}{2}L$ 工件中点	$\frac{2}{3}L$	$\frac{5}{6}L$	L 尾座处
y_w/mm	0	0.052	0.132	0.17	0.132	0.052	0

故工件的圆柱度误差为（0.17 - 0）mm = 0.17mm。

2. 由于切削力变化而引起的加工误差

在切削加工中，往往由于被加工表面的几何形状误差或材料的硬度不均匀引起切削力变化，从而造成工件的加工误差。如图 4-19 所示，工件由于毛坯的圆度误差，使车削时刀具的背吃刀量在 a_{p1} 与 a_{p2} 之间变化。因此，切削分力 F_y 也随背吃刀量 a_p 的变化，由最大 F_{ymax} 变到最小 F_{ymin}。根据前面的分析，工艺系统将产生相应的变形，即由 y_1 变到 y_2（刀

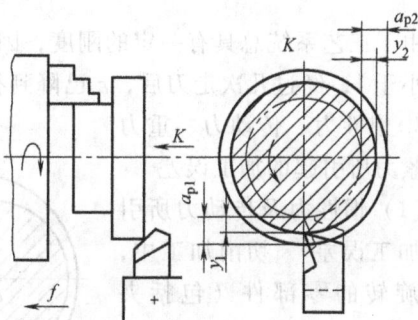

图 4-19　零件形状误差复映

具相对被加工面产生 y_1 到 y_2 的位移）。这样就在已加工表面上形成了与原来的误差形式相同，大小比原来的误差小的圆度误差。这种现象称为毛坯"圆度误差复映"或称"误差复映规律"。误差复映的大小可用刚度计算公式求得。

毛坯圆度的最大误差为

$$\Delta_m = a_{p1} - a_{p2}$$

车削后工件的圆度误差为

$$\Delta_w = y_1 - y_2$$

而

$$y_1 = \frac{F_{ymax}}{k_{xt}}, \quad y_2 = \frac{F_{ymin}}{k_{xt}}$$

又

$$F_y = \lambda C_{F_y} a_p f^{0.75}$$

其中　$\lambda = \dfrac{F_y}{F_z}$，一般取为 0.4。

C_{F_y} 是与工件材料和刀具几何角度有关的系数，在有关手册中查得。

所以

$$y_1 = \frac{\lambda C_{F_y} a_{p1} f^{0.75}}{k_{xt}}, \quad y_2 = \frac{\lambda C_{F_y} a_{p2} f^{0.75}}{k_{xt}}$$

代入得

$$\Delta_w = y_1 - y_2 = \frac{\lambda C_{F_y} f^{0.75}}{k_{xt}}(a_{p1} - a_{p2}) = \frac{\lambda C_{F_y} f^{0.75}}{k_{xt}} \Delta_m$$

令

$$\varepsilon = \frac{\Delta_w}{\Delta_m} = \frac{\lambda C_{F_y} f^{0.75}}{k_{xt}} \tag{4-7}$$

ε 表示加工误差与毛坯误差之间的比例关系，说明了"误差复映"的规律，故称"误

差复映系数"。它定量地反映了工件经加工后毛坯误差减小的程度。从上式看出工艺系统刚度越高，ε 越小，复映到工件上的误差也越小。

当一次走刀不能满足加工精度要求时，可进行第二次或多次走刀，进一步消除由 Δ_m 复映的误差。多次走刀总的 ε 值的计算如下：

$$\varepsilon_\Sigma = \varepsilon_1 \varepsilon_2 \cdots \varepsilon_n = \left(\frac{\lambda C_{F_y}}{k_{xt}}\right)^n (f_1 f_2 \cdots f_n)^{0.75} \tag{4-8}$$

由于工艺系统总具有一定的刚度，因此零件加工误差总是小于毛坯误差 Δ_m，复映系数总是小于1，经过几次走刀后，ε 已降到很小，加工误差也逐渐达到所允许的范围内。

3. 惯性力、传动力、重力和夹紧力所引起的加工误差

（1）惯性力及传动力所引起的加工误差　切削加工中，高速旋转的零部件（包括夹具、工件和刀具等）的不平衡将产生离心力。离心力在每一转中不断地变更方向，因此，它在 y 方向的分力有时和切削分力同向，有时则反向，从而破坏工艺系统各成形运动的几

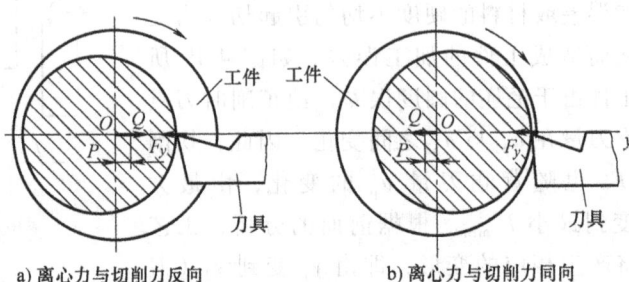

图 4-20　惯性力所引起的加工误差

何精度。图 4-20a 表示车削一个不平衡工件，离心力 Q 和切削力 F_y 方向相反，将工件推向刀具，使刀具背吃刀量增加。图 4-20b 中表示离心力和切削力同向，工件被拉离刀具，背吃刀量减小。结果造成工件的圆度误差。

如当毛坯重量 W 为 10kg，主轴转速 n 为 1000r/min，不平衡质量 m 到旋转中心的距离 $\rho = 5$mm。则

$$Q = m\rho\omega^2 = W\rho\left(\frac{2\pi n}{60}\right)^2 = 10 \times 5 \times 10^{-3} \times \left(\frac{2 \times 3.14 \times 1000}{60}\right)^2 \text{N}$$
$$= 548.2\text{N}$$

设工艺系统刚度 $k_{xt} = 3 \times 10^4$N/mm，则半径方向的加工误差为

$$\Delta_r = y_{max} - y_{min} = \frac{F_y + Q}{k_{xt}} - \frac{F_y - Q}{k_{xt}} = \frac{2Q}{k_{xt}} = \frac{2 \times 548.2}{3 \times 10^4}\text{mm} = 0.036\text{mm}$$

在车床或磨床类机床上加工轴类零件时，常用单爪拨盘带动工件旋转，传动力在拨盘的每一转中，经常改变方向，其在 y 方向的分力有时和切削力 F_y 同向，有时反向。因此，它所产生的加工误差和惯性力近似，造成工件的圆度误差。为此，加工精密零件时改用双爪拨盘或柔性连接装置带动工件旋转。

（2）夹紧力所引起的加工误差　被加工零件在装夹过程中，由于工件刚度较低或夹紧力着力点不当，都会引起工件的相应变形，造成加工误差。图 4-21 为加工发动机连杆大头孔时的装夹示意图。由于夹紧力着力点不当，造成加工后两孔的中心线不平行及其与定位端面不垂直。

（3）重力所引起的加工误差　工艺系统有关零部件自身的重力所引起的相应变形，也会造成加工误差。图 4-22 为摇臂钻床的摇臂在主轴箱自重的影响下所产生的变形，造成主轴轴线与工作台不垂直，从而使被加工的孔与定位面也不垂直。

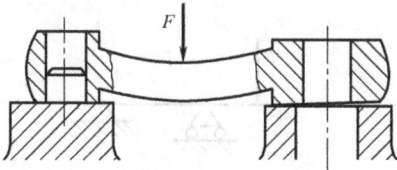

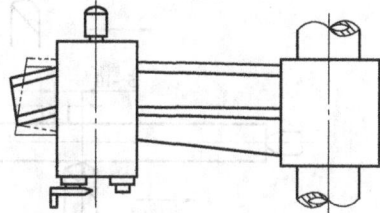

图 4-21　着力点位置不当引起的加工误差　　　　图 4-22　自重引起的加工误差

4.3.3　减少工艺系统受力变形的主要措施

减少工艺系统受力变形是机械加工中保证产品质量和提高生产率的主要途径之一。为了减少工艺系统受力变形对加工精度的影响，根据生产实际，可从以下几个方面采取措施。

（1）提高接触刚度　一般部件的刚度大大低于实体零件本身的刚度，而造成部件刚度低的主要原因又是部件中零件接触面的接触刚度低，所以提高接触刚度是提高工艺系统刚度的重要手段。常用的方法是改善工艺系统主要零件接触面的配合质量，如机床导轨副的刮研，配研顶尖锥体同主轴和尾座套筒锥孔的配合面，多次研磨加工精密零件用的顶尖孔等，都是在实际生产中行之有效的工艺措施。通过对零件进行刮研，改善了配合面的表面粗糙度和形状精度，使实际接触面积增加，微观表面和局部区域的弹性、塑性变形减少，从而有效地提高了接触刚度。

提高接触刚度的另一措施是预加载荷，这样可消除配合面间的间隙，而且还能使零部件之间有较大的实际接触面积，减少受力后的变形量。预加载荷法常用在各类轴承的调整中。

（2）提高工件刚度减少受力变形　切削力引起的加工误差，往往是因为工件本身刚度不足或各个部位刚度不均匀而产生。如前述车削细长轴时，随着走刀长度的变化，工件相应的变形 y_w 也不一致，其最大变形量为：

$$y_{wmax} = \frac{F_y L^3}{48EI}$$

由上式看出，当工件材料和直径一定时，工件的长度 L 和径向力 F_y 是影响 y_{wmax} 的决定性因素。为了减少工件的受力变形 y_w，首先应减少支承长度（即增加支承），如安装跟刀架或中心架；箱体孔系加工中，为了增加镗杆的刚度，也使用各种支承镗套。减少径向力 F_y 的有效措施是改变刀具的几何角度，如把车刀的主偏角磨成 90°。可大大降低 F_y。

图 4-23a 表示采用中心架后工件刚度提高 8 倍（跨度减半，刚度提高到 8 倍）；图 4-23b 表示切削力作用点与跟刀架支承点间的距离减少到 5~10mm，工件的刚度提高得更多。

（3）提高机床部件的刚度，减少受力变形　机床部件刚度在工艺系统中往往占很大比重，所以加工时常采用一些辅助装置提高其刚度。图 4-24 所示为在转塔车床上采用增强刀架刚度的装置。

（4）合理装夹工件减少夹紧变形　对薄壁件，夹紧时应特别注意选择适当的夹紧方法，

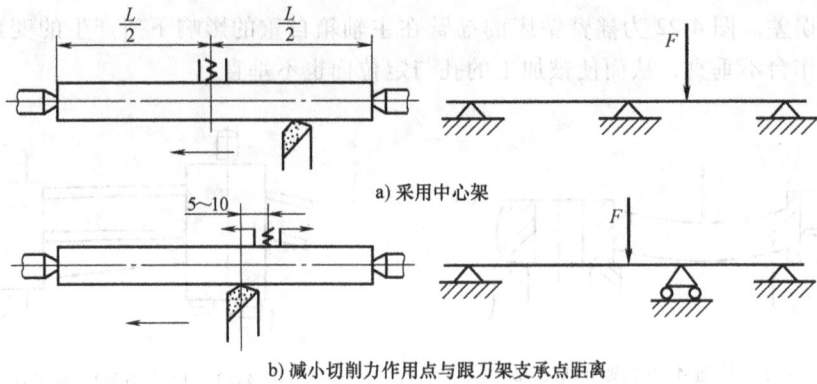

a) 采用中心架

b) 减小切削力作用点与跟刀架支承点距离

图 4-23　用辅助支承提高工件刚度

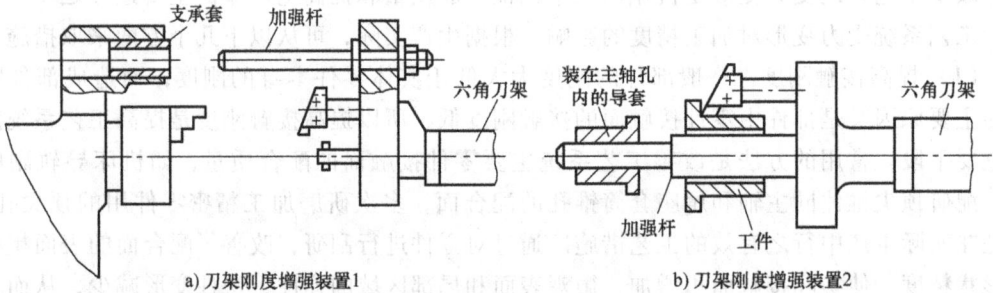

a) 刀架刚度增强装置1

b) 刀架刚度增强装置2

图 4-24　提高部件刚度的装置

否则将引起很大的形状误差，如图 4-25 所示。当未夹紧前，薄壁套的内外圆是正圆形，由于夹紧方法不当，夹紧后套筒成三棱形（图 4-25a），镗孔后内孔呈正圆形（图 4-25b），但当松开卡爪后，零件由于弹性恢复，使已镗的孔产生三棱形（图 4-25c）。为了减少加工误差，应使夹紧力均匀分布，如采用开口过渡环（图 4-25d）或用专用卡爪（图 4-25e）。

再如图 4-26a 所示薄板工件，当磁力将工件吸向工作台表面时，工件将产生弹性变形（图 4-26b）。磨完后，由于弹性恢复，工件上已磨表面又产生翘曲（图 4-26c）。改进的办法是在工件和磁力吸盘间垫橡皮垫（厚 0.5mm）（图 4-26d）。工件夹紧时，橡皮垫被压缩（图 4-26e），减少工件变形，便于将工件的弯曲部分磨去。这样经过多次正反面交替的磨削即可获得平面度较高的平面（图 4-26f）。

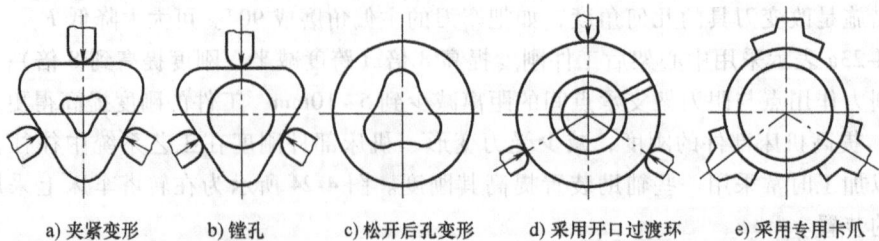

a) 夹紧变形　　b) 镗孔　　c) 松开后孔变形　　d) 采用开口过渡环　　e) 采用专用卡爪

图 4-25　零件夹紧变形引起的误差

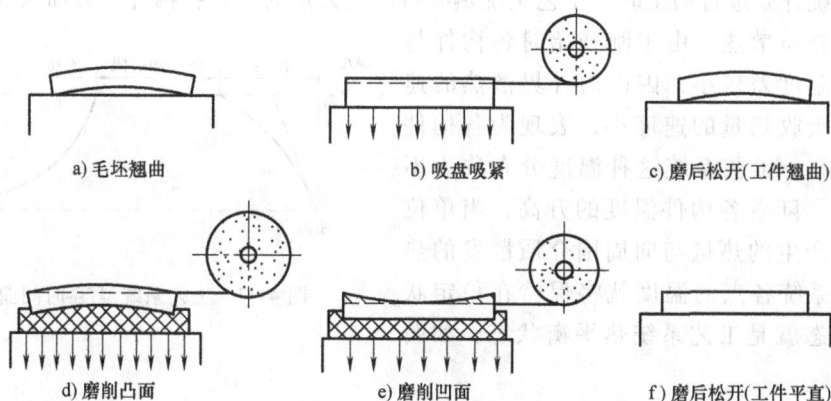

a) 毛坯翘曲　　　　　　　b) 吸盘吸紧　　　　　　　c) 磨后松开(工件翘曲)

d) 磨削凸面　　　　　　　e) 磨削凹面　　　　　　　f) 磨后松开(工件平直)

图 4-26　薄板工件磨削

4.4　工艺系统热变形引起的加工误差

4.4.1　概述

在零件进行机械加工时，工艺系统在各种热源的影响下，常产生复杂的变形，破坏了工件与刀具相对位置和相对运动的正确性，就会产生加工误差。据统计，在精密加工中，由于热变形引起的加工误差约占总加工误差的 40%~70%。在现代高精度、自动化生产中，工艺系统热变形问题已越来越显得突出，已成为机械加工工艺发展的一个重要研究课题。

1. 工艺系统的热源

工艺系统热变形的热源主要有如下几种。

（1）内部热源　内部热源是指由工艺系统内部产生的热源，主要包括以下两种热量来源。

1）切削热。切削过程中，切削层的弹、塑性变形及刀具与工件、切屑间摩擦将消耗大量的能量，所消耗的能量，绝大部分（99.5%左右）转化为切削热。这些热量将传到工件、刀具、切屑和周围介质中去，成为工件和刀具热变形的主要热源。如车削加工，大量的切削热被切屑带走，传给工件的一般为 30%，高速切削时只有 10%，传给刀具的一般为 5%。对于铣、刨削加工，传给工件的热量一般在 30% 以下。而钻孔、卧式镗削，因大量切屑留在孔内，因而传给工件的热量在 50% 以上。磨削大约有 84% 的热量传给工件，其切削区温度可达 800~1000℃，这不仅影响工件的加工精度，而且还影响表面质量。

2）传动系统的摩擦等能量损耗产生的热。主要是传动系统中各运动副如轴承、齿轮、摩擦离合器、溜板和导轨、丝杠和螺母等的摩擦转化的热量及动力源如电动机、液压系统等能量损耗转化的热量。这些热量是机床热变形的重要热源。

（2）外部热源　外部热源主要是指周围环境温度通过空气的对流以及日光、照明灯具、加热器等环境热源通过辐射传到工艺系统的热量。外部热源的影响，有时也是不容忽视的。在大型、精密零件的加工时尤其不能忽视。

2. 工艺系统的热平衡

工艺系统开始进行加工时，工艺系统热源将产生大量的热，各构件一方面吸收热量，一方面向周围介质散热。由于刚开始时各构件与外界介质的温度差较小，因而向外界散热的速度比从热源吸收热量的速度小，表现为各构件温度不断升高。工艺系统这种温度分布称为不稳态温度场。随着各构件温度的升高，当单位时间内系统产生的热量与向周围介质散发的热量相等时，系统各点的温度就将保持在稳定状态，这种状态就是工艺系统热平衡状态，如图4-27所示。

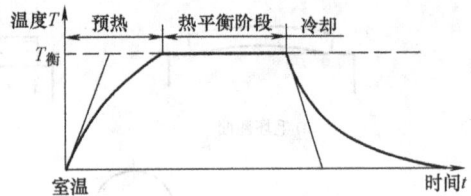

图 4-27　工艺系统温度-时间曲线

工艺系统在热不平衡状态下，其精度很不稳定。因此保持工艺系统的热平衡，缩短达到热平衡所需时间，对保证工件的加工精度和提高生产率，有着重要的意义。

4.4.2　工件热变形引起的加工误差

工件热变形引起的加工误差主要是由于工件在切削加工时受热膨胀，冷却后尺寸收缩。

如在钻孔后立即镗孔或铰孔，那么工件完全冷却后孔径收缩量已与 IT7 级精度的公差值相等，其加工精度就很难保证。为避免工件粗加工时的热变形对精加工的影响，在安排工艺过程时应尽可能把粗、精加工分开在两个工序中进行，使粗加工后有足够的冷却时间。

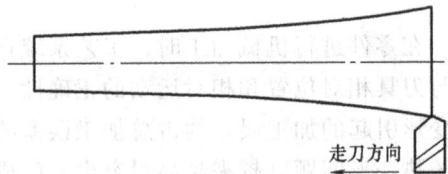

如车削一般的轴类零件时由于在沿工件轴向位置上切削时间有先后，开始切削时工件温升为零，随着切削的进行，工件逐渐受热胀大，到进给终了时工件直径增量最大，因而车刀的实际切

图 4-28　车长轴时工件热变形引起的形状变形

深随进给而逐渐增大，工件冷却后就会出现近似锥度的圆柱度误差，如图 4-28 所示。

同时车削细长轴时的热轴向伸长是加工丝杠等零件时影响螺距误差的主要因素之一。假设工件与母丝杠的温度相差 1℃，那么在 2m 长度上螺距累积误差可达 23μm，而 7 级丝杠在螺纹全长上允差仅 40μm（6 级丝杠允差为 20μm），可见影响是非常显著的。至于对一般零件，因轴向尺寸精度要求大多低于径向，故影响还不大，但装夹时如将工件两端顶得太紧，使工件的热伸长受阻，会产生很大的热应力，导致工件弯曲变形，就将对加工精度产生很大的影响。

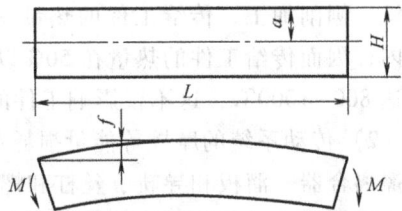

在进行铣、刨、磨平面等加工时，工件只在单面受到切削热作用，上、下表面间的温差会导致工件拱起，中间就被多切去部分材料，加工完毕完全冷却后，加工表面就产生中凹的平面度误差。如图 4-29 所示，当 $L = 1.5m$，$H = 300mm$ 时，上、下表面间的

图 4-29　工件单面受热时的弯曲变形

温差 $T_{max} = 1℃$，就会产生平面度误差 $f = 0.01mm$。其中 a 是工件中性层即截面形心与顶（底）面间的距离。

从以上分析可知，工件单面受热引起的误差，对加工精度的影响是很严重的。为减少这一误差，通常采取的措施除切削时使用充分的切削液以减少切削表面的温升外，可采用误差补偿的方法，在装夹工件时使工件上表面产生中间微凹的夹紧变形，以补偿切削时工件单面受热而拱起的误差。或在磨削前精刨时把加工表面刨成中间微凹，磨削时两端余量大，温升比中间高，减少了工件受热后中间的凸出，从而补偿了误差。

4.4.3　刀具热变形

刀具热变形的热源主要也是切削热。传给刀具的切削热虽然仅占总切削热量的很少部分，但刀具质量小，热容量也小，故仍会有很高的温升，对加工精度也有不小的影响。刀具受热后，其温升在刀具全长上是不等的，但如只研究其对加工精度的影响，则可按刀具的工作部分（一般以刀具悬伸部分代替）的平均温升来估算其热伸长量。

1. 刀具连续工作时的热变形

对较大的表面进行切削加工时（如车削较长的滚筒或在立式车床上车削大端面等），刀具连续工作时间较长，随着切削时间的增加，刀具逐渐受热伸长，就会造成工件产生形状误差（圆柱度或平面度误差）。对一般刀具（车刀或刨刀），连续工作达到热平衡时，其工作部分的最大平均温升也可按有关公式估算，这里不做介绍。达到热平衡后刀具的热变形将不再发生变化，因而这时再进行切削，热变形对加工精度的影响就会显著减小。

刀具连续切削达到热平衡后停止切削，其温升和热伸长量将随冷却时间的增加而减少。具体情况如图 4-30 所示。

2. 刀具间歇工作时的热变形

成批、大量生产中，多采用调整法加工。在一次调整中加工一批工件时，刀具每切削一个工件后，有一段冷却时间（装拆工件等非切削时间），故其热变形情况与连续工作时不同。在正常生产的情况下，特别是在自动、半自动机床上，刀具每加工一个工件的切削时间是相同的，停歇时间也基本上相等。这就是说：刀

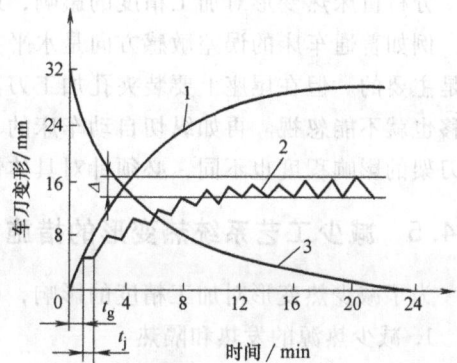

图 4-30　刀具热变形
1—连续车削　2—间断车削　3—冷却
t_g—切削时间　t_j—间断时间

具的加热和冷却是按一定的节拍周期性地交替进行。因此，其热变形曲线将如图 4-30 曲线 2 所示。当刀具切削时的热伸长量与刀具停止切削而冷却时的收缩量恰好相等时，其热变形就稳定在这个范围内。在这种加工方式中刀具的最大热伸长量，影响这批工件的尺寸精度。热变形稳定后，每加工一个工件时刀具长度的变动量，只影响工件的形状精度。

4.4.4　机床热变形

机床工作时受到多种热源的影响，其热量主要来自传动系统中各传动元件的摩擦热、相对滑动速度较大的导轨与工作台（或滑枕）的摩擦热及液压系统动力损耗转化的热量。切屑和切削液等派生热源对床身热变形也有一定影响。对于大型、精密机床，周围环境的温度变化对机床热变形的影响，往往也占有重要地位。由于机床各部分结构形状不同，热源及其位置又不同，散热条件也不一样，因而形成复杂的温度场和不规则的热变形，破坏了机床的

静态精度，从而引起了相应的加工误差。

　　分析机床热变形对加工精度的影响，首先应分析其温度场是否稳定。机床到达热平衡所需时间，一般都较长（中型机床约为 4~6h，大型机床往往要超过 12h）。图 4-31 是 CA6140车床主轴热变形与运转时间的关系。从图中也可看出，在机床刚开始运转的一段时间内，热变形随运转时间的不同而变化，变形量也较大，因此加工精度很不稳定。特别是自动、半自动机床或用调整法加工时，既要求在一次调整中能稳定地获得预期的加工精度，而且还要尽可能延长两次调整间的切削时间，以提高生产率，这就必须充分考虑机床热变形的影响。当加工精度要求较高时，在工作过程中如停机时间太长，也会引起机床温升的波动而造成加工精度的不稳定。在加工较大的表面时，不仅因为机床各部位的温升不同，变形不一致，而且由于一次进给需要较长时间，在开始进给和结束进给时，机床的温升和热变形也不一样，就会导致工件较大的形状误差。

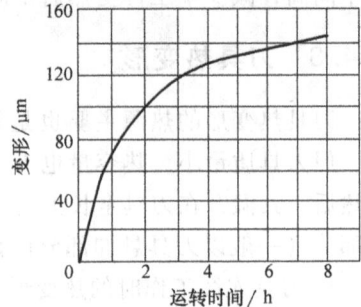

图 4-31　CA6140 车床主
轴热变形曲线

　　分析机床热变形对加工精度的影响，还应分析热位移方向与误差敏感方向的相对角向位置。例如普通车床的误差敏感方向是水平方向，故主轴在水平面内的热位移对加工精度的影响是主要的。但在尾座上要装夹孔加工刀具进行钻、铰、攻螺纹等工作时，则垂直面内的热位移也就不能忽视。再如纵切自动车床的刀架分别配置在主轴四周径向，故主轴热变形对不同刀架的影响程度也不同，必须针对具体情况进行分析。

4.4.5　减少工艺系统热变形的措施

　　为了减少热变形对加工精度的影响，可从以下几方面采取措施。

　　1. 减少热源的发热和隔热

　　切削热是切削加工中最主要的热源，减少切削热可通过合理选择切削（或磨削）用量和正确选择刀具的几何角度的方法，以减少热量的产生。如粗加工时，为了保证生产率，往往选择较大的背吃刀量和进给量，由于这时对加工精度的要求较低，因此热变形对加工精度的影响不大；而精加工时，加工的目的主要是为了保证加工精度，所以要选择小的背吃刀量和进给量，以减少热变形。

　　为了减少机床的热变形，凡是有可能从主机分离出去的热源如电动机、变速箱、液压装置的油箱等，应尽可能放置在机床外部。对于不能和主机分离的热源如主轴轴承、丝杠螺母副、高速运动的导轨副等则可从结构、润滑等方面改善其摩擦特性，以减少发热。例如采用静压轴承、静压导轨，改用低黏度润滑油、锂基润滑脂等。

　　如热源不能从机床中分离出去，可在发热部件与机床大件间用绝热材料隔开。如T4163B 立柱坐标镗床上用石棉板隔热罩把主电动机和变速箱与机床立柱隔开，并将热风排出就大大减少了立柱的热变形。对发热量大的热源，如既不能从机内移出，又不便隔热，则可采用有效的冷却措施如增加散热面积或使用强制式的风冷、水冷、循环润滑等。例如在一台坐标镗铣床的主轴箱内采用了强制溅油冷却就大大减少了主轴的热位移，同时也大大缩短了到达热平衡的时间，如图 4-32 所示。

2. 用热补偿的方法减少热变形

单纯的减少温升往往不能收到满意的效果，可采用热补偿方法使机床的温度场比较均匀，从而使机床仅产生不影响加工精度的均匀热变形。例如平面磨床，如将液压系统的油池放在床身底部，则使床身上冷下热而使导轨产生中凹的热变形；如将油池移到机外，则又形成上热下冷而使导轨产生中凸的热变形。图 4-33 为 M7150A 平面磨床采用了热补偿方法，将油池 1 搬出主机并做成一个单独的油箱。另外在床身下部开出"热补偿油沟" 2，利用带有余热的回油流经床身下部，使床身下部的温度升高，以达到减少床身上、下部温差的目的。采用这种措施后，床身上下部温差降至 $1\sim2℃$，导轨中凹量由原来的 0.265mm 降为 0.052mm。

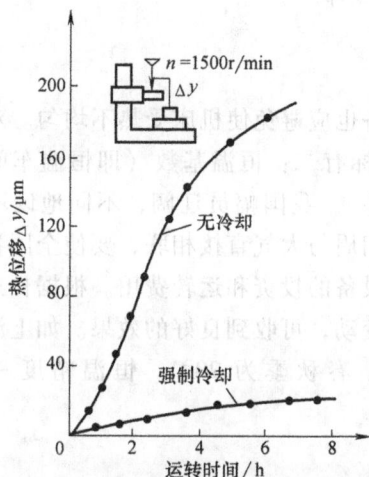

图 4-32　采用强制冷却的试验曲线

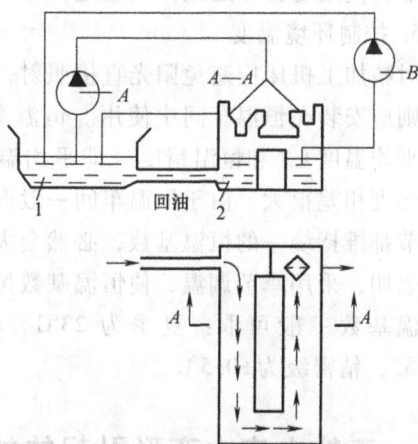

图 4-33　M7150A 型磨床的"热补偿油沟"

再如图 4-34 所示平面磨床，利用电动机风扇排出的热空气，通过特设的管道导向立柱左侧，以减少立柱两侧的温差，从而减少了立柱的弯曲变形。

加工精密丝杠时，工件与母丝杠的温差是造成工件螺距累积误差的主要原因。S7450 螺纹磨床采用了自动检测、自动控制的恒温供液系统，一方面使整个工件淋浴在恒温油中，另一方面再把恒温油通入机床的空心母丝杠中，使工件与母丝杠的温差不超过 0.4℃，从而大大提高了加工精度的稳定性。

3. 合理安排定位点位置

例如车床主轴箱在床身上的定位，图 4-35b

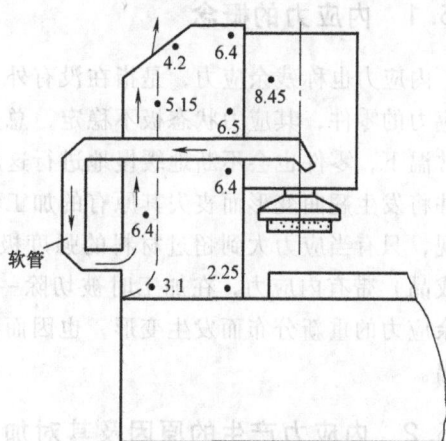

图 4-34　均衡立柱前后壁温度场

中使主轴产生热位移的有效长度 L_2 大于图 4-35a 中的 L_1，因而图 a 的主轴热位移就较小。

4. 保持工艺系统的热平衡

由热变形规律可知，大的热变形发生在机床开动后的一段时间内，当达到热平衡后，热变形趋于稳定，此后加工精度才有保证。因此在精加工前可先使机床空运转一段时间（机床预热），等达到或接近热平衡时再开始加工，加工精度就比较稳定。基于同样原因，精加工机床应尽量避免中途停车以防止质量波动。为缩短机床预热时间，机床空运转速度可高于实际加工时的速度。有些机床在适当部位附加"控制热源"，在机床预热阶段人为地给机床供热，促使其迅速达到热平衡状态。当机床发热状态随加工条件的改变而变化时，可通过"控制热源"的加热或冷却来调节，使温度分布迅速回到稳定状态。

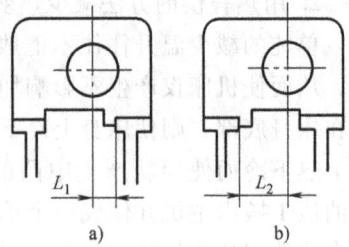

图 4-35　定位点位置对热变形的影响

5. 控制环境温度

对精加工机床应避免阳光直接照射，布置取暖设备也应避免使机床受热不均匀。对精密机床则应安装在恒温车间中使用。恒温车间的恒温指标有二：恒温基数（即恒温车间内空气的平均温度），和恒温精度（即平均温度的允许偏差）。我国幅员辽阔，不同地区不同季节的温度相差很大。由于恒温车间一般面积都较大，四周与大气直接相联，要使全国各地任一季节都维持统一的恒温基数，必然会大大增加恒温设备的投资和运转费用。根据长期生产实践表明，采用季节调温，使恒温基数按季节而适当变动，可收到良好的效果。如上海地区的恒温基数一般可取：夏季为23℃、冬季为17℃、春秋季为20℃。恒温精度一般级为±1℃，精密级为±0.5℃。

4.5　工件内应力变形引起的加工误差

4.5.1　内应力的概念

内应力也称残余应力，是指在没有外力作用下或去除外力后构件内仍存留的应力。具有内应力的零件，其应力状态极不稳定，总是有强烈的倾向要恢复到无应力的稳定状态。即使在常温下，零件也会不断地缓慢地进行这种变化，直到残余应力消失为止。在这一过程中，零件将发生翘曲变形而丧失其原有的加工精度。具有内应力的零件，在外观上一般没有什么表现，只有当应力大到超过材料的强度极限时，零件才会出现裂纹。假使零件的毛坯（或半成品）带有内应力，在加工时被切除一层金属后，原来的平衡条件遭到了破坏，就会因残余应力的重新分布而发生变形，也因而得不到预期的加工精度，这在粗加工时表现得最为突出。

4.5.2　内应力产生的原因及其对加工误差的影响

内应力产生的主要原因有以下几种

1）工件各部分受热不均匀或受热后冷却速度不同，产生了局部热塑性变形。工件不均匀受热时，各部分温升不一致，高温部分的热膨胀受到低温部分的限制而产生温差应力（高温部分有温差压应力，低温部分是拉应力），温差越大则应力也越大。材料的屈服强度是随温度升高而降低的，当高温部分的应力超过屈服强度时，产生了一定的塑性变形，这时低温部分仍处于弹性变形状态。冷却时由于高温部分已产生了压缩的塑性变形，受到低温部分的限制，故冷却后高温部分产生残余拉应力，低温部分则带有残余压应力。

　　工件均匀受热后如各部分冷却速度不同，也会产生残余应力。例如图 4-36 所示铸件，浇铸后由于壁 1、2 比较薄，散热容易，所以冷却速度较快，壁 3 较厚，冷却速度较慢，因此当壁 1 和壁 2 部分由塑性状态冷却到弹性状态时（约 620℃），壁 3 的温度还比较高，尚处于塑性状态。所以壁 1 和壁 2 收缩时壁 3 不起阻挡变形的作用，铸件内部不产生残余应力。但当壁 3 也冷却到弹性状态时，壁 1 和壁 2 的温度已降低很多，收缩速度变得很慢，而这时壁 3 收缩较快，就受到壁 1 和壁 2 的阻碍。因此壁 3 受到了拉应力，壁 1 和壁 2 受到压应力。设这时将上面的连接部分切去，残余应力就会重新分布，壁 1 和壁 2 部分因残余压应力的释放而微有伸长，壁 3 部分的残余拉应力释放而微有缩短，下面连接部分就会产生两端弯向上方的弯曲变形如（图 4-36b）所示。

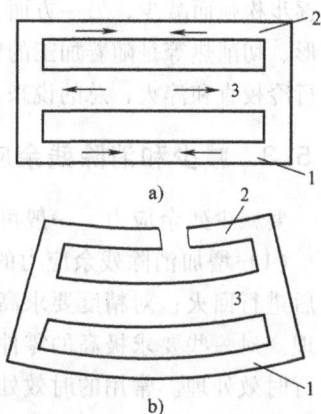

图 4-36　铸件内应力引起的变形

　　2）工件冷态受力较大，产生局部的塑性变形。以弯曲的工件（原来无残余应力如图 4-37a 所示）进行冷校直为例来说明。要校直工件，必须使工件产生反向的弯曲如图 4-37a 所示，并使工件产生一定的塑性变形。当工件外层应力超过屈服强度时，其内层应力还未超过弹性极限，故其应力分布如图 4-37b 所示。去除外力后，由于下部外层已产生拉伸的塑性变形，上部外层已产生压缩的塑性变形，故里层的弹性恢复受到阻碍，结果上部外层产生残余拉应力，上部里层产生残余压应力，下部外层产生残余压应力，下部里层产生残余拉应力，如图 4-37c 所示。冷校直后虽然弯曲减小了，但内部组织却处于不稳定状态，经过一定时间后或再进行一次切削加工，又会产生新的弯曲。

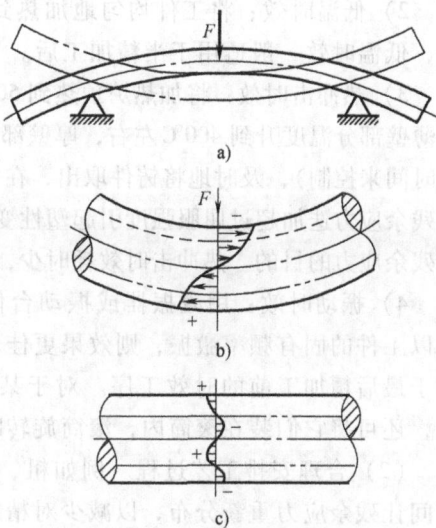

图 4-37　冷校直引起的内应力

　　3）金相组织转化不均匀。不同金相组织的密度不同，例如马氏体的密度小于托氏体、奥氏体等。淬火时，奥氏体转变为马氏体，体积膨胀，这时如金相组织转化不均匀，则转变为马氏体部分的体积膨胀受阻就会产生残余压应力（未转变部分则带有残余拉应力）。反之，回火时马氏体转变托氏体，如金相组织转化不均匀，则转变为托氏体部分的体积收缩受阻，就会产生残余拉应力，未转变部分则产生残余压应力。

　　以上各原因在机械制造的许多工艺过程中都有可能发生。例如锻造过程加热冷却不均匀或塑性变形不均匀，会使毛坯带有残余应力；焊接时工件局部受高温，也会产生残余应力；切削加工时表面层发生强烈的局部塑性变形，同时还由于切削热的作用，表层温度变化也不一致，都会产生残余应力；磨削加工时切削热往往会使工件局部达到相变温度，故还可能引起金相组织转化不均匀而产生的残余应力。因此在机械加工过程中，往往是毛坯进入机加工车间时已带有残余应力。机加工过程中，一方面切除表面一层金属，使残余应力重新分布，原有的残余应力逐步松弛而减少，另一方面又会产生新的残余应力。由于加工总是从粗到精，切削力、切削变形、切削热等是随着加工的精度的提高而相对地减小的，只要加工过程中工艺参数合理，不进行冷校直和淬火，总的说来，残余应力总是在从粗加工到精加工的过程中逐步减少的。

4.5.3　减少和消除残余应力的方法

要减少残余应力，一般可采取下列措施。

（1）增加消除残余应力的专门工序　例如对铸、锻、焊接件进行退火或回火；零件淬火后进行回火；对精度要求高的零件如床身、丝杠、箱体、精密主轴等在粗加工后进行时效处理。对一些要求极高的零件如精密丝杠、标准齿轮、精密床身等则要在每次切削加工后都进行时效处理。常用的时效处理方法有：

1）高温时效：将工件以 3~4 小时的时间均匀地加热到 500~600℃，保温 4~6h 后以 20~50℃/h 的冷却速度随炉冷却到 100~200℃取出，在空气中自然冷却。高温时效一般适用于毛坯或粗加工后。

2）低温时效：将工件均匀地加热到 200~300℃，保温 3~6h 后取出，在空气中自然冷却，低温时效一般适用于半精加工后。

3）热冲击时效：将加热炉预热到 500~600℃，保持恒温。然后将铸件放入炉内，当铸件的薄壁部分温度升到400℃左右，厚壁部分因热容量大而温度只升到 150~200℃（由放入炉内的时间来控制），及时地将铸件取出，在空气中冷却。由于温差而引起的应力场和铸造时产生的残余应力迭加超过屈服强度引起塑性变形，从而使原始残余应力消除并稳定化，从而达到消除残余应力的目的。热冲击时效耗时少，一般只需几分钟，适用于具有中等应力的铸件。

4）振动时效：用激振器或振动台使工件以约 50Hz 的频率进行振动来消除残余应力。如以工件的固有频率激振，则效果更佳。由于振动时效方便简单，没有氧化皮，因此一般适用于最后精加工前的时效工序。对于某些零件，可用木锤击打的方式进行时效。一些小工件，还可将它们装在滚筒内，滚筒旋转时工件相互撞击，也可收到消除残余应力的效果。

（2）合理安排工艺过程　例如粗、精加工分开在不同工序中进行，使粗加工后有一定时间让残余应力重新分布，以减少对精加工的影响。在加工大型工件时，粗、精加工往往在一个工序中完成，这时应在粗加工后松开工件，让工件有自由变形的可能，然后再用较小的夹紧力夹紧工件后进行精加工。再如焊接时工件先经预热以减少温差，并合理安排焊接顺序，也可减少残余应力的产生。对于精密的零件，在加工过程中不允许进行冷校直（必须进行校直时可改用热校直）。

（3）改善零件结构　简化零件结构、提高零件的刚性，使壁厚均匀、焊缝分布均匀等均可减少残余应力的产生。

4.6　加工误差的统计分析

前面对产生加工误差的主要因素分别进行了分析。但实际加工中影响加工精度的因素往往是错综复杂的，由于多种原始误差同时作用，有的可以相互补偿或抵消，有的则相互叠加，不少原始误差的出现又带有一定的偶然性，往往还有很多考察不清或认识不到的因素，因此很难用前述单一因素分析法来分析计算某一工序的加工误差。这时只能通过对生产现场实际加工出的一批工件进行检查测量，运用数理统计的方法加以处理和分析，从中找出误差的规律，找出解决加工精度问题的途径并控制工艺过程正常进行。这就是加工误差的统计分析法。

4.6.1　加工误差的性质

区别加工误差的性质是研究和分析加工精度极为重要的一环。不同性质的误差在加工中出现的规律和表现形式是完全不同的。误差按其在一批零件中出现的规律不同可归纳为两大类：系统性误差和随机性误差。

1. 系统性误差

在顺次加工一批工件中这类误差的大小或方向保持不变，或是按一定规律变化。前者称为常值系统性误差，后者称为变值系统性误差。

在工艺系统中，如原理误差；机床、刀具、夹具、量具的制造误差；调整误差；工艺系统的受力变形等都属于常值系统性误差，它们和加工顺序（或时间）没有关系。例如铰刀本身直径偏大，加工一批孔的尺寸也偏大。机床、夹具和量具的磨损速度很慢，在一定时间内也可以看作是常值系统性误差。

机床和刀具未达到热平衡时的热变形，都是随加工顺序（或加工时间）而有规律地变化的。因此属于变值系统性误差。多工位机床回转工作台的分度误差和它的夹具装夹误差引起的加工误差，将随着加工顺序而周期性地变化，故也属于变值系统性误差。

至于刀具磨损引起的加工误差，则要根据它在一次调整中的磨损量大小来判别。砂轮、车刀、面铣刀、单刃镗刀等均应作为变值系统性误差来处理。钻头、铰刀、齿轮加工刀具等由于磨损所引起的加工误差在一次调整中很不显著，故均可作为常值系统性误差处理。

2. 随机性误差

在顺次加工一批工件中，误差出现的大小和方向做不规则地变化的误差称为随机性误差。毛坯误差、定位误差、夹紧误差、残余应力引起的变形误差、复映误差等都是随机性误差。随机性误差虽然是不规则地变化的，但只要统计的数量足够多，仍可找出一定的统计规律性。随机性误差有下列特点：

1）在一定的加工条件下，随机性误差的数值总是在一定范围内波动。

2）绝对值相等的正误差和负误差出现的概率相等。

3）误差绝对值越小，出现的概率越大，误差绝对值越大则出现的概率越小。

对上述两类不同性质的误差，其解决的途径是不一样的。一般来说，对常值系统性误差可以在查明其大小和方向后，通过相应的调整或维修工艺装备等方法来减小或消除。有时还可以人为地给一常值系统性误差去抵消本来的常值系统性误差。例如车削丝杠时为了抵消机床母丝杠的螺距累积误差而采用的丝杠螺距补偿装置等。对变值系统性误差，可以在摸清其变化规律后，通过自动连续补偿和自动周期补偿等方法加以修正。例如各种磨床上对砂轮磨损和砂轮修整的自动补偿；用空车运转使机床达到热平衡后再开始加工以减少热变形的影响等。至于随机性误差，由于其没有明显的变化规律，很难完全消除，只能对其产生的根源采取适当的措施以减小其影响。例如对毛坯带来的误差，可以从缩小毛坯本身的误差和提高工艺系统刚度两方面来减少其影响。在大批、大量生产中采用积极的预防性检验，可随时发现问题，及时给予解决，这对保证产品质量，提高劳动生产率及降低产品成本都是有效的。

4.6.2　分布图分析法

在加工一批工件中既有系统性误差的影响，也有随机性误差的影响。因此不能用单因素分析法来分析其因果关系，也不能从单个工件的检查结果去作结论。因为单个工件不能反映误差的性质和规律，单个工件误差的大小更不能代表整批工件的误差的大小。在生产中常用统计分析法对成批生产零件的质量进行分析。

统计分析法是以生产现场内对许多工件进行检查的结果为基础，用数理统计的方法处理这些结果，从中找出规律，进而获得解决问题的途径。

常用的统计分析法有两种，即分布曲线法和点图法。

1. 分布曲线法——直方图

一批零件需要进行孔加工，图样规定其直径为 $\phi 10^{+0.022}_{0}$mm，该孔采用铰孔的加工方法，加工后对 200 个零件尺寸进行测量，测量时发现它们的尺寸各不相同，这种现象称之为"尺寸分散"。把测量所得数据按大小分组，各组组距为 0.002mm 则可列表如下，见表 4-3。

表 4-3　频数（率）分布表

组　号	组界/mm	中间值 x_i/mm	频数 m_i	频率 m_i/n
1	9.994~9.996	9.995	1	0.5
2	9.996~9.998	9.997	4	2
3	9.998~10.000	9.999	19	9.5
4	10.000~10.002	10.001	49	24.5
5	10.002~10.004	10.003	56	28
6	10.004~10.006	10.005	42	21
7	10.006~10.008	10.007	23	11.5
8	10.008~10.010	10.009	6	3

如用频数为纵坐标，以组距为横坐标，画出一系列直方形，即直方图，如图 4-38 所示。由图可知：

分散范围 = 最大孔径 - 最小孔径

$\qquad$ = (10.010 - 9.994) mm

$\qquad$ = 0.016mm

分散范围中心（即孔径的算术平均值）

$$\bar{x} = \frac{1}{n}\sum_{i=1}^{n} x_i$$

$\qquad$ = 10.003mm

公差带中心 $\qquad = \left(10 + \dfrac{0.022}{2}\right)$ mm

$\qquad$ = 10.011mm

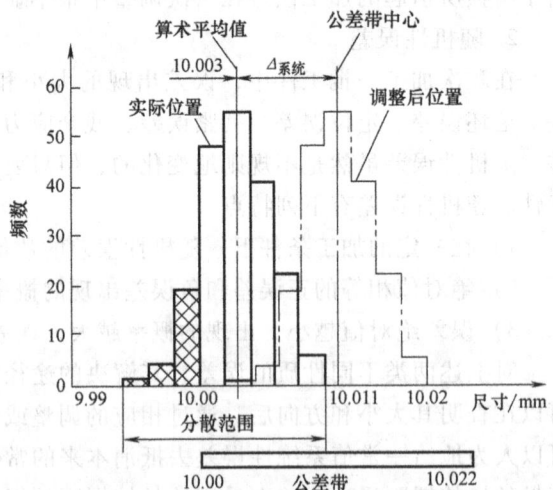

图 4-38　一批工件铰孔的实际尺寸分布

实际测量结果表明，一部分工件已超出了公差范围（图中阴影部分），成了不合格品，但从图中也可看出，这批工件的分散范围为 0.016mm 比公差带还小，如果能够设法将分散范围

中心调整到与公差带中心重合，工件就完全合格。具体地讲，只要换一把直径加大 0.008mm
的铰刀即可。因此解决这道工序的精度问题的方

法就是消除常值系统性误差 $\Delta_{系统} = (0.011 -$

$0.003)\text{mm} = 0.008\text{mm}$。

　　表 4-3 中，分组数 k 根据抽查件数确定，
分组数过多（组距过小），图形受到局部随机
因素的影响太大，如图 4-39 是将图 4-38 的工
件孔径按 0.001mm 分组后做出的直方图，可以
看出，图形比较细致，但呈现较多的锯齿形；
如分组数过少，直方图过于粗糙。应选择一合
适的数量，具体分组数的确定可按表 4-4 的经

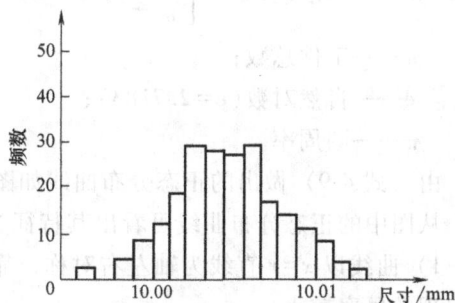

图 4-39　组距对直方图的影响

验数值确定。n 是被测工件数，频数 m_i 表示各组距内的工件数，频率 m_i/n 表示各组距内工
件出现的频率。

表 4-4　k 的经验数值

测量零件的数量 n	分组数 k
50 ~ 100	6 ~ 10
100 ~ 250	7 ~ 12
250 以上	10 ~ 20

　　比较上述图 4-38 和图 4-39 还可以看出，在用频数作为纵坐标时，图形的高低受到组距
的影响。组距较大，图形就高，如图 4-38 所示；组距较小，图形就低，如图 4-39 所示。另
外，如果工件的总数发生了变化，图形的高低也受影响，总数多，图形高，总数少，图形
低。为了使某一工序的分布图图形能代表该工序的加工精度，不受组距及工件总数的影响，
图形的纵坐标改用频率密度（或称概率密度或分布密度）。

$$频率密度 = \frac{频数}{工件总数×组距} = \frac{频率}{组距}$$

这样图形所包含的总面积等于 1（100%）。

　　(1) 实际分布曲线　在绘制一批工件的尺寸分布图时，若所取的工件数量增加至无穷
大，而尺寸间隔取得很小时，作出的直方图形状就非常接近光滑的曲线。这就是所谓实际分
布曲线。生产实践经验表明，在正常条件下加工一批工件时，其实际分布曲线和理论上的正
态分布曲线相似。所以在研究加工误差问题时，常应用数理统计学中的"理论分布曲线"
来近似地代替实际分布曲线，这样会带来很大的方便。

　　(2) 理论正态分布曲线　在研究加工误差时，常采用理论正态分布曲线来代表加工尺
寸的实际分布曲线，其方程式为

$$y = \frac{1}{\sigma\sqrt{2\pi}}e^{-\frac{(x-\bar{x})^2}{2\sigma^2}} \tag{4-9}$$

式中　y——分布曲线的纵坐标，表示频率或频数；

　　　　x——分布曲线的横坐标，表示工件尺寸；

　　　　$\bar{x}$——工件尺寸的算术平均值，$\bar{x} = \frac{1}{n}\sum_{i=1}^{n}x_i$；

σ——标准差，$\sigma = \left[\dfrac{1}{n} \sum\limits_{i=1}^{n} (x_i - \bar{x})^2 \right]^{\frac{1}{2}}$；

n——工件总数；

e——自然对数（$e = 2.7183$）；

π——圆周率。

由（式4-9）做出的正态分布曲线如图4-40所示。

从图中的正态分布曲线可看出其特征为：

1）曲线以 $x = \bar{x}$ 直线为轴左右对称，靠近 $\bar{x}$ 的工件尺寸出现概率较大，远离 $\bar{x}$ 的工件尺寸出现的概率较小。

2）对 $\bar{x}$ 出现正偏差和负偏差的概率相等。

3）正态分布曲线与横坐标所包含的全部面积代表了全部工件数（即100%）。若求正态分布曲线下某一尺寸范围的面积（即某一尺寸范围内的工件频率），可用积分法，如图4-41所示，也可查工艺手册。

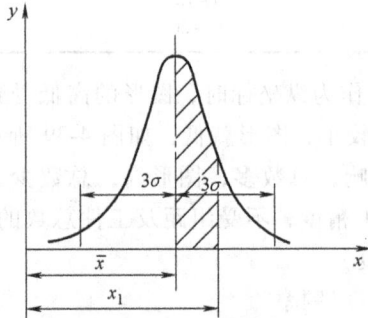

图 4-40　正态分布曲线

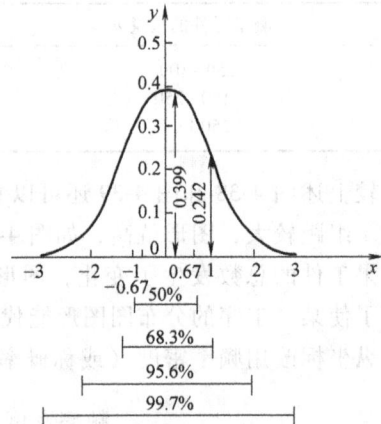

图 4-41　不同尺寸范围内所占面积

在利用式（4-9）进行计算时，不同的积分范围，其合格率是不同的。如 $\dfrac{x_i - \bar{x}}{\sigma} = \pm 3$ 时，其面积 $2F = 99.73\%$，即工件尺寸在 $\pm 3\sigma$ 以外的频率只占0.27%，可以忽略不计。因此，一般都取正态分布曲线的分散范围为 $\pm 3\sigma$（图4-41）。$\pm 3\sigma$ 的概念在研究加工误差问题时应用很广，它的大小代表了某一加工方法在规定的条件下（毛坯余量、切削用量、正常的机床、刀具等）所能达到的加工精度。所以一般情况下应该使公差的大小 T 和标准差 σ 之间具有下列关系

$$T \geqslant 6\sigma$$

（3）正态分布曲线的特征参数　算术平均值 $\bar{x}$ 及标准差 σ 是正态分布曲线的主要特征参数。

1）算术平均值 $\bar{x}$ 是确定曲线位置的主要参数。它决定一批工件尺寸分散中心的坐标位置，在常值系统性误差的影响下，整个分布曲线沿横坐标轴移动。整批工件的尺寸对称分布在算术平均值的两边，且在 $\bar{x}$ 附近出现的概率较大。曲线成钟形，中间高，两边低。

一批工件尺寸的算术平均值为

$$\bar{x} = \frac{x_1 + x_2 + \cdots x_n}{n} = \frac{\sum_{i=1}^{n} x_i}{n}$$

2）标准差 σ 是决定分布曲线形状及分散范围的唯一因素，当 $x = \bar{x}$ 时，曲线的最大值为 $y_{max} = \dfrac{1}{\sigma\sqrt{2\pi}}$。由此可看出 y_{max} 与 σ 成反比；当 σ 增大时，y_{max} 减小。由于分布曲线与横坐标轴所围的面积总是等于 1（即 100%），因此当 σ 越大，分布曲线就越平坦；相反，σ 越小，曲线向上凸起，同时两侧紧缩。图 4-42 表示当 $\bar{x} = 0$ 时，不同 σ 值的三条正态分布曲线。

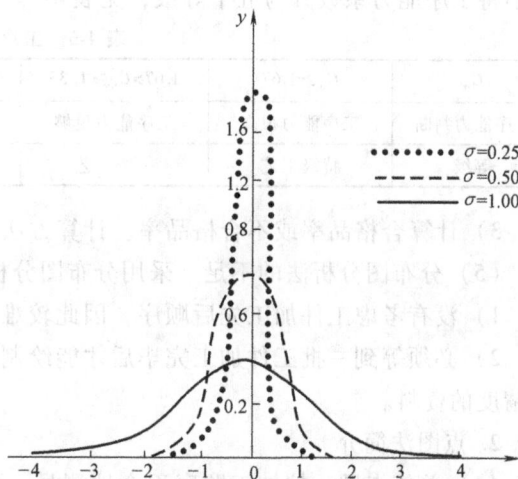

图 4-42　标准差值对分布曲线的影响

工件的实际分布有时并不近似正态分布，如用试切法加工时，由于主观上不愿产生不可修复的废品，在加工孔时总是"宁小勿大"，加工外圆时"宁大勿小"其分布也就出现不对称情况，如图 4-43a、b 所示。

在加工过程中，当刀具或砂轮磨损具有显著影响时所得一批工件的尺寸分布如图 4-43c 所示。可以看出，图中 BC 之间的平线是由于系统性误差的影响，而两侧是由于随机性误差的影响。

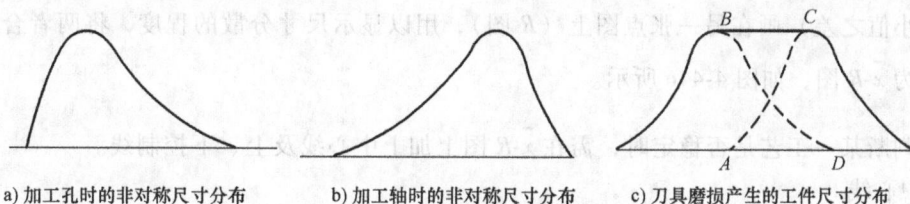

a) 加工孔时的非对称尺寸分布　　b) 加工轴时的非对称尺寸分布　　c) 刀具磨损产生的工件尺寸分布

图 4-43　几种具有明显特征的分布

（4）分布曲线的应用　在生产实际中利用分布图可用于以下方面。

1）判断加工误差的性质。成批生产中，抽样检验后算出 $\bar{x}$ 和 σ，绘出分布图。如果 $\bar{x}$ 值偏离公差带中心，则表明加工过程中工艺系统存在常值系统性误差。如果按加工顺序分批抽检同一批工件，它们的 $\bar{x}$ 值有规律地递增或递减，则说明存在变值系统性误差。

正态分布的标准差 σ 的大小表明随机变量的分散程度。若 σ 值较大，说明工艺系统随机误差较大。

2）确定工序能力及工序能力系数。所谓工序能力是指本工序能够稳定地加工合格品的能力，而工序能力系数是指工序能力能够满足产品精度的程度，因此，工序能力可用工序能力系数来判断。工序能力系数可用下式计算

$$C_p = \frac{T}{6\sigma}$$

分散范围 6σ 是某一工序所具有的工序能力；而工件尺寸公差 T 是由设计者按使用要求规定的，并未考虑工序能力。工艺人员的任务是将两者综合起来考虑，使工序能力达到工件的精度要求，即 $C_p \geq 1$ 或 $T \geq 6\sigma$。C_p 值越大，保证加工精度的工序能力越大。根据 C_p 值的大小将工序能力系数分为五个等级，见表 4-5。

表 4-5　工序能力系数

C_p	$C_p \geq 1.67$	$1.67 > C_p \geq 1.33$	$1.33 > C_p \geq 1.0$	$1.0 > C_p \geq 0.67$	$0.67 > C_p$
工序能力判断	工序能力很高	工序能力足够	工序能力勉强	工序能力不足	工序能力很差
等级	特级工艺	一级工艺	二级工艺	三级工艺	四级工艺

3）计算合格品率或不合格品率。计算方法见前述内容。

（5）分布图分析法的不足　采用分布图分析加工误差尚有下列不足之处：

1）没有考虑工件加工先后顺序，因此较难把变值性系统误差和随机误差区分开来。

2）必须等到一批工件加工完毕后才能绘制分布图，因此不便于在加工过程中，提供控制精度的资料。

2. 点图法简介

（1）单值点图　按加工顺序逐个地测量一批工件的尺寸，以工件的误差（尺寸误差或几何误差）为纵坐标，以工件的加工顺序为横坐标，则可绘制出图 4-44a 所示的点图。为了缩短点图的长度可将 m 个工件为一组，以工件组序为横坐标，仍以工件误差为纵坐标，同一组内各工件可根据尺寸分别点在同一组号的垂直线上，如图 4-44b 所示。

（2）$\bar{x}$-R 图　为了进一步显示尺寸变化的趋势，将变值系统性误差的影响能在图上表示出来，可以只将每 m 个工件误差的平均值标在点图上（$\bar{x}$ 图），同时把每一组的极差（最大值与最小值之差）画在另一张点图上（R 图），用以显示尺寸分散的程度，将两者合在一起使用称为 $\bar{x}$-R 图，如图 4-44c 所示。

当判断某一工艺是否稳定时，需在 $\bar{x}$-R 图上加上中心线及上、下控制线。

$\bar{x}$ 图的中心线

$$\bar{x} = \frac{\sum_{i=1}^{n} \bar{x}_i}{n}$$

$\bar{x}$ 图的上控制线

$$k_s = \bar{x} + A\bar{R}$$

$\bar{x}$ 图的下控制线

$$k_x = \bar{x} - A\bar{R}$$

R 图的中心线

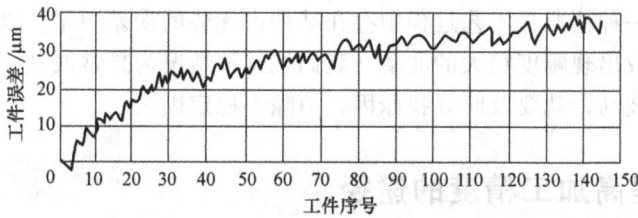

a) 工件误差逐件按件号点出

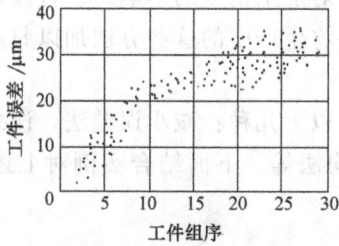

b) 工件误差按组序点出

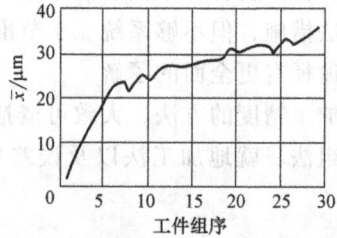

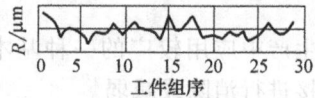

c) 工件分组平均误差按组序点出 ($\overline{x}$-R 图)

图 4-44　几种点图形式

$$\overline{R} = \frac{\sum\limits_{i=1}^{n} R_i}{n}$$

R 图的上控制线

$$k_s = D\overline{R}$$

式中的 A 和 D 按表 4-6 选取。

表 4-6　A 与 D 的系数表

每组个数 m	A	D
4	0.73	2.28
5	0.58	2.11

（3）$\overline{x}$-R 图分析　如图 4-45 所示，控制图上点的变化反映了工艺过程是否稳定。控制图上点随机地分布在中心线两侧附近，而远离中心线或接近上、下控制线的很少，说明工艺过程是稳定的，否则是不稳定的。点图上点的波动有两种情况，一种是只有随机性波动，其特点是波动的幅值一般不大，而引起这种波动的原因又很多，有时甚至无法知道，即使知道也无法或不值得去控制它们。我们视这种情况为正常波动，

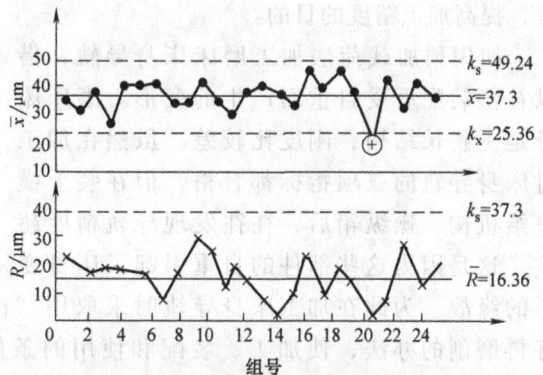

图 4-45　$\overline{x}$-R 图

并称工艺稳定。另一种情况是工艺过程中存在某种占优势的误差因素，以致点图具有明显的上升或下降倾向，或出现幅度很大的波动。我们视这种情况为异常波动，并称工艺过程不稳定。一旦出现异常波动，就要及时寻找原因，消除不稳定因素。

4.7　保证和提高加工精度的途径

上述几节中，在分析各种单因素的原始误差对加工精度的影响时，曾涉及一些保证和提高加工精度的方法措施，但不够系统。本节准备将生产中的这些方法加以归纳整理，以便对提高加工精度的途径有更全面的了解。

保证和提高加工精度的方法，大致可概括为以下几种：减小误差法、误差补偿法、误差转移法、误差分组法、就地加工法以及误差平均法等。下面结合实例对上述几种方法予以讨论。

4.7.1　减小误差法

这种方法是生产中应用较广的一种基本方法，它是在查明产生加工误差的主要因素之后，设法对其直接进行消除或减弱。

例如细长轴的车削，因工件刚性差，容易产生弯曲变形和振动，严重影响加工精度。采用跟刀架和90°车刀，虽提高了工件的刚度，减小了径向切削力，但由于工件在轴向力作用下，形成长杆受偏心压缩而失稳弯曲。一旦工件弯曲，高速旋转产生的离心力以及工件受切削热作用产生的伸长受顶尖限制，都会加剧其弯曲变形。现采用了"大进给反向切削法"，基本消除了切削力和热伸长引起的弯曲变形。若辅之以弹簧顶尖，可进一步消除热变形引起的热伸长的危害，如图 4-46 所示。

再如在薄片磨削中采用工件和电磁吸盘之间加橡胶垫的方法，使工件在自由状态下得到固定，解决了薄片零件两端面加工平面度不易保证的难题。

4.7.2　误差补偿法

补偿误差是人为地选出一种新的误差去抵消工艺系统中已存在的误差。当已有误差是负值时人为的误差取正值，反之取负值，尽量使两者大小相等方向相反，从而达到减少加工误差，提高加工精度的目的。

如用预加载荷法加工磨床床身导轨，借以补偿装配后受自重而产生的变形。磨床床身是一狭长结构，刚度比较差。虽然在加工时床身导轨的三项指标都合格，但在装上横进给机构、操纵箱后，往往发现导轨精度超差。这是因为这些部件的自重引起了床身变形的缘故。

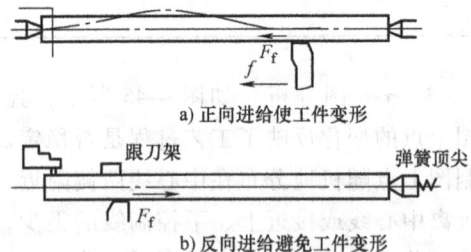

a) 正向进给使工件变形

b) 反向进给避免工件变形

图 4-46　细长轴的车削

为此在加工床身导轨时采取用"配重"代替部件重量，或者先将该部件装好再磨削的办法，使加工、装配和使用的条件相一致。这样，可以使导轨长期保持高的加工精度。

再如，用校正机构提高丝杠车床传动链精度。在精密螺纹加工中，机床传动链误差将直接反映到被加工零件的螺距上，使精密丝杠的加工精度受到一定限制。为了满足精密丝杠加工的要求，在生产中广泛应用了以误差补偿原理来消除传动链误差的方法。

图 4-47 为精密丝杠车床上用"校正"装置达到误差补偿目的的示意图。图中与车床母丝杠相配合的螺母 2 和摆杆 4 连接，摆杆的另一端装有滚柱 6 和校正尺 5 接触。当母丝杠转动时，滚柱就沿校正尺移动。由于校正尺上预先已加工出与母丝杠螺距误差相对应的曲线，因此，就使摆杆上升或下降，造成了螺母的附加转动。当螺母与母丝杠反向转动时，螺距就增大，做同向转动时，螺距就减小，从而以校正尺的人为误差抵消传动链误差。

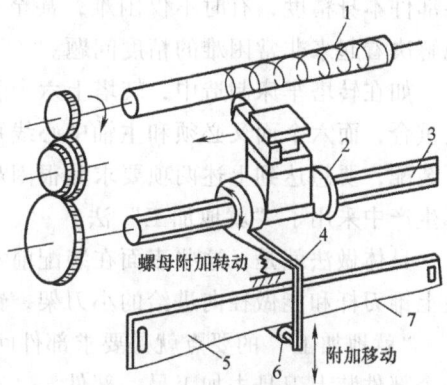

图 4-47　螺距校正装置
1—工件　2—螺母　3—车床丝杠　4—摆杆
5—校正尺　6—滚柱　7—工作尺面

4.7.3　误差转移法

转移误差实质上是转移工艺系统的几何误差、受力变形和热变形等。转移误差的实例很多。如当机床精度达不到零件加工要求时，常常不是一味提高机床精度，而是在工艺上或夹具上想办法，创造条件，使机床的几何误差转移到不影响加工精度的方面去。这种"以粗干精"的方法在轴类零件加工和箱体加工中都有应用。如磨削主轴锥孔时，锥孔和轴颈的同轴度不是靠机床主轴的回转精度来保证，而是靠夹具保证。当机床主轴与工件轴颈之间用浮动联接后，机床主轴的原始误差就转移掉了，它不再影响加工精度。

在箱体的孔系加工中，可用坐标法在普通镗床上保证孔系的加工精度，其要点就是采用了精密量棒、内径千分尺和百分表等进行精密定位。这样一来，镗床上因丝杠、刻度盘、和刻线尺而产生的误差就不反映到工件的定位精度上去了。

4.7.4　误差分组法

在加工中会遇到这种情况：本工序的加工精度是稳定的，工艺能力也足够，但毛坯或上工序加工的半成品精度太低，引起定位误差或复映误差太大，因而不能保证加工精度。如要求提高毛坯精度或上工序加工精度，往往是不经济的，这时，可采用误差分组的方法，把毛坯误差按误差大小分为 n 组，每组毛坯的误差就缩小为原来的 $1/n$，然后按各组分别调整刀具与工件的相对位置关系或选用合适的定位元件，就可大大缩小整批工件的尺寸分散范围。例如某工厂剃削 Y7520W 齿轮磨床的交换齿轮，齿轮孔径为 $\phi25^{+0.013}_{0}$mm，心轴实际直径为 $\phi25.002$mm，由于配合间隙有时过大，剃后的齿轮产生几何偏心，使齿圈跳动超差。同时剃齿时容易产生振动，引起齿面波纹，增大齿轮工作时的噪声。为了保证工件与心轴有更高的同轴度，必须限制配合间隙，但工件孔的精度已是 IT6 级，再要提高精度，势必大大增加加工成本，因此采用原始误差分组的方法，对工件孔进行分组，并用多档尺寸的心轴和工件孔对配，减少了由于间隙而产生的定位误差，从而解决了加工精度的问题。

4.7.5　就地加工法

在加工和装配中有些精度问题牵涉到零部件间的相互关系，相当复杂，如果一味地提高零部件本身精度，有时不仅困难，甚至不可能。若采用"就地加工"的方法，就可能很快地解决看起来非常困难的精度问题。

如在转塔车床制造中，转塔上六个装夹刀架的大孔，其中心线必须保证和主轴旋转中心线重合，而六个面又必须和主轴中心线垂直。如果把转塔作为单独零件，加工出这些表面后再装配，要想达到上述两项要求是很困难的，因为这里包含了很复杂的尺寸链关系。因而实际生产中采用了"就地加工"法。

具体做法就是，这些表面在装配前不进行精加工，等它装配到机床上以后，再在主轴上装上锥刀杆和能做径向进给的小刀架，镗、车削六个大孔及端面。这样，精度便能保证。

"就地加工"的要点就是要求部件间什么样的位置关系，就在这样的位置关系上，利用一个部件装上刀具去加工另一部件。

"就地加工"这个简捷的方法不但应用于机床装配中，在零件的加工中也常常用来作为保证精度的有效措施。例如，在车间经常看到在机床上"就地"修正花盘和卡盘平面的平面度和卡爪的同轴度；在机床上"就地"修正夹具的定位面等。

精密丝杠车削时，为保证"三点同心"采用了"自干自"的方法。所谓"三点同心"即机床前顶尖、跟刀架导套内孔中心和尾座顶尖应该同心，其同轴度一般不超过 0.002mm。工厂"自干自"的先进经验是：对前顶尖就地"自磨自"；对跟刀架导套就地"自镗自"；对尾座就地通过刮研保证前后顶尖等高。

4.7.6　误差平均法

对配合精度要求很高的轴和孔，常采用研磨方法来达到。研具本身并不要求具有高精度，但它却能在和工件做相对运动中对工件进行微量切削，最终达到很高的精度。这种表面间相对研擦和磨损的过程，也就是误差相互比较和转移的过程，此法称为"误差平均法"。

利用"误差平均法"制造精密零件，在机械行业中由来已久，是劳动人民智慧的结晶。在没有精密机床的时代，利用这种方法已经制造出号称原始平面的精密平板，平面度达到几微米。这样高的精度，即使在今天也没有一台机床能够直接加工出来，还得靠"三块平板的合研"的"误差平均法"刮研出来。像平板一类的"基准"工具，如直尺、万能角度尺、多棱体、分度盘及标准丝杠等高精度量具和工具，今天还都采用"误差平均法"来制造。这种传统的方法被沿用至今，主要是由于它的基本特征在提高加工精度上具有重要作用。

复习思考题

1. 产品质量取决于什么？零件的质量与哪些因素有关？

2. 说明加工误差、加工精度的概念以及它们之间的区别？

3. 原始误差包括哪些内容？

4. 何谓加工原理误差？由于近似加工方法都将产生加工原理误差，因而都不是完善的加工方法，这种说法对吗？

5. 主轴运动误差取决于什么？它可分为哪三种基本形式？产生原因是什么？对加工精度的影响又如何？

6. 机床导轨误差怎样影响加工精度？

7. 为什么对卧式车床床身导轨在水平面内的直线度要求高于在垂直面内的直线度要求？而对平面磨床的床身导轨，其要求却相反？

8. 为什么磨削外圆都采用固定顶尖？为保证磨削质量，实际使用时还应该注意什么？

9. 何谓传动链误差？在什么加工场合下才要考虑机床的传动链误差对加工精度的影响？

10. 刀具的制造误差及刀具的磨损在哪些加工场合会直接影响加工精度？它们产生的加工误差的性质属于什么误差？

11. 举例说明工艺系统由于受力变形对加工精度产生怎样的影响。

12. 试分析在车床上车锥孔或车外锥体时，由于刀尖装夹高于或低于工件轴线时将会引起什么样的误差。

13. 在外圆磨床上加工（习题图 4-1）当 $n_1 = 2n_2$ 时，若只考虑主轴回转误差的影响，试分析在图中给定的两种情况下，磨削后工件的外圆应该是什么形状。为什么？

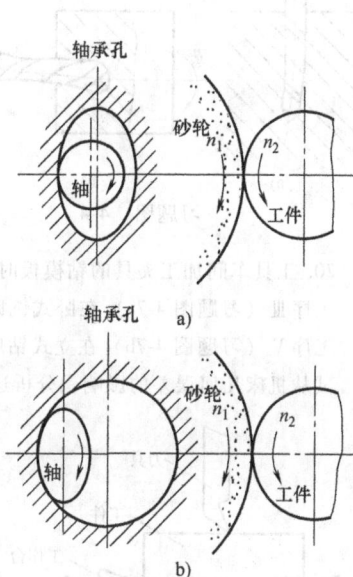

习题图　4-1

14. 在卧式镗床上对箱体件镗孔，试分析采用（1）刚性主轴镗杆。（2）浮动镗杆（指与主轴连接方式）和镗模夹具时，影响镗杆回转精度的主要因素有哪些。

15. 在车床上加工圆盘件的端面时，有时会出现圆锥面（中凸或中凹）或端面凸轮似的形状（如螺旋面）试从机床几何误差的影响分析造成习题图 4-2 所示的端面几何形状误差的原因是什么。

16. 在车床上加工心轴时（习题图 4-3）粗、精车外圆 A 及台肩面 B，经检验发现 A 有圆柱度误差、B 对 A 有垂直度误差。试从机床几何误差的影响，分析产生以上误差的主要原因。

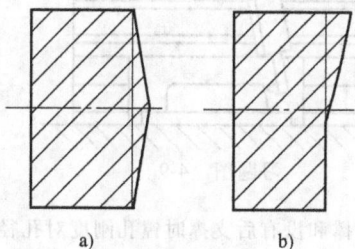

习题图　4-2

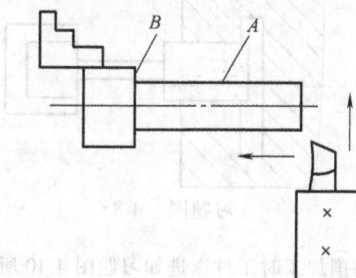

习题图　4-3

17. 用小钻头加工深孔时，在钻床上常发现孔中心线偏弯（习题图 4-4a），在车床上常发现孔径扩大（习题图 4-4b），试分析其原因？

18. 在外圆磨床上磨削薄壁套筒，工件装夹在夹具上（习题图 4-5），当磨削外圆至图样要求尺寸（合格）卸下工件后发现工件外圆呈鞍形，试分析造成此项误差的原因。

19. 当龙门刨床床身导轨不直时，（习题图 4-6）加工后的工件会成什么形状？

（1）当工件刚度很差时。

（2）当工件刚度很大时。

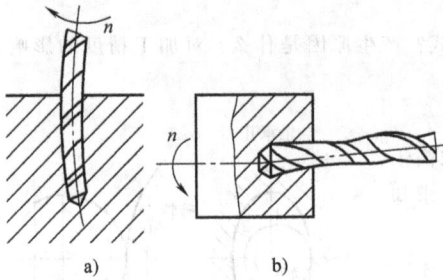

习题图　4-4

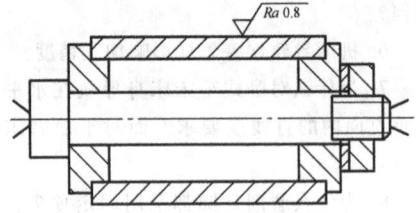

习题图　4-5

20. 工具车间加工夹具的钻模板时，其中两道工序的加工情况及技术要求如习题图 4-7 所示。

工序Ⅲ（习题图 4-7a）在卧式铣床上铣 A 面

工序Ⅴ（习题图 4-7b）在立式钻床上钻两孔 C

试从机床几何误差的影响，分析这两道工序产生相互位置误差的主要原因是什么。

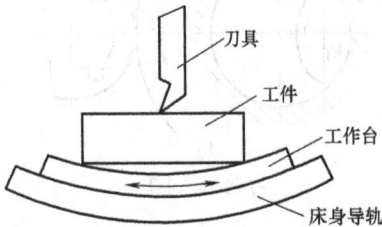

习题图　4-6

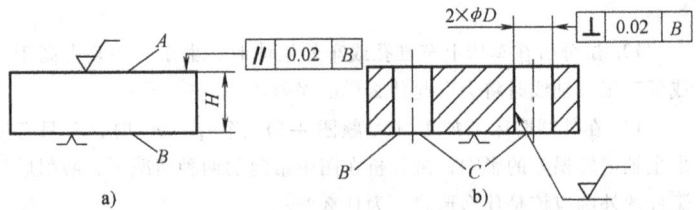

习题图　4-7

21. 在内圆磨床上加工不通孔（习题图 4-8），若只考虑磨头的受力变形，试推想孔表面可产生怎样的加工误差。

22. 在大型立车上加工盘形零件的端面及外圆时（习题图 4-9），因刀架较重，试推想由于刀架自重可能会产生怎样的加工误差。

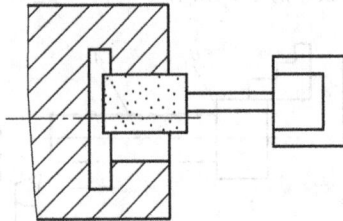

习题图　4-8

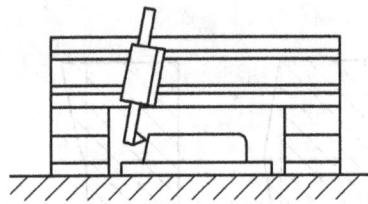

习题图　4-9

23. 镗削加工时工件送进如习题图 4-10 所示，试比较有后支撑和没有后支撑时镗孔刚度对孔径及轴向形状误差的影响。

24. 在车床上用两顶尖车光轴，棒料长 600mm，轴颈要求 $\phi 50_{-0.04}^{\ 0}$ mm。现已测得

$$K_{头座} = 6 \times 10^4 \text{N/mm}; \quad K_{尾座} = 5 \times 10^4 \text{N/mm}; \quad K_{刀架} = 4 \times 10^4 \text{N/mm}; \quad F_Y = 300 \text{N}, \text{试求：}$$

（1）由于机床刚度变化所产生的最大直径误差，并画出工件的形状误差曲线。

（2）由于工件受力变形所产生的最大直径误差，并画出工件的形状误差曲线。

（3）比较两种误差大小，后者是前者的几倍？

（4）两种因素综合后的工件的最大直径误差，并画出工件的形状误差曲线。

25. 如习题图 4-11 所示，在车床上采用卡爪端部为平面的自定心卡盘通过加垫片的办法，成批加工偏心量 $e = +0.01 \text{mm}$ 的偏心轴。已知 $K_{头座} = 7 \times 10^5 \text{N/mm}; \quad K_{刀架} = 4 \times 10^4 \text{N/mm}; \quad f = 0.1 \text{mm/r}; \quad \lambda = 0.4; \quad C_p =$

800N/mm，试计算若想一次走刀达到精度要求时，需选多厚的垫片。

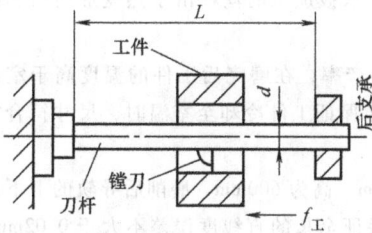

习题图　4-10

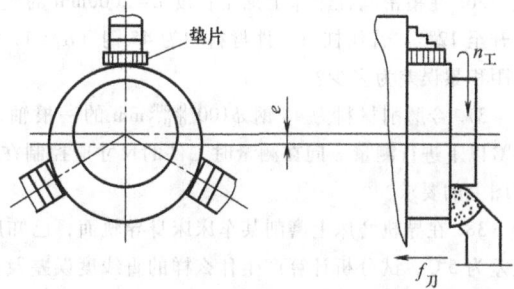

习题图　4-11

26. 在车床上半精车盘类零件上一短孔，已知半精车前内孔有圆度误差为 0.4mm，$K_{头座} = 4 \times 10^4 \text{N/mm}$；$K_{刀架} = 3 \times 10^3 \text{N/mm}$；$C_p = 10^3 \text{N/mm}$；$\lambda = 0.4$；$f = 0.05 \text{mm/r}$，试分析只考虑机床刚度的影响时

（1）须经几次走刀，方可使加工后的孔的圆度误差控制在 0.01mm 以内？

（2）若想一次走刀达到 0.01mm 的圆度要求，需选用多大进给量？

27. 说明误差复映的概念，误差复映系数的大小与哪些因素有关？

28. 用调整法加工一批 $\phi 20 \text{mm} \times 30 \text{mm}$ 的合金钢小轴，刀具材料选用 P10（YT15），切削速度 $v_c = 135 \text{m/min}$；进给量 $f = 0.21 \text{mm/r}$，试求加工 500 件后由于刀具磨损引起的工件直径误差为多少？

29. 试分析工件产生内应力的主要原因及经常出现的场合。为减少内应力的影响，应在设计和工艺方面采用哪些措施？

30. 为什么细长轴冷校直后会产生残余内应力？其分布情况怎样，对加工精度将带来什么影响？

31. 试分析习题图 4-12 所示床身铸坯形成残余内应力的原因，并确定 A、B、C 各点残余内应力的符号，当粗刨床面切去 A 层后，床面会产生怎样的变形？

32. 习题图 4-13 所示套筒的材料为 20 钢，当其在外圆磨床上用心轴定位磨削外圆时，由于磨削区的高温，试分析外圆及内孔处残余应力的符号。若用锯片铣刀铣开套筒，问铣开后的两个半圆将产生怎样的变形？

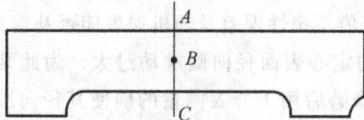

习题图　4-12

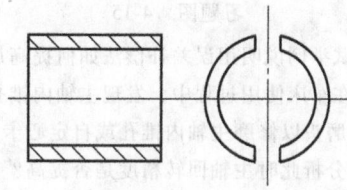

习题图　4-13

33. 如习题图 4-14a 所示之铸件，若只考虑铸造残余内应力的影响，试分析当用面铣刀铣去上部连接部分后，工件将发生怎样的变形？又如习题图 4-14b 所示铸件，当采用宽度为 B 的三面刃铣刀分别将中部板条、左边框板条切开时，开口宽度 B 的各个尺寸将如何变化？

34. 在机械加工中的工艺系统热源有哪些？试分析这些热源对机床、刀具、工件热变形的影响如何。

35. 试分别说明下列各种加工条件对加工误差的影响有何不同。

（1）刀具的连续切削与间断切削。

（2）加工时工件均匀受热与不均匀受热。

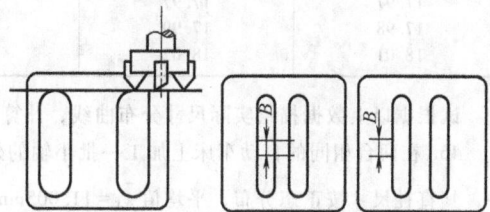

a)　　　b)

习题图　4-14

（3）机床热平衡前与热平衡后。

36. 在精密丝杠车床上加工长度 $L=2000\text{mm}$ 的丝杠，室温为 20℃，加工后工件温升至 45℃，车床丝杠温升至 12℃。若丝杠与工件材料均为 45 钢（$\alpha_l = 11\times10^{-6}℃^{-1}$ 时）试求被加工的丝杠由于热变形而引起的螺距积累误差为多少？

37. 今磨削材料为 45 钢 $\phi100_{-0.032}^{-0.008}\text{mm}$ 的一根轴，欲提高劳动生产率，在磨完后工件的温度高于室温 25℃ 以下进行测量。问在测量时工件的尺寸应控制在什么范围内才能保证工件冷却至室温时，尺寸符合零件图上的要求？

38. 在导轨磨床上磨削某车床床身导轨面，已知床身长为 2000mm，高为 600mm，磨削后导轨的上下面温差为 5℃，试分析计算产生什么样的直线度误差及其值多大。若保证全长的直线度误差不大于 0.02mm，磨削时上、下面温差应控制在什么范围内（$\alpha_l = 12\times10^{-6}℃^{-1}$）。

39. 加工误差根据它的统计规律，可分为哪几类？这几类误差有什么特点？举例说明。

40. 实际生产中在什么条件下加工出来的一批工件符合正态分布曲线？该曲线有何特点？表示曲线特征的基本参数有哪些？

41. 在车床上加工一批光轴的外圆，加工后经测量若整批工件发现有下列几何形状误差如习题图 4-15 所示。试分别说明可能产生上述误差的各种因素。

42. 习题图 4-16 所示在车床的自定心卡盘上精车一批薄壁铜套的内孔，工件以 $\phi50h6$ 定位，用调整法加工。试分析影响车孔的尺寸、几何形状，以及孔对已加工外圆 $\phi46h6$ 的同轴度误差的主要因素有哪些。并分别指出这些因素产生的加工误差的性质属于哪一类。

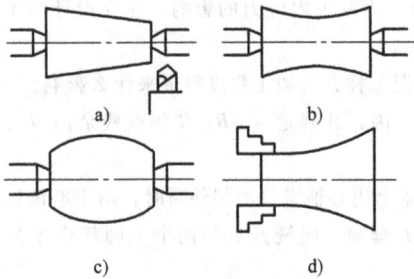

习题图 4-15

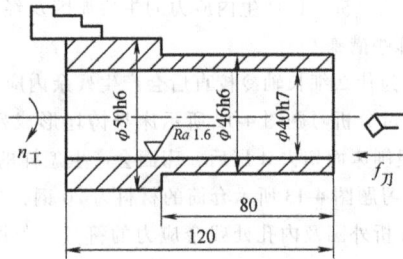

习题图 4-16

43. 试举例说明用误差补偿法如何提高加工精度。对于变值系统性误差及随机误差能否补偿？

44. 在车床使用过程中，发现主轴内锥孔或自定心卡盘的定心表面径向圆跳动过大，为此常在刀架上装夹内圆磨头以修磨主轴内锥孔或自定心卡盘的定心表面，修磨后用千分表测量的确使其径向圆跳动大大下降。试分析此时主轴回转精度是否提高？为什么？

45. 在自动车床上加工一批直径为 $\phi18_{-0.08}^{+0.03}\text{mm}$ 的小轴，抽检 25 件其尺寸如下表。

（单位：mm）

17.89	17.92	17.93	17.94	17.94
17.95	17.95	17.96	17.96	17.96
17.97	17.97	17.97	17.98	17.98
17.98	17.99	17.99	18.00	18.00
18.01	18.02	18.02	18.04	18.05

试根据以上数据描绘实际尺寸分布曲线，计算合格率、废品率、可修复废品率及不可修复废品率。

46. 在两台相同的自动车床上加工一批小轴的外圆，要求保证直径 $\phi11\text{mm}\pm0.02\text{mm}$。第一台加工 1000 件，其直径尺寸按正态分布，平均值 $\bar{x}_1 = 11.005\text{mm}$，标准差 $\sigma_1 = 0.004\text{mm}$。

第二台加工 500 件其直径尺寸也按正态分布，且 $\bar{x}_2 = 11.015\text{mm}$。$\sigma_2 = 0.0025\text{mm}$，试求：

（1）在同一图上画出两台机床加工的两批工件的尺寸分布图。指出哪台机床的工序精度高？

（2）计算并比较哪台机床废品率高，并分析其产生的原因及提出改进的办法。

47. 何谓"就地加工"？何谓"偶件配合加工"？这两种方法能保证加工精度的原因何在？试举例说明。

48. 在车床上加工丝杠和在插齿机床上加工齿轮时，引起工件产生误差幅值最大的是什么元件？其他传动元件对加工误差又有何影响？这类误差对一批工件而言，是属于何种性质？

第 5 章　机械加工表面质量

5.1　概述

机器质量的主要指标之一是使用的可靠性和使用期限，一台机器在正常的使用过程中，由于其零件的工作性能逐渐变坏，以致不能继续使用，有时甚至会突然损坏，其原因除少数是因为设计不周而强度不够，或偶然性事故引起了超负荷以外，大多数是由于磨损、受外界介质的腐蚀或疲劳破坏。磨损、腐蚀和疲劳破坏都是发生在零件的表面，或是从零件表面开始的。因此，加工表面质量将直接影响到零件的工作性能，尤其是它的可靠性和寿命。因而表面质量问题越来越受到各方面的重视。

5.1.1　表面质量的主要内容

机器零件的加工质量，除加工精度外，表面质量也是极其重要的一个方面。所谓加工表面质量，是指机器零件在加工后的表面层状态。任何机械加工所得的表面，总是存在一定的几何形状误差。表面层材料在加工时受切削力、切削热等的影响，也将会使原有的物理力学性能发生变化。因此，加工表面质量应包括以下内容。

1. 表面的几何形状

加工后的表面几何形状，总是以"峰""谷"交替出现的形式偏离其理想的光滑表面。一般根据波距（峰与峰或谷与谷间的距离）L 和波高（峰、谷间的高度）H 的比值将这种偏离分为三种情况。

（1）表面形状误差　波距 L 和波高 H 之比 $L/H > 1000$ 时属于宏观几何形状偏差，该误差是加工精度的指标之一，不属于表面质量的范畴，几何形状误差就仅指宏观几何偏差（图 5-1 中的 L_3、H_3）。

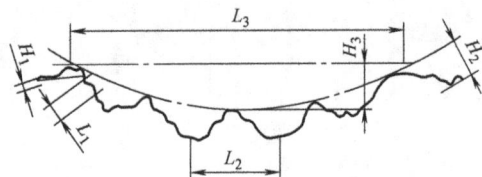

图 5-1　表面形状特征

（2）表面波度　波距 L 和波高 H 之比 $L/H = 50 \sim 1000$ 时，一般由加工时的低频振动造成，是介于上述表面形状误差和下述表面粗糙度之间的一种误差形式（图 5-1 中的 L_2、H_2）。

（3）表面粗糙度　波距 L 和波高 H 之比 $L/H < 50$ 时，属于微观几何形状偏差，称为表面粗糙度，是衡量表面质量的重要指标（图 5-1 中的 L_1、H_1）。

2. 表面层的物理力学性能

表面层的物理力学性能变化，主要有以下三个方面的内容。

（1）表面层的加工硬化　工件在机械加工过程中，表面层金属产生强烈的塑性变形，使表层的强度和硬度都有所提高，这种现象称表面加工硬化。

（2）表面层残余应力　切削（磨削）加工过程中由于切削变形和切削热等的影响，工件表层及其与基体材料的交界处会产生相互平衡的弹性应力，称为表面层的残余应力。表面层残余应力如超过材料的强度极限，就会产生表面裂纹，表面的微观裂纹将给零件带来严重的隐患。

（3）表面层金相组织的变化　磨削时的高温，常会引起表层金属的金相组织发生变化（通常称之为磨削烧伤），由此将大大降低表面层的物理力学性能。这是控制磨削表面质量的一个重要问题。

5.1.2　表面质量对零件使用性能的影响

表面质量对零件使用性能如耐磨性、配合性质、疲劳强度、耐蚀性、接触刚度等都有一定程度的影响。

1. 表面质量对零件耐磨性的影响

零件的耐磨性主要与摩擦副的材料、热处理情况和润滑条件有关。在这些条件已确定的情况下，零件的表面质量就起着决定性的作用。

零件的磨损过程，通常分为三个阶段。摩擦副开始工作时，磨损比较明显，称为初期磨损阶段（一般也称为磨合阶段）。磨合后的摩擦副磨损就很不明显了，进入正常磨损阶段。最后磨损又突然加剧，导致零件不能继续正常工作，称为急剧磨损阶段。

摩擦副表面的初期磨损量与表面粗糙度有很大关系。图 5-2 为表面粗糙度对初期磨损量影响的实验曲线。从图中可以看出，在一定条件下，摩擦副表面有一个最佳表面粗糙度值，过大或过小的表面粗糙度值都会使初期磨损量增大。如摩擦副的原始表面粗糙度值太大，开始时两表面仅仅是若干凸峰相接触，实际接触面积远小于名义接触面积，接触部分的实际压强很大，破坏了润滑油膜，接触的凸峰处形成局部干摩擦，因此，接触部分金属的挤裂、破碎、切断等作用都较强，磨损也就较大。随着磨合过程的进行，表面粗糙度值逐渐减小，实际接触面积增大，磨损也随之逐步减少，当表面粗糙度值接近最佳值时，就进入正常磨损阶段。

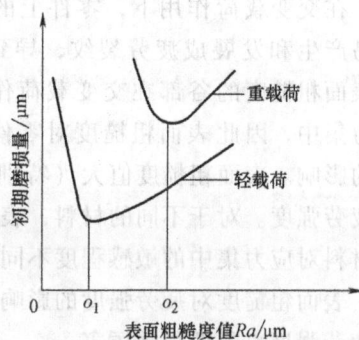

图 5-2　表面粗糙度与初期磨损量的关系

如摩擦副表面原始表面粗糙度值过小，紧密接触的两表面间的润滑油被挤去，润滑条件恶化，两表面金属分子间产生较大的亲和力，使表面容易咬焊，因此初期磨损量也较大。随着磨合过程的进行，表面粗糙度值逐渐增大而接近最佳值，磨损也随之逐渐减少而最后进入正常磨损阶段。为减少初期磨损量，摩擦表面的加工要求应尽量接近最佳表面粗糙度值。最佳表面粗糙度值视不同材料和工作条件而异。

在工件的三个磨损阶段中，初期磨损是不可避免的，其磨损量较大，急剧磨损应避免，正常磨损的磨损量少，故初期磨损量一般占工件使用中总磨损量的比重较大，表面粗糙度对其影响情况就反映了其对总磨损量的情况。

上面所述磨损情况，是指半液体润滑或干摩擦的情况。对于完全液体润滑，要求摩擦副表面粗糙引起的局部高峰不刺破油膜，使金属表面完全不接触。表面粗糙度值越小，允许的油膜厚度越薄，承载能力就越大。从这个意义上讲，则表面粗糙度值越小越有利。

　　表面层的物理力学性能对耐磨性也有一定的影响。表面加工硬化一般能提高耐磨性，这是因为加工硬化提高了表层强度，减少了表面进一步塑性变形和表层金属咬焊的可能。但过度的加工硬化会使金属组织过度疏松，甚至出现疲劳裂纹和产生剥落现象，反而降低耐磨性。图 5-3 为 T7A 钢车削加工后加工硬化程度与耐磨性的关系，由图中可看出：存在一个最佳的硬化程度。

　　淬硬表面的耐磨性显然比不淬硬的要好，淬硬工件在磨削时产生的表面烧伤将大大降低表面的显微硬度，因而也显著地降低了零件的耐磨性。

　　2. 表面质量对配合精度的影响

　　对于间隙配合表面，如果表面粗糙度值太大，初期磨损就较严重，从而配合间隙增大，降低了配合精度（降低间隙配合的稳定性，增加了对中性误差，引起间隙密封部分的泄漏等）。对于过盈配合表面，装配时表面粗糙的部分凸峰会被挤平。使实际配合过盈量减少，降低了过盈配合表面的结合强度。

　　3. 表面质量对零件疲劳强度的影响

　　在交变载荷作用下，零件上的应力集中区最容易产生和发展成疲劳裂纹，导致疲劳损坏。由于表面粗糙度的谷部在交变载荷作用下容易形成应力集中，因此表面粗糙度对零件疲劳强度有较

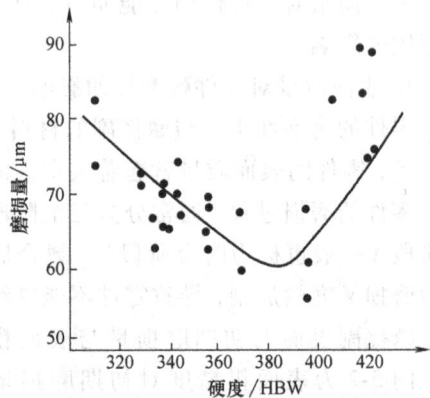

图 5-3　加工硬化对耐磨性的影响

大的影响。表面粗糙度值大（特别是在零件上应力集中区的粗糙度值大）将大大降低零件的疲劳强度。对于不同的材料，表面粗糙度值对疲劳强度的影响程度也不同，这是因为不同的材料对应力集中的敏感程度不同。材料的晶粒越细小，质地越致密，则对应力集中也越敏感，表面粗糙度对疲劳强度的影响程度也越严重。因此强度越高的钢材，表面粗糙度值越大则疲劳强度也降低得越厉害。

　　表面残余应力对疲劳强度的影响极大。我们知道，疲劳损坏是由拉应力产生的疲劳裂纹引起的，并且是从表面开始的。因此，表面如带有残余压应力，将抵消一部分交变载荷引起的拉应力，从而提高了零件的疲劳强度。反之，表面残余拉应力则导致疲劳强度的显著下降。

　　表面加工硬化对疲劳强度也有影响。适当的加工硬化使表面层金属强化，可减小交变载荷引起的交变变形幅值，阻止疲劳裂纹的扩展，从而能提高零件的疲劳强度，但加工硬化过度因而出现了疲劳裂纹，就将大大降低疲劳强度。

　　淬火零件在磨削时产生烧伤，将降低疲劳强度。磨削后如出现裂纹，其影响将更为显著。

　　4. 表面质量对零件耐蚀性的影响

　　零件在潮湿的空气中或在腐蚀性介质中工作时，大气或腐蚀性物质在与金属表面接触时，便凝结在金属表面上发生化学腐蚀或电化学腐蚀，其程度大小与表面粗糙度值有

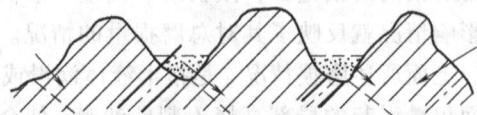

图 5-4　腐蚀作用

很大关系。如图 5-4 所示，由于粗糙表面的凹谷处容易积聚腐蚀介质而发生化学腐蚀，或在表面粗糙的凸峰间容易产生电化学作用而引起电化学腐蚀，因此，减小表面粗糙度值就可提高零件的耐蚀性。

零件在应力状态下工作时，会产生应力腐蚀，加速了腐蚀作用。如表面存在裂纹，则更增加了应力腐蚀的敏感性，因此表面残余应力一般都会降低零件的耐蚀性。

表面加工硬化或金相组织变化时，往往都会引起表面残余应力，因而都会降低零件的耐蚀性。

5. 表面质量对接触刚度的影响

表面粗糙度对零件的接触刚度有很大的影响，表面粗糙度值越小则接触刚度越高，故减小表面粗糙度值是提高接触刚度的一个最有效的措施。

5.2 影响表面粗糙度的工艺因素及改善措施

5.2.1 影响切削加工表面粗糙度的工艺因素及改善措施

切削加工时影响表面粗糙度的工艺因素可归纳为三个方面：刀具在工件表面留下的残留面积；切削过程的物理方面的原因以及刀具与工件相对位置的微幅变动。

（1）切削过程中刀具在工件表面留下的残留面积 切削时，由于刀具的形状和进给量的影响，不可能把余量沿切深完全切除而留下一定的残留面积，残留面积的高度即为理论表面粗糙度，残留面积的高度 H（mm）的计算方法为：

对于主偏角为 κ_r、副偏角为 κ_r'、刀尖圆弧半径 $r_\varepsilon = 0$ 的尖刀

$$H = \frac{f}{\cot\kappa_r + \cot\kappa_r'} \tag{5-1}$$

当 $r_\varepsilon \neq 0$ 时，

$$H \approx \frac{f^2}{8r_\varepsilon} \tag{5-2}$$

式中 f——工件每转进给量（mm/r）。

各有关参数见图 5-5。

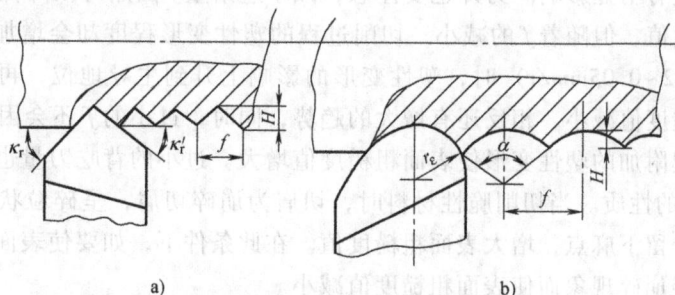

a)   b)

图 5-5 刀具形状对表面粗糙度的影响

a）尖刀 b）圆头刀

由式 5-1 可以看出：减小进给量 f，减小主、副偏角 κ_r、κ_r'，增大刀尖圆角半径 r_ε 就可减小残留面积的高度。当刀具上带有 $\kappa_r' = 0$ 的修光刃且进给量小于修光刃宽度时，则理论上不产生残留面积。刀具的主、副偏角的大小直接影响到切削后在已加工表面上留下的切削层残留面积的高度，刃口钝圆半径的大小也直接影响了残留面积的高度，从而对表面粗糙度造成直接的影响。

（2）切削过程中的物理方面的原因　切削加工后表面粗糙度的实际轮廓形状，一般与由残留面积形成的理想轮廓有很大的差别，只有当高速切削脆性材料时，才比较接近。大多加工状态下表面粗糙度主要由塑性变形等物理方面的原因引起。

切削过程中影响表面粗糙度的物理方面的原因，主要为：

1）用低切削速度切削塑性材料时，常容易出现积屑瘤和鳞刺，使加工表面出现不规则沟槽或鳞片状毛刺，严重恶化了表面粗糙程度。此情况在加工韧性材料如低碳钢、不锈钢、高温合金等时表现明显。

2）刀具与工件表面的挤压摩擦使加工表面产生塑性变形，扭曲了残留面积，使表面粗糙度值增大。

3）切削脆性材料产生崩碎切屑时，崩碎裂缝深入到已加工表面之下而增大了表面粗糙度值。

上述物理方面的原因与工件材料性质及切削机理密切相关，其影响的工艺因素主要有以下几种。

1）切削用量。切削速度 v_c 对物理原因引起的表面粗糙度影响最大。图 5-6 为切削速度 v_c 对 Rz 的影响关系图，当切削速度在 20m/min 时 Rz 值最大。当切削速度超过 100m/min 时，表面粗糙度值减小并趋于稳定。这是由于刀具尖端所产生的积屑瘤的影响，当切削速度在 20m/min 时积屑瘤的体积增大，它使加工表面的 Rz 值提高，当切削速度超过 100m/min 时，由切削温度的增长使积屑瘤熔化〈消失〉，从而被加工表面的粗糙度值减小。其次，切削

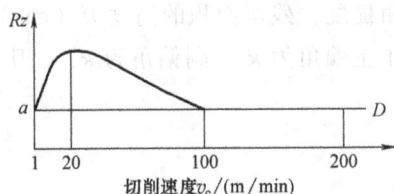

图 5-6　切削速度 v_c 对 Rz 的影响

速度越高，切削过程的塑性变形程度就越轻，因此高速切削时对被加工材料表面粗糙度值的减小也就越有利。

由式（5-1）、式（5-2）可看出，进给量 f 会显著影响加工后切削层残留面积的高度，从而对表面粗糙度有明显影响。另外也要注意，减小进给量 f 固然可以降低残留面积的高度而减小表面粗糙度值，但随着 f 的减小，切削过程的塑性变形程度却会增加，当 f 小到一定程度（一般为 0.02~0.05mm/r）时，塑性变形的影响上升到主导地位，再进一步减小 f 不仅不能使表面粗糙度值减小，相反还有增大的趋势，同时，过小的 f 还会因刃口钝圆圆弧无法切下切屑而引起附加的塑性变形使表面粗糙度值增大。过小的背吃刀量也是如此。

2）工件材料的性质。当切削脆性材料时，切屑为崩碎切屑，呈碎粒状。由于切屑的崩碎而在工件表面上留下麻点，增大表面粗糙度值。在此条件下，如要使表面质量好转，减少切削用量可以减轻崩碎现象而使表面粗糙度值减小。

当切削塑性材料时，一般说来，塑性材料的韧性越大则加工表面粗糙度值越大。对同样材料，在相同的切削条件下，晶粒组织越粗大则加工后表面粗糙度值越大。在切削时，刀具

的前面对切屑进行挤压而发生晶
格扭歪、滑移的塑性变形，切屑
与工件分离时产生撕裂现象，增
大了刀痕的高度（图 5-7），使表
面粗糙度值增大。

图 5-7　切削塑性材料时刀痕增大

3）刀具材料和几何参数。刀具材料与被加工材料金属分子的亲和力大时，切削过程中容易生成积屑瘤。如：加工钢材时，在其他条件相同的情况下，用硬质合金刀具加工时，其表面粗糙度值比用高速钢刀具时小。

刀具几何参数方面，增大前角可减少切削过程中的塑性变形，有利于抑制积屑瘤的产生，在中、低速切削中对表面粗糙度有一定的影响。过小的后角会增加后面与已加工表面的摩擦，刃倾角的大小会影响刀具的实际前角，因此都会对表面粗糙度产生影响。

刀具经过仔细刃磨，减小其刃口钝圆半径，减小前、后面的表面粗糙度值，能有效地减小切削过程中塑性变形，抑制积屑瘤的产生，因而也对减小表面粗糙度值有不容忽视的影响。

在切削用量的三个要素当中，进给量和切削速度对表面粗糙度的影响比较显著，背吃刀量对表面粗糙度的影响比较轻微，它不是主要的影响因素。

4）切削液。合理选择切削液，提高切削液的冷却作用和润滑作用，能减小切削过程中的摩擦，降低切削区温度，从而减小切削过程中的塑性变形，并抑制鳞刺和积屑瘤的生长，因此对降低表面粗糙度值有显著的作用。

（3）刀具与工件相对位置的微幅变动　机床主轴回转轴线的运动误差及工艺系统的振动都会引起刀具与工件相对位置发生微幅变动，使加工表面产生微观的几何形状误差。

要降低切削加工表面粗糙度值，首先应判别影响表面粗糙度的主要原因是几何因素还是物理因素，然后才能采取有效的措施。下面是一般情况下降低表面粗糙度值的基本途径。

如果已加工表面的走刀痕迹比较清楚，这说明影响表面粗糙度的主要是几何因素，那么，要进一步降低表面粗糙度值，就应该考虑减小残留面积高度。减小残留面积高度的方法，首先是改变刀具的几何参数。如：增大刀尖圆弧半径 r_{ε} 和减小副偏角 κ'_r（精加工时，主切削刃一般不参与残留面积的组成，因此 κ_r 对表面粗糙度没有直接的影响）。采用带有 $\kappa'_r = 0$ 的修光刃的刀具或宽刃精刨刀、精车刀也是生产中降低加工表面粗糙度所常用的方法。不论是增大 r_{ε}、减小 κ'_r 或用宽刃刀，都要注意避免发生振动。减小进给量 f 虽能有效地减小残留面积高度，但会降低生产率，故只有在改变刀具几何参数后会引起振动或其他不良影响时，才予以考虑。如已加工表面出现鳞刺或切削速度方向有积屑瘤引起的沟槽，那么，降低表面粗糙度值应从消灭鳞刺和积屑瘤着手，可根据具体情况，采取以下措施。

1）改用更低或较高的切削速度，并配合较小的进给量，可有效地抑制鳞刺和积屑瘤的生长。

2）在中、低速切削时加大前角对抑制鳞刺和积屑瘤有良好的效果。适当增大一些后角，对减少鳞刺也有一定的效果。

3）改用润滑性能良好的切削液，如：动、植物油，极压乳化液或极压切削油等。

4）必要时可对工件材料先进行正火、调质等热处理以提高硬度，降低塑性和韧性。

5.2.2　影响磨削加工表面粗糙度的工艺因素及改善措施

磨削加工是用砂轮表面的大量磨粒作为刀具的一种"切削"加工,与切削加工过程类似,磨削加工过程中影响表面粗糙度的因素同样也由工件余量未被磨粒完全切除而留下的残留面积、塑性变形等物理因素及因振动引起的砂轮与工件相对位置微幅变动等三个方面构成。但磨削过程有与一般切削加工不同的特点,故表面粗糙度的形成也有其特殊的规律。

由于磨粒形状和在砂轮表面分布的不规则,因此切削刃的形状和分布都是随机的。磨削过程中由于磨粒的磨损、破碎、脱落和新磨粒的露出,切削刃在不断地发生变化。再加上磨粒上的切削刃具有较大的负前角和较大的刃口钝圆半径,因此磨削时 F_y/F_z 值远大于一般切削加工,引起工件与切削刃之间的较大的弹性变形,加工表面要经多次磨削才能形成。这样就无法准确计算其残留面积的高度,只能估算。一般情况下,被加工表面上刻痕越多、越浅,则表面粗糙度值越小。

实际磨削时影响表面粗糙度的因素主要如下。

(1) 砂轮工作面几何状态的影响　磨削的表面粗糙度也可认为是砂轮工作面上磨粒的切削刃对工件切削后,在表面上所留下的痕迹。因此砂轮粒度的大小及其修整后的状态,对工件表面粗糙度有重要的影响。

所谓砂轮粒度是指用筛选法获得的磨粒大小的编号,如 80 号筛是指由在一英寸长度内有 80 个孔的筛网所筛选出的磨粒,而且这些磨粒又通不过下一个层次的筛网。普通砂轮的粒度范围是 8~280 号筛,磨削要求表面粗糙度值越小的表面,越要选择号数较大的粒度。一般磨削多用 46~60 号筛粒度,精密磨削多用 60~100 号筛粒度。

决定砂轮工作面几何状态的还有砂轮的修整条件,精细的修整可以在一颗磨粒上修整出许多微刃,如图 5-8 所示。即使采用了较粗(如 46 号筛)的砂轮,经过精细修整也可以磨出 Ra 为 $0.03\mu m$ 的表面。

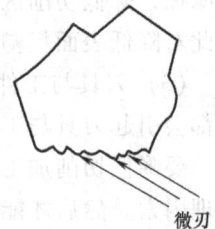

微刃

图 5-8　磨粒的微刃

砂轮的修整法有车削法和磨削法二种。

车削法如图 5-9a 所示,修整工具为天然单颗粒的金刚石笔,此法可以修出很高质量的砂轮工作面。修整时的装夹位置如图 4-9a 所示。修整用量可按加工要求,直接从工艺手册中选取。

磨削法修整砂轮是采用硬度很高的人造金刚石滚轮,在双方相对转动下,金刚石滚轮对砂轮进行磨削修整,如图 5-9b所示。这种方法用于大批生产条件下修整成形的砂轮工作面。在单件、小批生产时,也可以采用高硬度的砂轮。修整较软的工作砂轮,其方法类似图 5-9b 所示方法。

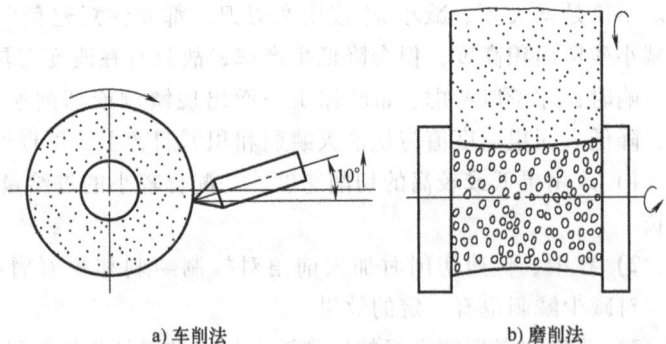

a) 车削法　　　　　　　b) 磨削法

图 5-9　修整砂轮的工具与修整方法

　　砂轮的硬度对表面粗糙度也有影响，太软的砂轮磨粒容易脱落，太硬则磨粒磨损后又不能及时脱落均不易加工出低表面粗糙度值的表面。

　　（2）磨削用量对表面粗糙度的影响　对表面粗糙度影响最显著的磨削用量是磨削速度 v_s（砂轮的线速度）。在一定的工艺条件下，v_s 越高则在单位时间内通过工件表面的磨粒越多，每个切刃所切下的切屑越细，工件表面粗糙度值越小，Ra-v_s 关系曲线如图 5-10a 所示。普通磨床的 v_s 多采用（30~35）m/s；高效磨床的 v_s 多采用（45~60）m/s。必须说明，随着 v_s 的提高，可能引起强迫振动，对减小工件的表面粗糙度值不利。所以，在用刚度较差的磨床加工精密工件时，往往将砂轮的线速度降低以减小振动的干扰。

　　工件转速 v_w、纵向进给量 f_a、背吃刀量 a_p，等对表面粗糙度的影响，可在图 5-10b~d 中看出其规律。

　　为了进一步说明，现以合金结构钢 30CrMnSiA 的工件为例，经过一系列的磨削试验，得出工件表面粗糙度轮廓算术平均偏差 Ra 与磨削用量之间的关系式

$$Ra = \frac{v_w^{0.8} \times f_a^{0.68} a_p^{0.48}}{v_s^{2.7}} \tag{5-3}$$

　　由式（5-3）也可看出，砂轮速度 v_s 对表面粗糙度影响最大，其次是工件速度 v_w 和纵向进给量 f_a，影响最小的是背吃刀量 a_p。

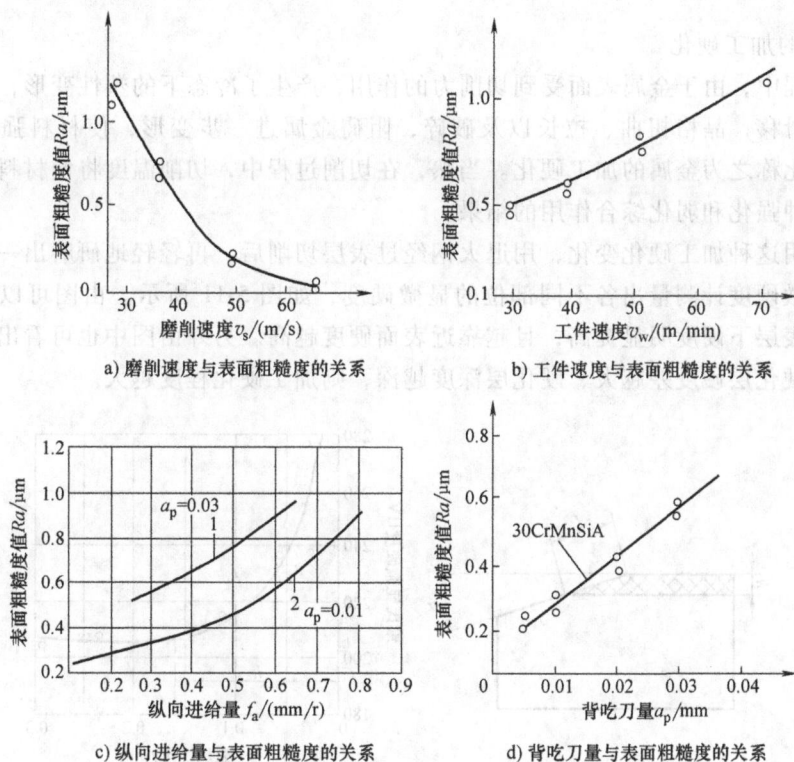

a) 磨削速度与表面粗糙度的关系

b) 工件速度与表面粗糙度的关系

c) 纵向进给量与表面粗糙度的关系

d) 背吃刀量与表面粗糙度的关系

图 5-10　磨削用量与表面粗糙度的关系

　　（3）工件材料性质　工件材料太硬、太软、太韧时都不容易磨光。工件材料太硬，容

易使磨粒磨钝，太软又容易堵塞砂轮，韧性太大易使磨粒崩落，因此都不易得到表面粗糙度值小的表面。

　　要减小表面粗糙度值，提高磨削表面的质量，应该从正确选择砂轮、磨削用量和切削液等方面采取措施。当磨削温度不太高、工件表面没有出现烧伤和微熔金属时，影响表面粗糙度的主要是几何因素，因此减小表面粗糙度值的措施是降低 v_w 和 f_a。因为降低 f_a 会降低生产率，故一般应先考虑降低 v_w，然后再考虑降低 f_a。仔细修整砂轮（减小修整导程和修整切深）和适当增加无进给磨削次数也是常用的措施。如果磨削表面出现微熔金属的涂抹点时，减小表面粗糙度值的措施主要是减小背吃刀量，必要时可适当提高 v_w 同时还应考虑砂轮是否太硬，切削液是否充分、是否有良好的冷却性和流动性。

　　如磨削表面出现拉毛划伤，主要应检查切削液是否清洁，砂轮是否太软。

　　金属在切削加工时，由于刀具对工件的表层挤压所产生的塑性变形，使加工后的表层产生加工硬化，磨削加工时，由于砂轮对金属工件的摩擦和挤压，使加工后的工件表层由于高温和挤压作用，工件的表层组织，产生了不同程度的变化。

5.3　影响表面层物理力学性能的工艺因素及改善措施

5.3.1　表层金属加工硬化

1. 金属的加工硬化

　　切削过程中，由于金属表面受到切削力的作用，产生了冷态下的塑性变形，使金属晶格间发生剪切滑移，晶格扭曲、拉长以及破碎，阻碍金属进一步变形，使材料强化，硬度提高，这种变化称之为金属的加工硬化。当然，在切削过程中，切削温度将使材料弱化。加工硬化就是这种强化和弱化综合作用的结果。

　　为了说明这种加工硬化变化，用退火钢经过表层切削后，再轻轻地研磨出一斜面，在此斜面上用显微硬度计测量出各不同部位的显微硬度，如图5-11所示。由图可以看出，零件表面硬度比表层下硬度明显提高，且越靠近表面硬度越高。另外由图中也可看出加工硬化程度的大小，硬化层硬度差越大、硬化层深度越深，则加工硬化程度越大。

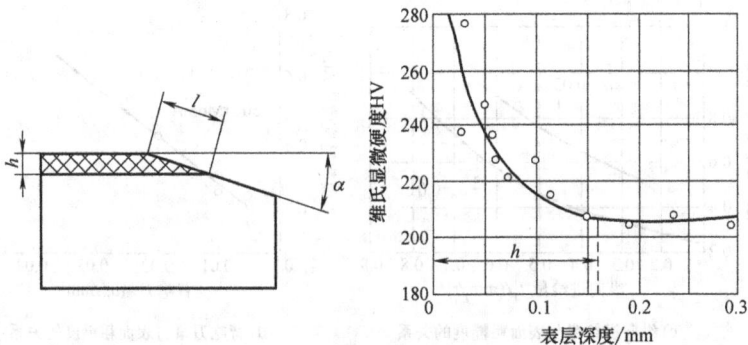

图5-11　已加工表面的加工硬化

2. 影响加工硬化的因素

表面层的加工硬化程度决定于：产生塑性变形的力、变形速度以及变形时的温度。因而，加工时影响加工硬化的因素主要有刀具的几何参数、切削用量和材料性能等。

刀具几何参数的影响主要是刃口圆弧半径和其前、后角。当圆弧半径偏大，前角为负值、后角偏小时，导致工件表层的挤压作用增大，且有后面的摩擦，这就促使加工硬化程度增加。欲使加工硬化程度减小，刀具的刃口半径和前后角必须改善。

切削用量方面主要是切削速度的影响最明显，随着切削速度增大，刀具与工件的接触时间减少，塑性变形可相应减轻，同时由于切削温度的增加，有助于加工硬化的回复作用。

进给量增大，切削力和塑性变形都随之增大，因此加工硬化程度增加。但进给量太小时，由于刀具的刃口圆角在加工表面单位长度上的挤压次数增多，因此加工硬化程度也会增加。

工件材料的塑性越大，加工后的加工硬化越严重。

5.3.2　表面层金属组织的变化

1. 金相组织变化与磨削烧伤

金属材料只有当其温度达到相变温度以上时才会发生金相组织的变化，一般切削加工，切削热大部分被切屑带走，加工温度不高，故不会引起工件表面层的金相组织变化。而磨削时砂轮对金属切削、摩擦要消耗大量能量，每切除相同体积的能量消耗比车削平均高 30 倍。金属磨削时所消耗的能量几乎全部转为热量，由于工件的被磨削层很薄，60% ~ 95% 的热量传入被磨的工件，造成工件的温度升高，在正常条件下磨削区的温度为几百摄氏度，在干磨条件下温度可达到 1000°C 以上，这一温度已超过了相变温度，因此对工件表面质量影响极大。使表面硬度下降，并伴随出现残余应力甚至产生裂纹，从而降低零件的物理、力学性能。这种现象也称为磨削烧伤。

2. 影响金相组织变化的因素

磨削烧伤是由于磨削时表面层的高温和高温梯度引起的，它取决于热源强度和作用时间。影响磨削区温度和温度梯度的因素主要是：砂轮圆周速度 v_s、工件线速度 v_w、纵向进给量 f_a、背吃刀量 a_p 和工件材料的导热性等。此外，与砂轮的切削性能和切削液也有密切关系。增大 a_p、降低 f_a 都将使表面层温度升高，故容易烧伤。v_w 增大时虽然增加了热源强度，使表面温度升高，但同时热源作用时间减少，使金相组织来不及转变，故能减轻烧伤。

工件材料的导热性差，则热量不易传出，磨削区温度就高，也就容易烧伤。大多数高合金钢如高锰钢、轴承钢、高速钢等，其导热性都很差，故磨削烧伤往往是加工这类材料时的主要问题。

砂轮的切削性能对磨削区温度也有很大影响。如果磨粒的刃口锋利，磨削力和磨削功率都可减小，磨削区温度就下降，也就不容易烧伤。

3. 防止产生磨削烧伤的措施

磨削热是造成烧伤、裂纹的根源。减轻磨削热对加工的影响可从两方面着手，一方面是减少磨削热的产生，另一方面是尽量使已产生的热少传入工件表层，这就必须合理地选择砂轮、改善润滑冷却系统、正确地选用磨削用量等。

（1）砂轮的选择　当加工导热性能欠佳的材料时，为了避免工件烧伤，应注意选择砂轮的硬度、结合剂和组织。

　　砂轮硬度要满足工作过程中自锐的要求，即当磨粒磨钝之后，磨削力随之增大，功率消耗增加，这就可能引起局部烧伤。如果已钝的磨粒在磨削力的作用下能自动脱落，不断地出现锋锐的新磨粒，这就可以不断地保证砂轮的工作面有良好的切削性能。从这一观点出发，就应选择较软的砂轮。但在精加工和成形磨削时，为了保持磨削尺寸的稳定性和形状的精度，应选用较硬的砂轮。

　　选择具有一定弹性的结合剂，也有助于避免烧伤。因为砂轮表面突出较高的磨粒所受的磨削力较大，结合剂具有弹性便能作一定的径向退让，使背吃刀量自动减小，从而缓和由磨削力突增而引起的局部烧伤。橡胶结合剂、树脂结合剂便具有这种性能，它们在防止烧伤方面收到了良好的效果。减少工件与砂轮之间的摩擦热，也是常用的工艺措施。如果在砂轮气孔内浸入某种润滑物质，如石蜡、二硫化钼、锡等，对防止烧伤也可收到良好的效果。

　　此外，选用粒度较粗的砂轮，修整时适当增大修整导程都可提高砂轮的切削性能，同时砂轮不易被磨屑堵塞，因此都有利于防止烧伤的发生。

　　（2）改善润滑冷却系统的作用　采用切削液带走磨削区热量可以避免烧伤。然而，目前通用的冷却方法效果较差，实际上没有多少切削液能进入磨削区。如图 5-12 所示，切削液不易进入磨削区 AB，而是大量倾注在已经离开磨削区的加工面上，这时烧伤早已产生。

　　为了使磨削过程中，切削液能直接进入磨削区，可以在砂轮圆周上开一些斜向槽，其形

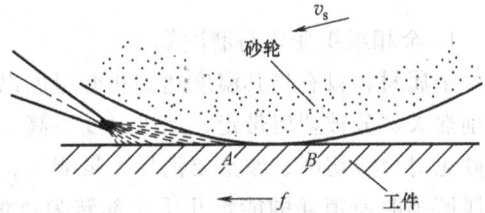

图 5-12　常用的冷却方法

状如图 5-13 所示。这对防止工件烧伤十分有效。图 5-13 中的 A 型是等距开槽，B 型是在 90° 之内变距开槽，后者有利于防止振动。开槽砂轮除了具有将切削液带入磨削区的作用外，还能起扇风冷却的作用，即可以扇除一定的热量，减少热应力，从而减轻或消除磨削裂纹。

　　采用砂轮内冷却夹头，是生产部门行之有效的保证磨削质量的措施。图 5-14 为砂轮内冷却用的夹头，它是利用砂轮回转的离心力和砂轮孔隙渗水的特点，将切削液通过砂轮中心甩入磨削区内。切削液由管子导入锥形盖 1，由离心力的作用经过夹头上的诸多通水小孔 2，将切削液送到了砂轮的中心腔 3 后，再在离心力的作用下，切削液通过薄壁套 4 上的砂轮孔隙而进入磨削区。这对消除高温烧伤是有效的措施。为了避免切削液内的切

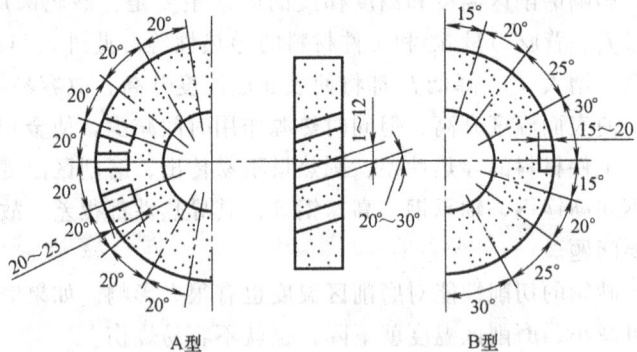

图 5-13　开槽砂轮

屑、磨料等将砂轮孔隙堵塞，可以在冷却系统管道上安置一过滤装置。

　　（3）选择合理的磨削用量　前节曾从表面粗糙度的要求，讲述过切削用量选择的要点。现在是从避免工件表面烧伤出发，介绍磨削用量选择时的理论依据。

　　减小 a_p、提高 v_w 和 f_a 都能减轻烧伤，但提高 v_w 和 f_a 会使表面粗糙度增大，可在增大

v_w 和 f_a 的同时提高 v_s。提高 v_s 后磨削区温度会升高，但它对烧伤的不利影响比提高 v_w 带来的有利影响小，因此提高 v_w/v_s 比值是防止烧伤的有效措施。

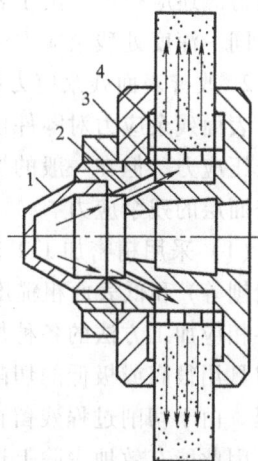

图 5-14 内冷却砂轮结构
1—锥形盖 2—切削液通孔
3—砂轮中心腔 4—有径向
小孔的薄壁套

5.3.3 表面层的残余应力

1. 表面层产生残余应力的原因

（1）切削过程中表面层局部冷态塑性变形 切削加工时工件表层金属冷态塑性变形的影响比较复杂。在切下切屑的过程中，原来与切屑连成一体的表面层金属产生相当大的、与切削方向相同的冷态塑性变形，切屑切离后基部金属阻止表层金属的弹性收缩，使表面带有残余拉应力而里层则为残余压应力。与此同时，表层金属在背向力方向也发生塑性变形，如果刀具是负前角，表层受前、后面的挤压而被压薄，其另两个尺寸方向的尺寸增大，受基部金属的限制，表面会产生残余压应力，里层则为残余拉应力。另外，表层金属的冷态塑性变形使晶格扭曲而疏松，减小了密度，体积增大，受基部金属的阻碍，使表面产生残余压应力而里层是残余拉应力。

（2）表层局部热塑性变形 切削（磨削）热使工件表面局部热膨胀，受基部金属阻碍，产生很大的热压应力。如果此应力在工件材料的弹性极限以内，则该零件的表层不发生塑性变形，且随着表面温度的下降而下降直至完全消失。

如果表面温度达到 800℃ 以上，对钢铁类材料的零件来说情况就不同了。此时钢铁的弹性已经消失，即表层在高温下伸长时，仍受基部材料的限制，应该发生的伸长被压缩，且表层不产生任何应力。当工件冷却到 800℃ 以下时，金属就逐渐恢复了弹性。当冷却到 20℃ 时，表层金属要收缩，由于表层金属与基部金属为一体，收缩必受到阻止。这时该层金属已为弹性体，收缩受阻后，必然在表层产生拉应力。这一应力已超过了一般钢材的强度极限，所以磨削区的高温足以使工件产生残余拉应力，残余拉应力严重时会出现表面裂纹。

（3）表层局部金相组织的转变 加工时表面层金属在切削（磨削）热作用下发生相变。不同金相组织的密度不同，马氏体密度最小，奥氏体密度最大，在热作用下表层局部发生金相组织变化时，表层金属体积发生变化，受基部金属的阻碍而引起残余应力。例如淬火钢发生回火烧伤时表层金属的金相组织会由马氏体转变为密度更大的其他组织，金属材料体积减小，受基部材料作用，产生残余拉应力。淬火烧伤时表层金属会由其他组织变为密度更小的马氏体，金属材料体积增大，受基部材料作用，表面就形成残余压应力。

工件加工后表层残余应力是上述各方面原因综合影响的结果，在一定条件下，往往是其中某些原因起着主导作用。例如：在一般条件下车削时，大多是沿切削力方向的冷态塑性变形起主要作用，故加工后表面往往带有残余拉应力。提高切削速度 v_c 和增大负前角，切深方向的冷态塑性变形所引起的表面残余压应力部分抵消了残余拉应力，故表现总的残余拉应力有所降低。磨削加工时切削热对表面残余应力的影响较大。在中等磨削条件下，热塑性变形起主导作用，则表面往往形成浅而较大的残余拉应力。在重磨削条件下，表层金属相变成为影响表面残余应力的主要原因。故表面极薄一层带残余压应力，其下面就是深而大的残余拉应力。还应指出：由于表层各处的塑性变形和金相组织都不是均匀分布的，因此表面或距表面同一深度处残余应力的符号和大小往往也不一样。

2. 改善表面残余应力状态的措施

表面残余应力对零件使用性能有很大影响，重要零件往往要求表面没有残余应力或具有残余压应力。但在一般的切削（磨削）条件下很难保证，通常是另加一道专门工序来控制其表面层的残余应力。

（1）采用精密加工工艺　精密加工工艺包括精密切削加工（如金刚镗、高速精车、宽刃精刨等）和低表面粗糙度值高精度磨削。精密加工工艺系指加工精度和表面低粗糙度值优于各相应加工方法的各种加工工艺。精密切削加工是依靠精度高、刚性好的机床和精细刃磨的刀具用很高或极低的切削速度、很小的背吃刀量和进给量在工件表面切去极薄一层金属的过程。由于切削过程残留面积小，又最大限度地排除了切削力、切削热和振动等的不利影响，因此能有效地去除上道工序留下的表面变质层，加工后表面基本上不带有残余拉应力，表面粗糙度值也大大减小。

低表面粗糙度值高精度磨削包括精密磨削（$Ra<0.16\mu m$）、超精密磨削（$Ra<0.04\mu m$）和镜面磨削（$Ra<0.01\mu m$）。低表面粗糙度值高精度磨削同样要求机床有很高的精度和刚性，其磨削过程是用经精细修整的砂轮，使每个磨粒上产生多个等高的微刃，以很小的背吃刀量（一般小于 $5\mu m$），在适当的磨削压力下，从工件表面切下很微细的切屑。加上微刃呈微钝状态时的滑擦、挤压、抚平作用和多次无进给光磨阶段的磨擦抛光作用，从而获得很高的加工精度（经济加工精度 IT5 级以上）和物理力学性能良好的低表面粗糙度值表面。

采用精密加工工艺可全面提高工件的加工精度。

（2）采用光整加工工艺　光整加工工艺是用粒度很细的磨料对工件表面进行微量切削和挤压擦光的过程。它是按随机创制成形原理进行加工，故不要求机床有精确的成形运动。加工过程中磨具与工件的相对运动应尽量复杂，尽可能使磨粒不走重复的轨迹，让工件加工表面各点与磨料的接触条件具有很大的随机性。在开始时突出它们间的高点进行相互修整。随着加工的进行，工件加工表面上各点都能得到基本相同的切削，使误差逐步均化而减少，从而获得极小的表面粗糙度值和高于磨具原始精度的加工精度。光整加工的特点之一是没有与背吃刀量 a_p 相对应的磨削用量参数，只规定加工时磨具与工件表面间的压力。由于压力一般很小，磨粒的切削能力很弱，主要起挤压和抛光作用。而且切削过程平稳，切削热少，故加工表面变质层极浅，表面一般不带有残余拉应力，表面粗糙度值也很小。

由于光整加工时磨具与工件间能相对浮动，与工件定位基准间没有确定的位置，因此一般不能修正加工表面的位置误差。同时光整加工时切削效率极低，如余量太大，不仅生产率低，有时甚至会使已取得的精度下降，因此光整加工主要用以获得较高的表面质量，在提高表面质量的同时，对尺寸精度和形状精度也能有所提高。

常用的光整加工方法有研磨、珩磨、超精加工及轮式超精磨等。

（3）采用表面强化工艺　表面强化工艺是通过对工件表面的冷挤压使之发生冷态塑性变形，从而提高其表面硬度、强度，并形成表面残余压应力的加工工艺。在表面层被强化的同时，表面微观不平度的凸峰被压平，填充到凹谷，因此表面粗糙度值也得到减小（一般情况下表面粗糙度值可降低为强化前的 1/2~1/4）。常用的表面强化工艺有喷丸强化和滚压强化。喷丸强化是利用大量高速运动中的珠丸冲击工件表面，使之产生加工硬化层并形成表面残余压应力。珠丸大多采用钢丸，利用压缩空气或离心力进行喷射。该方法适用于不规则表面和形状复杂的表面如弹簧、连杆等的强化加工。

滚压强化是用可自由旋转的滚子对工件表面均匀地加力挤压，使表面得到强化并在表面形成残余压应力，适用于规则表面如外圆、孔和平面等的强化加工。一般可在精车（精刨）后直接在原机床上加装滚压工具进行。

表面强化工艺并不切除余量，仅使表面产生塑性变形，因此修正工件尺寸误差和形状误差的能力很小，更不能修正位置误差，加工精度主要靠上道工序来保证。

除上述三种工艺外，采用高频淬火、氟化、渗碳、渗氮等表面热处理工艺也可使表面形成残余压应力。

也可采用振动时效等人工时效方法来清除表面层的残余应力。

5.4　工艺系统振动简介

5.4.1　机械振动现象及其分类

在机械加工过程中，工艺系统经常会发生振动，即刀具相对于工件产生周期性往复位移。工艺系统如发生振动，工艺系统的正常运动方式将受到干扰，破坏了机床、工件、刀具间的正确位置关系，使加工表面出现振纹（表面波度），严重地恶化加工质量，降低刀具寿命和机床使用寿命，恶化加工条件，甚至使刀具崩刃，切削无法进行下去。生产中为了减少振动，往往被迫降低切削用量，使生产率降低。振动还往往带来噪声，污染环境，对工人健康也有一定的影响。随着科学技术和生产的不断发展，对零件的表面质量要求越来越高，振动往往成为提高产品质量的主要障碍，因此讨论机械加工中产生的振动，探求消振、减振的有效措施，是机械加工工艺领域的一个重要课题。在此简要介绍振动的类型、产生的原因、特性和控制振动的主要途径。

机械加工过程中的振动有自由振动、受迫振动和自激振动三种。自由振动是由切削力突变或外部冲击力引起，是一种迅速衰减的振动，对加工的影响较小，通常可忽略。受迫振动是在外界周期性干扰力持续作用下，系统受迫产生的振动。自激振动是依靠振动系统在自身运动中激发出交变力维持的振动。切削过程中的自激振动一般称之为切削颤振。受迫振动和切削颤振都是持续的振动，对零件加工质量是极其有害的，必须加以重视。

5.4.2　机械加工中的受迫振动与抑制措施

1. 工艺系统受迫振动的振源

受迫振动的振源有机内与机外之分。机外振源主要是工艺系统外部的周期性干扰力，如在机床附近有振动源（锻压设备、空气压缩机、刨床等工作振动）产生强烈振动，经过地基传入正在工作的机床，迫使工艺系统产生振动。机内振源可分为下列三种：

（1）工艺系统中高速旋转零件质量的不平衡　工艺系统中高速旋转的零件较多，如工件、卡盘、主轴、飞轮、联轴器以及磨床上的砂轮等。它们在高速旋转时，由于质量偏心而产生周期性激振力（即离心惯性力），在它们的作用下，工艺系统就会产生受迫振动。

（2）机床传动机构的缺陷　如齿轮的齿距偏差使传动时齿和齿发生冲击而引起的受迫

振动；又如带传动中，传动带厚度不均匀和传动带接缝，会引起传动带张力的周期性变化，产生干扰力引起受迫振动。此外，轴承滚动体尺寸差和液压传动中的油液脉动等各种因素均可引起工艺系统的受迫振动。

（3）切削过程的间歇特性　如常见的铣削、拉削、滚齿等多刃多齿刀具的加工，由于切削不连续及工件材料的硬度不均、加工余量不均等均会引起切削力周期变化，从而引起受迫振动。

2. 受迫振动的基本特性

1）受迫振动是由周期性激振力的作用而产生的一种不衰减的稳定振动。振动本身并不能引起激振力的变化，激振力消除后，则工艺系统的振动也随之停止。

2）振动的频率与激振力的频率相同，而与工艺系统的固有频率无关。

3）振动的振幅大小在很大程度上取决于激振力的频率与系统固有频率的比值 λ。当比值 λ 等于或接近 1 时，振幅将达到最大值，这种现象通常称为"共振"。

4）振动的振幅大小还与激振力大小、系统刚度及其阻尼系数有关。

3. 抑制振动的措施

一般来说，减小受迫振动可以从以下几方面考虑。

（1）消除或减小激振力　对转速在 600r/min 以上的回转零件、部件，应进行动平衡，以消除和减小激振力。对齿轮传动，应减小齿轮的齿距偏差，减小装配时的几何偏心，这样可减小传动中的冲击和惯性力，避免振动。对带传动，则可采用较完善的传动带接头，减小带的厚度差。应尽量提高轴承的制造精度以及装配和调试质量。

（2）调节振源频率　防止激振力频率与系统固有频率相同或接近而产生共振。

（3）提高工艺系统本身的抗振性　工艺系统的抗振性主要决定于机床的抗振性。要提高机床的抗振性，主要应提高在振动中起主导作用的主轴、刀架、尾座、床身、立柱、横梁等部件的动刚度。增大阻尼是增加机床刚度的有效措施，如适当调节零件间的某些配合处的间隙等。

（4）提高工艺系统制造精度　提高传动零件的制造精度，改变机床转速、使用不等齿距刀具。

（5）采取隔振措施　应在振源与需要防振的机床或部件之间安放具有弹性性能的隔振装置，使振源所产生的大部分振动由隔振装置来吸收，以减小振源对加工过程的干扰。如将机床安装在防振地基上。

（6）采用减振器和阻尼器　以吸收振动能量，减小振动。

5.4.3　机械加工中的自激振动与抑制措施

1. 自激振动的概念

切削加工时，在没有周期性外力作用的情况下，刀具与工件之间也可能产生强烈的相对振动，并在工件的加工表面上残留下明显的、有规律的振纹。这种由切削过程本身引起的切削力周期性变化而激发和维持的振动称为自激振动，因切削过程中产生的这种振动频率较高，故通常也称为颤振。它严重地影响机械加工表面质量和生产率。

下面以图 5-15 所示电铃的工作原理来模拟说明切削过程中的自激振动现象。

当按下按钮 8 时，电流通过 6-5-2 与电池构成回路，电磁铁 2 就会产生磁力吸引衔铁 7，带动小锤 4 敲击铃 3。当衔铁 7 被吸引时，触点 6 处断电，电磁铁 2 因断电而失去磁性，小锤靠弹簧片 5 的弹力复位，同时触点 6 接同而恢复通电，电磁铁再次吸引衔铁使小锤敲击铃。如此循环而构成振动。这个振动过程显然不存在外来周期性干扰力，所以不是受迫振动。它是由弹簧片和小锤组成振动元件；由衔铁、电磁铁及电路组成调节元件产生交变力，交变力使振动元件产生振动，振动元件又对调节元件产生反馈作用，以使其产生持续的交变力（如图 5-16）。

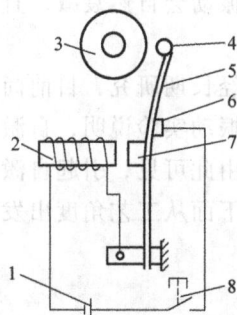

图 5-15　电铃的工作原理

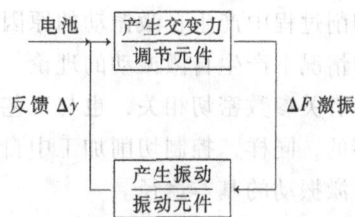

图 5-16　电铃的自激振动系统

小锤敲击铃的频率由弹簧片、小锤、衔铁本身的参数（刚度、质量、阻尼）所决定，阻尼及运动摩擦所消耗的能量由系统本身的电池所提供。这个振动过程就是区别于受迫振动的自激振动。大多数情况下，振动频率与加工系统的固有频率相近。维持振动所需的交变切削力是由加工系统本身产生的，所以加工系统本身运动一停止，交变切削力也就随之消失，自激振动也就停止。图 5-17 给出了机床自激振动的闭环系统。

自激振动与自由振动相比，虽然二者都是在没有外界周期性干扰作用下产生的振动，但自由振动在系统阻尼作用下将逐渐衰减，而自激振动则会从自身的振动运动中吸取能量以补偿阻尼的消耗，使振动得以维持。

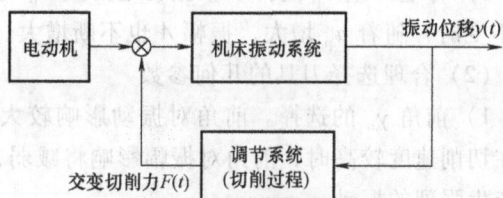

图 5-17　机床自激振动闭环系统

自激振动与受迫振动相比，二者都是持续的等幅振动，但受迫振动是从外界周期性干扰中吸取能量以维持振动的，而维持自激振动的交变力是自振系统在振动过程中自行产生的，因此振动运动一停止，这交变力也相应消失。由此可见，自振系统中必定有一个调节系统，它能从固定能源中吸取能量，把振动系统的振动运动转换为交变力，再对振动系统激振，从而使振动系统作持续的等幅振动。从这个意义上讲，自激振动可以看作是系统自行激励的受迫振动。

根据上述情况，自振系统可用图 5-17 所示方框图来说明：自振系统是一个由固定能源、振动系统和调节系统组成的闭环反馈自控系统。当振动系统由于某种偶然原因发生了自由振动，其交变的运动量反馈给调节系统，产生出交变力并作用于振动系统进行激励，振动系统的振动又反馈给调节系统，如此循环不已，就形成持续的自激振动。对于切削加工，机床电动机提供能源，工件与刀具由机床、夹具联系起来的弹性系统就是振动系统。刀具相对于工件切入、切离的动态切削过程产生出交变的切削力，因此切削过程就是调节系统。

2. 自激振动的主要特点

1）自激振动是一种不衰减的振动，它不受系统阻尼耗能影响而减弱，而且振动所需能量由切削过程本身产生供给的，所以切削运动一停止，自激振动也随之消失。

2）自激振动频率接近或等于系统的固有频率，完全由系统本身的参数决定。

3）自激振动频率是否产生及振幅大小取决于在每一振动周期内所获取的能量和消耗的能量的对比情况。当系统获取的能量小于消耗的能量时，则振动会自然衰减，直到停止。

3. 自激振动的抑制措施

切削过程中产生自激振动的原因，由于机理较复杂，虽经长期研究，目前尚无一种能阐明各种情况下产生自激振动的理论。但通过研究分析和各种振动实验说明，自激振动与切削过程中有关参数密切相关，也与工艺系统的结构参数有关。由此可见，引起自激振动的原因是很多的，同样，控制切削加工中自激振动的措施也很多。下面从工艺角度出发，介绍一些减少自激振动的基本途径。

（1）合理选择切削用量

1）切削速度 v 的选择。如图 5-18 所示为车削时速度 v 与振幅 A 的关系曲线。

当切削速度 v 在 20~60m/min 范围内时，振幅 A 较大，最易产生振动。所以选择高速或低速切削可避免自激振动，而且高速切削又能提高生产率和降低表面粗糙度值。

2）进给量 f 的选择。如图 5-19 所示，增大进给量 f 可使振幅 A 减小。

因此，在加工表面粗糙度允许的情况下，应选择较大的进给量以避免自激振动。

3）背吃刀量 a_p 选择。根据背吃刀量 a_p 与切削宽度 b 的关系（$b=a_p/\sin\kappa_r$），当主偏角 κ_r 不变时，随着 a_p 增大，振幅 A 也不断增大，如图 5-20 所示。

（2）合理选择刀具的几何参数

1）前角 γ_o 的选择。前角对振动影响较大，一般随着前角 γ_o 增大，振幅 A 随之下降。但在切削速度较高时，前角对振幅影响将减弱，所以高速切削时既使用负前角的刀具也不至于产生强烈的振动。

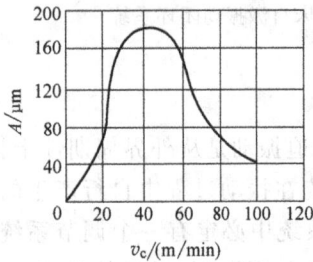

图 5-18　切削速度与振幅的关系　　图 5-19　进给量与振幅的关系　　图 5-20　背吃刀量与振幅的关系

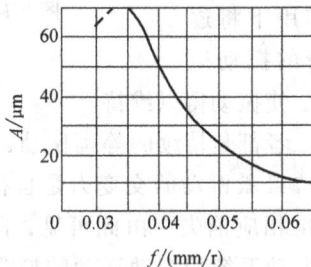

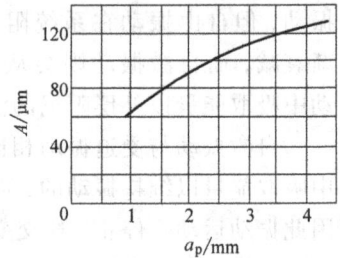

2）主偏角 κ_r 的选择。主偏角 κ_r 增大时切削力 F 将减小，同时切削刃宽度 b 也减小，振幅将逐渐减小，$\kappa_r=90$ 时振幅最小。

3）后角 α_o 的选择。后角 α_o 减小到 2°~3° 时，振动明显减弱。但后角不能太小，以免后面与加工表面之间发生摩擦，反而引起振动。通常可在刀具主后面上磨出一段负倒棱，能起到很好的消振作用。

4）刀尖圆角半径 r_g 的选择。刀尖圆角半径 r_g 增大时，F_Y 随之增大，因此，为减小振动，应选择 r_g 越小越好，但会使刀具寿命降低和表面粗糙度值增大，故应综合考虑。

（3）提高工艺系统的抗振性

1）提高机床的抗振性。对已经使用的机床，主要是提高机床零部件之间的接触刚度和接触阻尼，例如，用增强联结刚度等方法来提高机床的抗振性。

2）提高刀具的抗振性。刀具应具有较高的弯曲和扭转刚度、高的阻尼系数和弹性系数。

3）提高工件装夹刚性。加工中工件的抗振性主要取决于工件的装夹方法。如在细长轴车削中，可使用中心架或跟刀架。

4）合理安排机床、工件、刀具之间最大刚度方向的相对位置。

（4）采用减振装置　上述的各种措施是积极的防振措施，如采用这些措施不能收到满意的效果时，可考虑增设减振装置，用来吸收或消耗振动时的能量。减振装置分阻尼器和吸振器两种。

1）阻尼器。它通过阻尼作用，将振动能量转换成热能散失掉，以达到减振目的。阻尼越大，减振效果越好。常用的有固体摩擦阻尼器、液体摩擦阻尼器和电磁阻尼器等。图 5-21 为装在车床跟刀架 6 上使用的干摩擦阻尼器，利用多层弹簧片 5 相互摩擦来消耗振动能量。图 5-22 是液压阻尼器，当柱塞随工件振动时，将油液从液压缸前腔经小孔压向后腔，利用通过小孔的阻尼来减振。

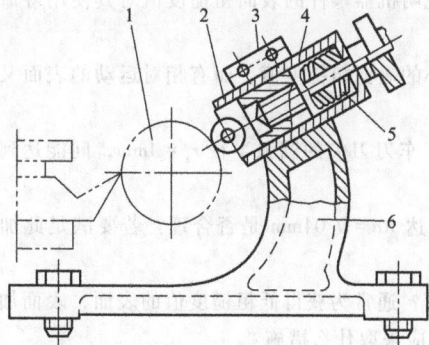

图 5-21　干摩擦阻尼器
1—工件　2—触头　3—壳体　4—调节
杆　5—多层弹簧片　6—跟刀架

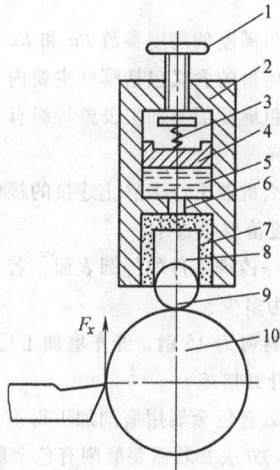

图 5-22　液压阻尼器
1—调节杆　2—壳体　3—弹簧　4—活塞
5—液压缸后腔　6—小孔　7—液压缸前腔
8—柱塞　9—触头　10—工件

2）吸振器。吸振器有两种

① 动力式吸振器　它是通过弹性元件把一个附加质量连接到振动系统上，这个附加质量在振动系统激励下也发生振动。利用附加质量的动力作用与系统的激振力相抵消，以减弱振动。图 5-23 为用于镗刀杆的动力式吸振器，它是用微孔橡胶衬垫做弹性零件，并有阻尼作用，因而能获得较好的消振作用。

② 冲击式吸振器　它是由一个自由冲击的质量块与壳体组成。当系统振动时，由于自由质量的往复运动，产生冲击吸收能量，从而减小振动。图 5-24 为镗孔用的冲击式吸振器。镗杆 1 内固定镗刀头 2，镗杆端孔中放置冲击块 3，用端盖 4 封住，冲击块与端孔径向保持 0.10～0.20mm 间隙，当镗杆发生振动时，冲击块 3 将不断撞击镗杆 1 吸收振动能量。因此，能消除振动。

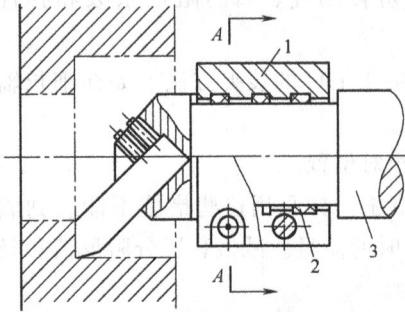

图 5-23　用于镗杆的吸振器
1—附加质量　2—橡胶衬垫　3—镗杆

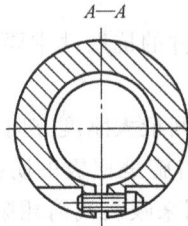

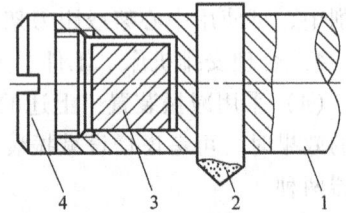

图 5-24　镗杆上用的冲击吸振器
1—镗杆　2—镗刀头　3—冲击块　4—端盖

复习思考题

1. 表面粗糙度的高度参数 Ra 和 Rz 各表示什么含义？使用中如遇到争议由哪个参数进行仲裁？

2. 表面质量的含义包括哪些主要内容？为什么机械零件的表面质量与加工精度有同等重要的意义？

3. 表面粗糙度值与加工公差等级有什么关系？试举例说明机器零件的表面粗糙度值对其使用寿命及工作精度的影响。

4. 为什么机器上许多静止连接的接触表面往往要求较小的表面粗糙度值，而有相对运动的表面又不能对表面粗糙度值要求过小？

5. 车削一铸铁零件的外圆表面，若进给量 $f = 0.5\text{mm/r}$，车刀刀尖的圆弧半径 $r_g = 4\text{mm}$，问能达到的表面粗糙度值为多少？

6. 工件材料为 15 钢，经车磨加工后要求表面粗糙度值达 $Ra = 0.04\text{mm}$ 是否合理？若要满足此加工要求，应采用什么措施？

7. 为什么有色金属用磨削加工得不到低粗糙度值的表面？通常为获得低粗糙度值的表面，表面加工应采用哪些加工方法？若需要磨削有色金属，为提高表面质量应采取什么措施？

8. 机械加工过程中为什么会造成被加工零件表面层物理力学性能的改变？这些变化对产品质量有何影响？

9. 磨削淬火钢时，加工表面层的硬度可能升高或降低，试分析其原因。

10. 为什么会产生磨削烧伤及裂纹？它们对零件的使用性能有何影响？减少磨削烧伤及裂纹的方法有哪些？

11. 磨削加工时，影响加工表面粗糙度的原因有哪些？磨削外圆时，为什么说提高工件速度 v_w 及砂轮速度 v_s 有利于降低加工表面的粗糙度值，防止表面烧伤并能提高生产率？

12. 试举例说明磨削表面常见的几种缺陷，并分析其产生的主要原因。

13. 在外圆磨床上磨削一根刚度较大已淬火的 65 钢光轴，磨削时工件表面温度高达 800℃，磨削时因使用切削液而产生回火。表面层金属由马氏体转变成托氏体（其比重接近珠光体），试问表面层将产生何种残余应力？

14. 加工精密零件时，为了保证加工的表面质量，粗加工前常有球化处理、退火和正火，粗加工后常有调质、回火，精加工前常有渗碳、渗氮及淬火工序。试分析这些热处理工序的作用如何？

15. 表面强化工艺为什么能改善工件表面质量？生产中常用的各种表面强化工艺方法有哪些？

16. 试分析珩磨、超精加工和研磨的工艺特点和适用场合。

17. 磨削外圆时，试比较轴向磨削法和径向磨削法在其余工艺条件都一样的情况下，哪种方法磨出来的外圆质量好？为什么？

18. 什么是受迫振动？它有何特征？在高速磨削和精密铣削中应采用那些措施来消除或减少受迫振动对加工过程的影响？

19. 何谓自激振动？它有何特征？它与受迫振动有何区别？

20. 切削加工中产生自激振动的根本原因是什么？试说明维持自激振动的交变力及周期性的能量补充从何而来？

21. 试讨论在现有机床的条件下如何提高工艺系统的抗振性？

22. 为什么在车床上采用弹簧车刀较之用刚性车刀切削抗振性好？为什么在刨床上采用弯头刨刀较之用直头刨刀切削抗振性好？

23. 圆镗杆的刚度与削扁镗杆的刚度哪个高？两者的抗振性哪个好？为什么？

第6章 机械装配工艺基础

机器的装配是整个机器制造过程中的最后一个阶段，它包括装配、调整、检查和试验等工作。制定合理的装配工艺规程，采用适宜的装配工艺，提高装配质量和装配劳动生产率，是机械制造工艺的一项重要任务。

6.1 概述

6.1.1 装配的概念

机械产品一般都是由许多零件和部件组成的。按一定的技术要求，将零件或部件进行配合和连接，使之成为半成品或成品的工艺过程称为装配。零件结合成组件的装配叫组装，零件和组件结合成部件的装配叫部装，零件和组件及部件结合成机械产品的装配叫总装。

对于结构比较复杂的产品，为了保证装配的质量和装配的效率，应该按照产品结构的特点，从装配工艺角度将其分解为可以单独进行装配的生产单元——装配单元。产品划分装配单元后，可以合理调配生产工人及安排生产场地，而且便于组织装配工作的平行和流水作业。

装配单元包括零件和部件。零件是组成机械产品的最小单元，如一个螺钉、一个齿轮等，将若干零件结合成产品的一部分称为部件。部件是个通称，部件的划分是多层次的，直接进入产品总装的部件称为组件；直接进入组件装配的部件称为第一级分组件；直接进入第一级分组件装配的部件称为第二级分组件；依此类推。机械产品的结构越复杂，分组件的级数便越多。组件是若干分组件和零件的组合；部件则往往是机械产品上具有独立功能的组合体。产品装配单元的划分可用图 6-1 表示。由图可知，各独立装配单元可同时进行装配作业。在部装或总装时，则以某一零件或部件为基础，其余部件相继进入装配位置，实现流水作业。

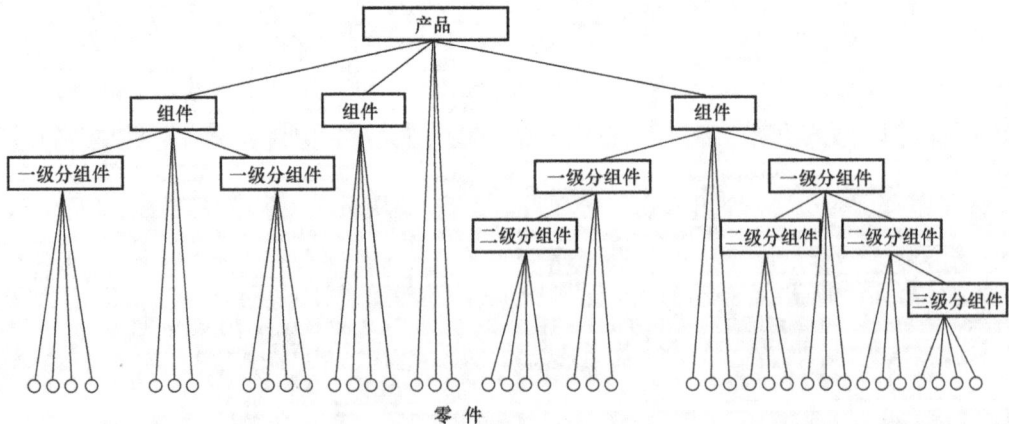

图 6-1 装配单元划分图

6.1.2 装配精度

装配精度一般包含：零部件间的尺寸精度、几何精度、相对运动精度和接触精度等。

（1）零部件间的尺寸精度 零部件的尺寸精度包括配合精度和距离精度。配合精度是指配合面间达到规定的间隙或过盈的要求。例如，轴和孔的配合间隙或配合过盈的变化范围。它影响配合性质和配合质量。距离精度是指零部件间的轴向间隙、轴向距离和轴线距离等。如机床的床头和尾座两顶尖的等高度即属此项精度。

（2）零部件间的几何精度 零部件的几何精度包括平行度、垂直度、同轴度和各种跳动等。如机床主轴轴肩支承面的跳动、主轴定心轴颈的径向圆跳动、主轴锥孔轴线的径向圆跳动等。

（3）零部件间的相对运动精度 相对运动精度是指相对运动的零件在运动方向和运动位置上的精度。运动方向上的精度包括零部件间相对运动时的直线度、平行度和垂直度等。如机床溜板移动在水平面内的直线度、尾座移动对溜板移动的平行度，以及主轴轴线对溜板移动的平行度等。运动位置精度即传动精度是指内联系传动链中，始末两端传动元件间相对运动精度。如：滚齿机的滚刀主轴与工作台的相对运动精度和车床车螺纹时的主轴与刀架移动的相对运动精度。

（4）接触精度 接触精度是指两配合表面、接触表面和连接表面间达到规定的接触面积大小与接触点分布情况。它影响接触刚度和配合质量的稳定性。如锥体配合、齿轮配合和导轨面之间均有接触精度要求。

以上不难看出，各种装配精度之间存在着一定的关系。接触精度和配合精度是距离精度和几何精度的基础，而几何精度又是相对运动精度的基础。

机器的装配精度最终影响机器实际工作时的精度，即工作精度。例如，机床的装配精度将直接影响在此机床上加工的零件精度。在机床的国家标准中，有直接用工作精度作为装配精度的，如规定精车端面的平行度就是车床的工作精度。

6.1.3 装配精度与零件精度及装配方法的关系

机器、部件等既然是由零件装配而成的，那么，零件的制造精度是保证装配精度的基础，装配工艺是保证装配精度的方法和手段。

例如，车床溜板移动在水平面内的直线度，主要与溜板所借以移动的床身导轨本身的直线度和几何形状有关，其次与溜板和床身导轨面间的配合接触质量有关。又如尾座移动对溜板移动的平行度要求主要取决于床身上溜板、尾座所借以移动的导轨之间的平行度（图 6-2），当然还与导轨面间的配合接触质量有关。可见，这些精度基本上都是由床身这个基础件来保证的。所以，零件的制造精度是保证装配精度的基础。

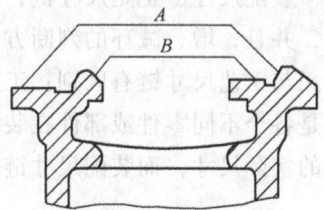

图 6-2 床身导轨简图
A—溜板移动导轨面
B—尾座移动导轨面

但是，当遇到有些要求较高的装配精度，如果完全靠相关零件的加工精度来直接保证，则零件的加工精度将会很高，给加工带来很大困难。这时生产中常按加工经济精度来确定零件的精度要求，使之易于加工，而在装配时则采用一定的工艺措施（修配、调整等）来保证装配精度。如图 6-3 所示为车床精度标准中床头和尾座两顶尖的等高度，只有采用修配底板 3 的工艺措施来保证装配精度。所以，装配工艺是保证装配精度的方法和手段。

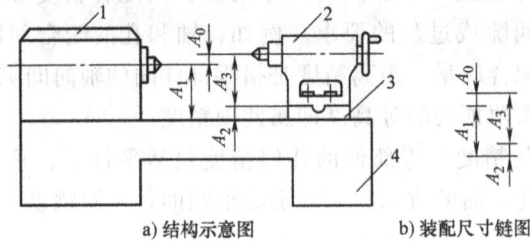

　　　　　a) 结构示意图　　　　　　　b) 装配尺寸链图

图 6-3　普通车床床头和尾座两顶尖的等高度要求示意图
1—主轴箱　2—尾座　3—底板　4—床身

6.2　装配尺寸链

6.2.1　装配尺寸链的基本概念

　　一台机器从组装、部装、总装，有很多装配精度技术要求项目需要保证，在制定产品的装配工艺过程、确定装配工序、解决生产中的装配质量问题时，都可用尺寸链的分析计算方法予以解决。

　　图 6-3 为车床主轴与尾座顶尖的装配简图。为了保证尾座顶尖与车床主轴的等高要求，首先需要保证主轴箱部件主轴至导轨面的尺寸 A_1、底板尺寸 A_2 与尾座至底板的尺寸 A_3，总装时，这三个装配尺寸与两顶尖的等高要求就形成了装配尺寸链。

　　从上面例子分析中，我们得出，所谓装配尺寸链是指在机器的装配关系中，由相互连接的零件或部件的设计尺寸或相互几何关系（同轴度、平行度、垂直度等）所形成的尺寸链，称为装配尺寸链。

　　装配尺寸链也是尺寸链，就其抽象意义与工艺尺寸链并无区别，也有增环、减环、封闭环，并且，增、减环的判断方法也相同，尺寸链的特点也相同，计算方法也相同。但其实际意义与工艺尺寸链有区别：工艺尺寸链的各个环是在同一个零件上，而装配尺寸链的每个环则是各个不同零件或部件在装配关系中的尺寸；工艺尺寸链的封闭环往往是基准不重合时形成的实际尺寸，而装配尺寸链的封闭环往往是零件或部件装配后形成的间隙或过盈等。

6.2.2　建立装配尺寸链的方法

　　装配尺寸链的建立就是在装配图上，根据装配精度的要求，首先确定封闭环。装配尺寸链的封闭环往往是装配的精度或技术要求。因为这种要求是通过把零件、部件装配好后才最后形成和保证的，是一个结果尺寸或位置关系。从设计角度来说，装配精度是引出和形成装配尺寸链的依据，从而也是确定零件设计和制造精度的依据。找出与该项精度有关的零件及相应的有关尺寸，并画出相应的尺寸链图。与该项精度有关的零件称之为相关零件，其相应的有关尺寸，称之为相关尺寸，是装配尺寸链的组成环。装配尺寸链的建立是解决装配精度问题的第一步，只有当建立的装配尺寸链是正确的，求解尺寸链才有意义。因此在装配尺寸链中，这一步是十分重要的。由于线性尺寸链比较典型，所以本节阐述线性尺寸链的建立。

图 6-4 所示是一个传动箱的一部分，主要表示了一根齿轮轴的轴向装配尺寸。此轴在两个滑动轴承中转动，因此在两个轴承的端面都要有间隙。齿轮轴的左边压配了一个大齿轮，两个滑动轴承分别压入箱体和箱盖中。为了保证轴向间隙，在齿轮轴上套了一个垫圈。为了便于检查而将间隙推向一边。

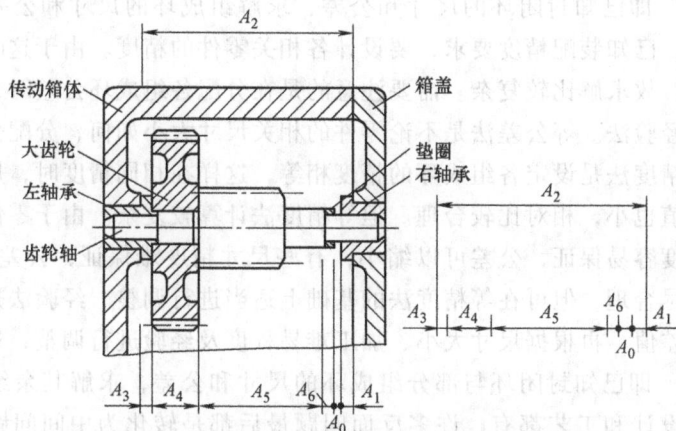

图 6-4　传动箱中传动轴的轴向装配尺寸链的建立

建立线性尺寸链一般可按下列步骤。

（1）判别封闭环　图示的传动结构要求有轴向间隙，但传动轴本身不能决定间隙大小，而是由其他零件的尺寸来决定的。这种由其他零件来决定的尺寸就是封闭环，用 A_0 表示。轴向间隙 A_0 是装配所要求的。一般来说，装配精度所要求的项目大多是封闭环，但不能用精度要求来判别封闭环。在装配尺寸链中，由于装配精度大多是两个零件之间的距离精度或几何精度，所以封闭环大多是两个零件之间的精度要求，如图 6-4 所示的间隙就是反映了垫圈和右轴承之间的位置距离。在装配尺寸链中判断封闭环还是比较容易的。

（2）判别组成环　判别组成环首先就是要找出相关零件。其方法是从封闭环出发，按逆时针或顺时针寻找与封闭环有关系的零件，即相关零件。实际上可以沿着相邻零件来寻找。如在图示的传动轴中，沿间隙 A_0 的逆时针方向，可以找出其相关零件为右轴承 A_1、传动箱体 A_2、左轴承 A_3、大齿轮 A_4、齿轮轴 A_5 及垫圈 A_6，共六个零件。找出相关零件的同时就可以找出相关尺寸。

（3）画出尺寸链线图　如图右边所示即为尺寸链线图。从图中可以清楚地判别增环和减环。线图出来后，便可以进行求解。

6.2.3　装配尺寸链的解题类型和计算方法

1. 尺寸链的计算方法

装配尺寸链建立后，应进行计算。尺寸链的计算方法有两种：一种称为极值法，又称极大极小法。这种方法的出发点是当各个组成环同时出现极值（极大值或极小值）时，仍能保证封闭环的要求。当然，同时出现极值的情况是很少的，因此这种方法比较保守，其结果是使各组成环的精度偏高，提高了加工成本。另一种方法是统计法，又称概率法。它的出发点是考虑到各环同时出现极值的概率是很小的，利用误差分布的概率规律来计算封闭环和各组成环之间的关系。极值解法与工艺尺寸链解法相同，概率解法我们将在后面讲解。

2. 尺寸链的解题类型

(1) 解正面问题　即已知组成环的尺寸和公差，求解封闭环的尺寸和公差。这类问题多出现在装配工作、检验工作中，以便校验产品是否合格。解正面问题比较简单。

(2) 解反面问题　即已知封闭环的尺寸和公差，求解组成环的尺寸和公差。这类问题多出现在设计工作中，已知装配精度要求，要设计各相关零件的精度。由于这时，已知数为一个，未知数为多个，故求解比较复杂。需要注意的是在分配各组成环公差时，可以采用等公差法、等精度法和经验法。等公差法是不论零件的相关尺寸大小如何，分配公差值却是一样的，不够合理。等精度法是设定各组成环的精度相等，这样在相同精度时，尺寸大者公差值大，尺寸小者公差值也小，相对比较合理。但等精度法计算较复杂。由于零件加工难易程度不同，有的尺寸精度容易保证，公差可以缩小，有些尺寸精度难保证，公差可以加大些，所以等精度法也并不尽合理，但可在等精度法的基础上适当进行调整。经验法是按等公差法计算出各组成环的公差值，再根据尺寸大小、加工难易程度及经验进行调整，最后核算。

(3) 解中间问题　即已知封闭环与部分组成环的尺寸和公差，求解其余组成环的尺寸和公差。这类问题在设计和工艺都有，许多反面问题最后都是转化为中间问题来求解。例如，解反面问题时，是已知封闭环的尺寸和公差，求解各组成环的尺寸与公差，可以采用设定某些组成环，只留一个组成环为未知数，这样就变成中间问题了。

6.3　保证装配精度的方法

机械产品的精度要求，最终是靠装配实现的。根据产品的性能要求，结构特点和生产类型、生产条件，可采取不同的装配方法。保证产品装配精度的方法有：互换法、选配法、修配法和调整法等。

装配尺寸链的解算方法与装配方法密切相关。同一项装配精度，采用不同的装配方法时，其装配尺寸链的解算方法也不相同。

6.3.1　互换法

互换法是在装配过程中，零件互换后仍能达到装配精度要求的装配方法。产品采用互换法时，装配精度主要取决于零件的加工精度。互换法的实质就是控制零件的加工误差来保证产品的装配精度。

根据零件的互换程度不同，互换法又分为完全互换法和大数互换法。

1. 完全互换法

完全互换法就是装配时各配合零件不需进行任何修理、选择或调整、修配即可达到装配精度要求的装配方法。

这种装配方法的特点是：装配质量稳定可靠，对装配工人的技术等级要求较低，装配工作简单、经济、生产率高，便于组织流水装配和自动化装配，又可保证零、部件的互换性，便于组织专业化生产和协作生产，容易解决备件供应。因此完全互换装配法是比较先进和理想的装配方法。适宜于成批、大量生产。

例 6-1　如图 6-5a 所示装配关系，轴是固定不动的，齿轮在轴上回转，要求保证齿轮与挡圈之间的轴向间隙为 0.1～0.35mm。已知：$A_1 = 30$mm、$A_2 = 5$mm、$A_3 = 43$mm、$A_4 = 3$mm（标准件）、$A_5 = 5$mm，现采用完全互换装配，试确定各组成环公差和极限偏差。

解　（1）画装配尺寸链图，校验各环基本尺寸。

依题意，轴向间隙为 0.1～0.35mm，则封闭环 $A_0 = 0^{0.35}_{0.10}$mm，封闭环公差 $T_0 = 0.25$mm。本尺寸链共有 5 个组成环，其中 A_3 是增环，其余都是减环，装配尺寸链图如图 6-5b 所示。

代入公式（1-1），封闭环基本尺寸为

$$A_0 = A_3 - (A_1 + A_2 + A_4 + A_5)$$
$$= 43 - (30 + 5 + 3 + 5) = 0\text{mm}$$

由计算可知，各组成环基本尺寸正确无误。

（2）确定各组成环公差和极限偏差。

代入公式（1-4）各组成环的公差为

$$T_i = \frac{0.25}{5} = 0.05\text{mm}$$

根据各组成环基本尺寸大小与零件加工难易程度，以平均公差为基础，确定各组成环公差。取 $T_1 = 0.06$，$T_2 = 0.04$，$T_5 = 0.04$，由于 A_4 为标准件，其公差与极限偏差为已定值，即 $A_4 = 3^{\ 0}_{-0.05}$，$T_4 = 0.05$，各组成环公差约为 IT9。留组成环 A_3 作为协调环，由于其加工、测量都较方便。其余各环按入体注法确定其极限偏差，即 $A_1 = 30^{\ 0}_{-0.06}$；$A_2 = 5^{\ 0}_{-0.04}$；$A_4 = 3^{\ 0}_{-0.05}$；$A_5 = 5^{\ 0}_{-0.04}$

（3）计算协调环的极限偏差。

代入公式（1-6）　　0.35 = ES_3 - (-0.06) - (-0.04) - (-0.05) - (-0.04)

协调环 A_3 的上偏差为 $ES_3 = 0.16$

代入公式（1-7）　　0.10 = EI_3 - 0 - 0 - 0 - 0

协调环 A_3 的下偏差为 $EI_3 = 0.10$

所以协调环 A_3 的尺寸和极限偏差为 $A_3 = 43^{+0.16}_{+0.10}$mm。

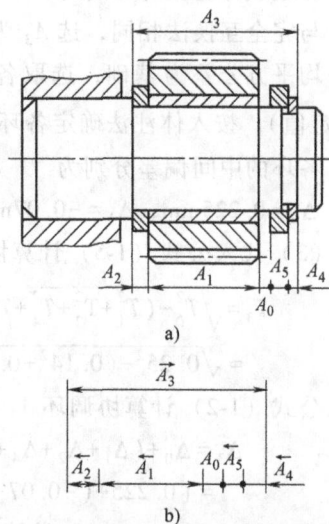

图 6-5　齿轮与轴的装配关系

最后可得各组成环尺寸和极限偏差为

$$A_1 = 30^{\ 0}_{-0.06};\ A_2 = 5^{\ 0}_{-0.04};\ A_3 = 43^{+0.16}_{+0.10};\ A_4 = 3^{\ 0}_{-0.05};\ A_5 = 5^{\ 0}_{-0.04}$$

2. 大数互换装配法

大数互换法的特点和完全互换法特点相似，但允许零件的公差比完全互换法所规定的公差大。尤其是在环数较多，组成环又呈正态分布时，扩大组成环的公差最为显著，因而有利于零件的经济加工，装配过程与完全互换法一样简单、方便。但在装配时，可能会出现达不到装配精度要求的概率是 0.27%。

为了便于比较，仍采用上述图例所示装配关系为例，加以说明。

例 6-2　已知 $A_1 = 30$mm、$A_2 = 5$mm、$A_3 = 43$mm、$A_4 = 3^{\ 0}_{-0.05}$mm（标准件）、$A_5 = 5$mm 装

配后齿轮与挡圈间的轴向间隙为 0.1~0.35mm，现采用大数互换法，试确定各组成环公差和极限偏差。

解（1）画装配尺寸链图，校检各环基本尺寸与例6-1过程相同。

（2）确定各组成环公差和极限偏差。

认为该产品在大批大量生产条件下，工艺过程稳定，各组成环尺寸趋近正态分布，则各组成环公差代入公式（1-9）为

$$T_i = \frac{T}{\sqrt{m}} = \frac{0.25}{\sqrt{5}}\text{mm} \approx 0.11\text{mm}$$

估计各组成环公差等级约为 IT10。

与完全互换法相同，选 A_3 为协调环。根据各组成环基本尺寸大小与零件加工难易程度，以平均平方公差为基础，选取各组成环公差 $T_1 = 0.14$mm；$T_2 = T_5 = 0.07$mm；$T_4 = 0.05$mm（已定值）。按入体注法确定各环偏差 $A_1 = 30_{-0.04}^{\ 0}$mm；$A_2 = A_5 = 5_{-0.07}^{\ 0}$mm

各环的中间偏差分别为

$\Delta_0 = 0.225$mm；$\Delta_1 = -0.07$mm；$\Delta_2 = -0.035$mm；$\Delta_4 = -0.025$mm；$\Delta_5 = -0.035$mm。

（3）代入公式（1-5）计算协调环公差和极限偏差。协调环 A_3 的公差

$$T_3 = \sqrt{T_0^2 - (T_1^2 + T_2^2 + T_4^2 + T_5^2)}$$
$$= \sqrt{0.25^2 - (0.14^2 + 0.07^2 + 0.05^2 + 0.07^2)}\ \text{mm} = 0.17\text{mm}$$

代入公式（1-2）计算协调环 A_3 的中间偏差为

$$\Delta_3 = \Delta_0 + (\Delta_1 + \Delta_2 + \Delta_4 + \Delta_5)$$
$$= [0.225 + (-0.07 - 0.035 - 0.025 - 0.035)]\text{mm} = 0.06\text{mm}$$

代入公式（1-10）、（1-11）计算协调环 A_3 的极限偏差 ES_3、EI_3 分别为

$$ES_3 = \Delta_3 + \frac{1}{2}T_3 = \left(0.06 + \frac{1}{2}0.17\right)\text{mm} = 0.145\text{mm}$$

$$EI_3 = \Delta_3 - \frac{1}{2}T_3 = \left(0.06 - \frac{1}{2}0.17\right)\text{mm} = -0.025\text{mm}$$

所以，协调环 A_3 的尺寸和极限偏差为 $A_3 = 43_{-0.025}^{+0.145}$mm。

最后可得各组成环尺寸为 $A_1 = 30_{-0.14}^{\ 0}$mm；$A_2 = 5_{-0.07}^{\ 0}$mm；$A_3 = 43_{-0.025}^{+0.145}$mm；$A_4 = 3_{-0.05}^{\ 0}$mm；$A_5 = 5_{-0.07}^{\ 0}$mm。

采用大数互换法时，各组成环的公差远大于完全互换装配法时各组成环的公差，其组成环平均公差将扩大 $\sqrt{m}$ 倍，各加工零件精度由 IT9 下降为 IT10，加工成本将有所降低。

6.3.2　选配法

选配法是将相关零件的相关尺寸公差放大到经济精度，然后选择合适的零件进行装配，以保证装配精度的方法。这种装配法常用于装配精度要求很高而组成环数又极少的成批或大量生产中，如滚动轴承的装配、内燃机活塞和缸套的装配、活塞销的装配等。

选配法按其形式不同有三种：直接选配法、分组装配法和复合选配法。

1. 直接选配法

在装配时，工人从许多待装配的零件中，直接选择合适的零件进行装配，以保证装配精度的要求。

这种装配方法的优点是零件不必事先分组，能达到很高的装配精度。缺点是：装配工人凭经验挑选合适零件通过试凑进行装配，所以装配时间不易准确控制，装配精度很大程度上取决于工人的技术水平。这种装配方法不宜用于生产节拍要求较严的大批、大量流水作业。

2. 分组装配法

这种方法是将相关零件的相关尺寸公差放大若干倍，使其尺寸能按经济精度加工，然后按零件的实际加工尺寸分为若干组，各对应组进行装配，以达到装配精度要求。由于同组零件具有互换性，所以这种方法又称为分组互换法。

分组装配法在大批大量生产中可降低零件的加工精度，而不降低装配精度。但是，分组装配法增加了零件测量、分组和配套工作，当组成环较多时，这种工作就会变得非常复杂。所以，分组装配适用于成批、大量生产中组成环数少而装配精度要求高的部件装配。例如：图 6-6 是发动机中活塞销与活塞销孔的配合情况，根据装配技术要求，销孔与销的配合，在冷态时，有 $0.0025 \sim 0.0075 \mathrm{mm}$ 的过盈量，其配合公差仅为 $0.005 \mathrm{mm}$。若活塞与活塞销采用完全互换法装配，且销孔与活塞销的平均公差 $T_{\mathrm{DM}} = T_{\mathrm{dM}} = 0.0025 \mathrm{mm}$，如果上述配合采用基轴制原则，则活塞销外径尺寸 $d = \phi 28_{-0.0025}^{0} \mathrm{mm}$，相应的销孔直径 $D = \phi 28_{-0.0075}^{-0.0050} \mathrm{mm}$。显然，这样精确的活塞销和销孔的加工是很困难的，也是很不经济的。生产中采用的方法是将上述公差值都增大四倍（$d = \phi 28_{-0.01}^{0} \mathrm{mm}$，$D = \phi 28_{-0.015}^{-0.005} \mathrm{mm}$），这样即可以采用高效率的无心磨和金刚镗去分别加工活塞销外圆和活塞销孔，然后用精密量仪进行测量后，按尺寸大小分组，做上不同的记号（如涂上不同的颜色），装配时只要把同一种记号的活塞销和活塞组合在一起，就能达到装配要求。具体分组情况见表 6-1。

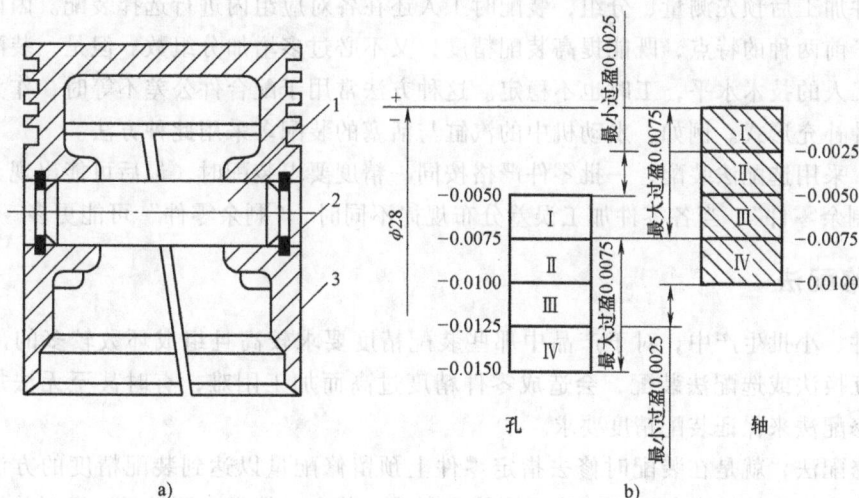

图 6-6　活塞与活塞销联接
1—活塞销　2—挡圈　3—活塞

表 6-1　活塞销与活塞销孔直径分组

组　　别	标志颜色	活塞销直径 $d = \phi 28^{\ 0}_{-0.010}$	活塞销孔直径 $D = \phi 28^{-0.005}_{-0.015}$	配　合　情　况	
				最小过盈	最大过盈
I	红	$\phi 28^{\ 0}_{-0.0025}$	$\phi 28^{-0.005}_{-0.0075}$		
II	白	$\phi 28^{-0.0025}_{-0.0050}$	$\phi 28^{-0.0075}_{-0.0100}$	0.0025	0.0075
III	黄	$\phi 28^{-0.0050}_{-0.0075}$	$\phi 28^{-0.0100}_{-0.0125}$		
IV	绿	$\phi 28^{-0.0075}_{-0.0100}$	$\phi 28^{-0.0125}_{-0.0150}$		

　　正确采用分组装配法的关键，是保证分组后各对应组的配合性质和配合公差满足装配精度要求，同时，对应组内的相配件的数量要相配套。为此，应满足以下条件：

　　1）为保证分组后各组的配合性质及配合精度与原来的要求相同，配合件的公差应相等，公差增大是要同方向增大，增大的倍数等于以后的分组数。

　　2）为保证零件分组后在装配时各组数量相匹配，应使配合件的尺寸分布为相同的对称分布（如正态分布）。如果分布曲线不相同或为不对称分布曲线，将产生各组相配零件数量不等，造成一些零件积压浪费。实际生产中，常常专门加工一批零件与剩余零件相配，以解决零件剩余问题。

　　3）配合件的表面粗糙度、位置精度和形状精度不能随尺寸精度放大而任意放大，应与分组公差相适应，否则，不能达到要求的配合精度及配合质量。

　　4）分组数不宜过多，零件尺寸公差只要放大到经济精度加工即可，否则就会因零件的测量、分类、保管工作量的增加而使生产组织工作复杂，甚至造成生产过程混乱。

　　3. 复合选配法

　　该法是分组装配与直接选择装配的复合形式。它是将组成环的公差相对互换法所求之值增大，零件加工后预先测量、分组，装配时工人还在各对应组内进行选择装配。因而，这种方法吸取了前两种的特点，既能提高装配精度，又不必过多增加分组数。但是，装配精度仍然要依赖工人的技术水平，工时也不稳定。这种方法常用于配合件公差不等时，作为分组装配法的一种补充形式。例如，发动机中的汽缸与活塞的装配多采用此种方法。

　　另外，采用选配法装配，一批零件严格按同一精度要求装配时，最后可能出现无法满足要求的"剩余零件"，当各零件加工误差分布规律不同时，"剩余零件"可能更多。

6.3.3　修配法

　　在单件、小批生产中，对于产品中那些装配精度要求较高且组成环数较多的部件装配时，若按互换法或选配法装配，会造成零件精度过高而加工困难，有时甚至无法加工。此时，常用修配法来保证装配精度要求。

　　所谓修配法，就是在装配时修去指定零件上预留修配量以达到装配精度的方法。具体讲，就是将装配尺寸链中各组成环按经济精度制造，装配时根据实测结果，通过修配某一组成环的尺寸，或就地配制这个环，用来补偿其他各组成环由于公差放大后产生的累积误差。使封闭环达到规定精度的一种装配工艺方法。这种方法的优点是能获得很高的装配精度，而零件可按经济精度制造。缺点是增加了一道修配工序，费工费时，又需技术熟练的工人，修配工时不易确定，零件不能互换，不适于流水线生产。

采用修配法时，关键是正确选择修配环和确定其尺寸及极限偏差。

1. 选择修配环一般应满足的要求

1）要便于装拆、易于修配。要选形状比较简单、修配面较小的零件。

2）尽量不选公共环。因为公共环难于同时满足几项装配精度要求，所以应选只与一项装配精度有关的环。

2. 确定修配环的尺寸及极限偏差

确定修配环的尺寸及极限偏差的出发点，是要保证修配量足够和最小，而修配量即为修配环被去除的材料厚度。现定修配量为 F。

1）用完全互换法求得各组成环公差为 T_1、T_2、$\cdots$、T_m。则

$$T_{OL} = \sum_{i=1}^{m} T_i = T_0$$

2）现采用修配法，各组成环公差放大为 T_1'、T_2'、$\cdots$、T_m'，则

$$T_{OL}' = \sum_{i=1}^{m} T_i' \quad (T_i' > T_i)$$

显然 $T_{OL}' > T_{OL}$，则最大修配量为

$$F_{max}' = T_{OL}' - T_{OL} = \sum_{i=1}^{m} T_i' - \sum_{i=1}^{m} T_i = T_{OL}' - T_0$$

例 6-3　如图6-7所示的键与键槽配合，按技术要求应保证其间隙不超过 0.05mm，键槽宽 A_1 和键宽 A_2 的基本尺寸相等，均为 30mm。

解　若按完全互换等公差法，键与键槽宽度的平均公差为

$$T_{0av} = \frac{T_0}{n-1} = \frac{0.05}{3-1}\text{mm} = 0.025\text{mm}$$

在现在生产条件下，按 0.025mm 的公差加工键槽是不经济的。

如果改用修配法，则可将键和键槽的制造公差放大到经济加工精度：$T(A_1') = 0.2\text{mm}$；$T(A_2') = 0.1\text{mm}$。这样装配后的最大间隙为

$$T_0' = T(A_1') + T(A_2') = 0.2\text{mm} + 0.1\text{mm} = 0.3\text{mm}$$

它远远超过了装配精度要求。为了满足装配质量，选择容易修配的键作修配环，并在基本尺寸上增加一个最大的修配量。按上式有

$$F_{max} = T_0' - T_0 = 0.3\text{mm} - 0.05\text{mm} = 0.25\text{mm}$$

$$A_2' = A_2 + F_{max} = 30\text{mm} + 0.25\text{mm} = 30.25\text{mm}$$

最后得到的键槽宽和键宽尺寸及偏差为

$$A_1' = 30^{+0.2}_{0}\text{mm}$$

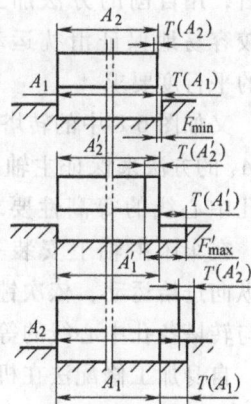

图 6-7　例 6-3 图

$$A_2' = 30.25^{0}_{-0.1}\text{mm}$$

如前所述，采用修配装配法时，解装配尺寸链的主要问题是：在保证修配量足够且最小的原则下计算补偿环尺寸及其极限偏差。

3. 修配的方法

实际生产中，修配的方式较多，常见的有以下三种。

(1) 单件修配法　在多环装配尺寸链中，选定某一固定的零件做修配件（补偿环），装配时用去除金属层的方法改变其尺寸，以满足精度的要求。如：齿轮和轴装配中，以轴向垫圈为修配件来保证齿轮的轴向间隙；车床尾座与床头箱装配中，以尾座底板为修配件，来保证尾座中心线与主轴中心线的等高性，这种修配方法生产中应用最广。

(2) 合并加工修配法　这种方法是将两个或更多的零件合并在一起在进行加工修配，合并后的尺寸可看作一个组成环，这样就减少了装配尺寸链组成环的环数，并可以相应减少修配的劳动量。例如，尾座装配时，也可采用合并装配法，即把尾座体和底板相配合的平面分别加工好，并配刮横向小导轨，然后把两零件装配在一起，以底板的底面为定位基准，镗削加工套筒孔，这样此环公差可加大，而且可以给底板面留较小的刮研量。

合并加工修配法由于零件合并后再加工和装配，对号入座，给组织装配生产带来很多不便。这种方法多用于单件、小批生产中。

(3) 自身加工修配法　在机床制造中，有些装配精度要求较高，若单纯依靠限制个别零件的加工误差来保证，势必各零件加工精度很高，甚至无法加工，而且不宜选择适当的修配件。此时，在机床总装时，用自己加工自己的方法来保证这些装配精度更方便，这种装配法称自身加工法。例如，在牛头刨床总装后，用自刨的方法加工工作台面，可以较容易地保证滑枕运动方向与工作台面的平行度要求。

又如图 6-8 中的转塔车床，常不用修刮 A_3 的方法来保证主轴中心线与转塔上各孔中心线的等高性要求，而是在装配后，在车床主轴上安装一批镗刀，转塔

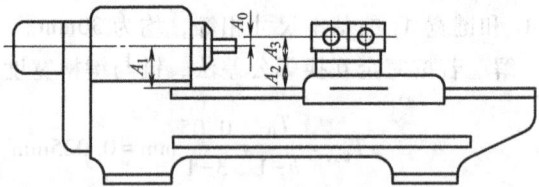

图 6-8　转塔车床的自身加工

作纵向进给运动，依次镗削转塔上的六个孔。这种自身加工的方法可以方便地保证主轴中心线与转塔各孔中心线的等高性。此外，平面磨床砂轮磨削工作台面也属于这种修配方法。因此，自身加工修配法在机床制造业中应用广泛。

6.3.4　调整法

对于精度要求较高而且组成环数又较多的产品或部件，在不能采用完全互换法装配时，除了可用修配法保证技术要求外，还可以用调整法保证装配精度要求。

调整法与修配法的实质相同，也是将尺寸链中各组成环的公差值增大，使其能按经济精度制造，装配时选定尺寸链中某一环作为调整环，采用调整的方法改变其实际尺寸或位置，使封闭环达到规定的公差要求。预先选定的环（一般是指螺栓、斜楔、挡环和垫片等零件）称为调整环，它是用来补偿其他各组成环由于公差放大后所产生的累积误差。

根据调整方法的不同，调整法分为：可动调整法、固定调整法和误差抵消调整法三种。

下面分别叙述。

1. 可动调整法

采用调整的方法改变调整环的位置（移动、旋转或移动旋转同时进行），使封闭环达到其公差或极限偏差要求的方法称为可动调整法。

在机械产品中，可动调正的方法很多，图 6-9 所示为普通车床横刀架采用锲块与调整丝杠 3 和螺母 1、4 间隙的装置就是可动调整法。该装置中，将螺母做成两个，分为前螺母 1 和后螺母 4，前螺母的右端做成斜面，在前、后螺母之间装入一个左端也做成斜面的锲块 5。调整间隙时，先将前螺母固定螺钉放松，然后拧紧锲块的调节螺钉 2，将锲块向上拉，由于前螺母右端斜面和锲块左端斜面的作用，使前螺母向左移动，从而消除丝杆和螺母之间的间隙。又如图 6-10 所示主轴箱中，用螺钉 1 调整轴承间隙的装置，调整后用螺母 2 锁紧。

可动调整法不但调整方便，能获得比较高的精度，而且可以补偿由于磨损和变形等所引起的误差，使设备恢复原有精度。所以，在一些传动机械或易磨损机构中，常用可动调整法。但是，可动调整法因调整件的出现，削弱了机构的刚度，因而在刚度要求较高或机构比较紧凑，无法安排可动调整件时，就可采用其他的调整法。

2. 固定调整法

采用调整的方法改变调整环的尺寸，使封闭环达到其公差与极限偏差要求的方法称为固定调整法。

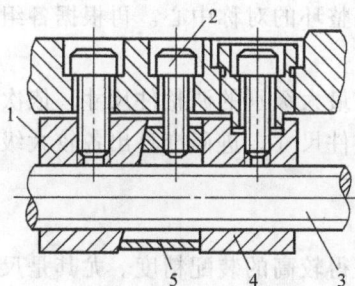

图 6-9　采用楔块调整丝杠和螺母间隙装置
1—前螺母　2—调节螺钉　3—丝杠
4—后螺母　5—楔块

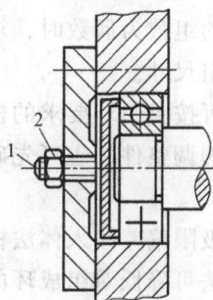

图 6-10　调整轴承间隙的装置
1—调节螺钉　2—螺母

调整环要形状简单，便于拆装，常用的调整环有垫片、套筒等。改变调整环的实际尺寸的方法是根据封闭环公差与极限偏差的要求，分别装入不同尺寸的调整环。例如调整环是减环，因放大组成环公差后使封闭环尺寸较大，就取较大的调整环装入；反之，当封闭环实际尺寸较小时，就取较小的调整环装入。为此，需要预先按一定的尺寸要求，制成若干组不同尺寸的调整件，供装配时选用。

采用固定调整法时需要解决如下三个问题。

（1）选择调整范围　选择调整范围，也就是确定补偿量 F。采用固定调整法时，由于放大组成环公差，装配后的实际封闭环的公差必然超出实际要求的公差，其超差量需要用调整环补偿，该补偿量 F 等于超差量，可用下式计算

$$F = T_{OL} - T_0$$

式中　T_{OL}——实际封闭环的极值公差（含补偿环）；

　　　　T_0——封闭环公差的要求值。

（2）确定调整件的分组数　补偿量确定好后，不可能用一组调整件去补偿 F，而需用不同级别的调整件去补偿。因此，要确定每一组的调整件的补偿能力 S。若调整件的制造公差为 T_K，则其补偿能力为

$$S = T_0 - T_K$$

当第一组调整件无法满足补偿要求时，就需用相邻一组的调整件来补偿。所以，相邻组别调整件的基本尺寸之差也应等于补偿能力 S，以保证补偿作用的连续进行。因此，分组数 Z 可用下式表示

$$Z = \frac{F}{S} + 1$$

计算分组数 Z 后，要圆整至邻近的较大整数。

（3）计算各组调整件的尺寸　由于各组调整件的基本尺寸之差等于补偿能力 S，所以只要先求出某一组调整件的尺寸，就可以推算出其他各组的尺寸，比较方便的方法是先求出调整件的中间尺寸，再求出其他各组尺寸。

调整件的中间尺寸可先由各环中间偏差之关系式求出调整件的中间偏差后再求得。

当调整件的组数 Z 为奇数时，求出的中间尺寸就是调整件中间一组尺寸的中间值。其余各组尺寸的中间值相应增加或减小各组之间的尺寸差 S 即可。

当调整件的组数为偶数时，求出的中间尺寸是调整环的对称中心。再根据各组之间的尺寸差 S 安排各组尺寸。

另外，也可按封闭环要求的极限尺寸，首先确定最大级别的调整件尺寸，依次推算出各较小级别尺寸的调整件，也可先确定最小级别的调整件尺寸，进而推算出各较大级别的调整件尺寸。

调整件的极限偏差按入体法标注。

固定调整法可降低对组成环的加工要求，但能获得较高的装配精度。尤其是尺寸链中环数较多时，其优点更为明显。固定调整法在装配时不必修配补偿环，没有修配法的一些缺点，所以在大批、大量生产中应用较多。固定调整法又没有可动调整法中改变位置的补偿件，因而刚性较好，机构也比较紧凑。但是，固定调整法在调整时要拆换补偿环，装拆和调整比较费事，所以设计时要选择装拆方便的机构。另外，由于要预先做好若干组不同尺寸的调整件，这也给生产带来不便。为了简化补偿件的规格，生产中常用"多件组合法"。"多件组合法"是把调整件（如垫片）做成几种规格，如厚度分别为 0.1mm、0.2mm、0.5mm 和 1mm 等，装配时根据装配尺寸原理（如同量块一样）把不同厚度的垫片组成各种不同的尺寸，以满足装配精度要求。

固定调整法常用于大批、大量生产和中批生产、封闭环要求较严的多环装配尺寸链中，尤其是在比较精密的机械传动中用调整法还能补偿使用过程中的磨损和误差，恢复原有精度。如精密机械、机床和传动机械中的锥齿轮啮合精度的调整，轴承间隙或预紧度的调整中，都广泛采用固定调整法。

3. 误差抵消调整法

在产品或部件装配时，通过调整有关零部件的相互位置，使其加工误差相互抵消一部

分，以提高装配精度，这种方法称为误差抵消调整法。这种方法在机床装配时应用较多，如在装配机床主轴时，通过调整前后轴承的径向跳动方向来控制主轴的径向跳动；在滚齿机工作台分度蜗轮装配中，采用调整二者偏心方向来抵消误差，最终提高分度蜗轮的装配精度。

6.3.5　装配方法的选择

上述各种装配方法各有特色。其中有些方法对组成环的加工要求较松，但装配时就要较严格；相反，有些方法对组成环的加工要求较严，而在装配时就比较简单。选择装配方法的出发点是使产品制造的全过程达到最佳效果。具体考虑的因素有：封闭环公差要求（装配精度）、结构特点（组成环环数等）、生产类型及具体生产条件。

一般说来，只要组成环的加工比较经济可行时，就要求优先采用完全互换装配法。成批生产、组成环又较多时，可考虑采用大数互换装配法。

当封闭环公差要求较严时，采用完全互换装配法将使组成环加工比较困难或不经济时，就采用其他方法。大量生产时，环数少的尺寸链采用分组装配法；环数多的尺寸链采用调整装配法。单件、小批生产时，则常用修配法。成批生产时可灵活应用调整法、修配法和分组装配法（后者在环数少时采用）。

一种产品究竟采用何种装配方法来保证装配精度。通常在设计阶段即应确定。因为只有在装配方法确定后，才能通过尺寸链的解算，合理地确定各个零、部件在加工和装配中的技术要求。但是，同一种产品的同一装配精度要求，在不同的生产类型和生产条件下，可能采用不同的装配方法。例如，在大量生产时采用完全互换法或调整法保证的装配精度，在小批生产时可用修配法。因此，工艺人员特别是主管产品的工艺人员必须掌握各种装配方法的特点及其装配尺寸链的解算方法，以便在制定产品的装配工艺规程和确定装配工序的具体内容时，或在现场解决装配质量问题时，根据具体工艺条件审查或确定装配方法。

复习思考题

1. 什么叫机器装配？它包括哪些内容？在机器产品的生产中起什么作用？
2. 机器产品的质量是以什么综合评定的？其性能和技术指标是什么？
3. 机器产品的装配精度与零件的加工精度、装配工艺方法有什么关系？
4. 举例说明各种生产类型条件下，装配工作的特点是什么。
5. 什么叫装配尺寸链？它与一般尺寸链有什么不同？
6. 装配尺寸链如何查找？查找时应注意些什么？
7. 装配尺寸链有什么用处？装配尺寸链的计算方法有几种？
8. 利用极值法和概率法解装配尺寸链的区别在哪？应用概率法解装配尺寸链应注意些什么？各用于什么装配方法？
9. 查明习题图 6-1 所示立式铣床总装时，保证主轴回转轴线与工作台台面之间垂直度精度的装配尺寸链。
10. 如习题图 6-2 所示，在溜板与床身装配前有关组成零件的尺寸分别为：$A_1 = 46_{-0.04}^{0}$ mm，$A_2 = 30_{0}^{+0.03}$ mm，$A_3 = 16_{+0.03}^{+0.06}$ mm，试计算装配后，溜板压板与床身下平面之间的间隙 A_0。试分析当间隙在使用过程中，因导轨磨损而增大后如何解决。

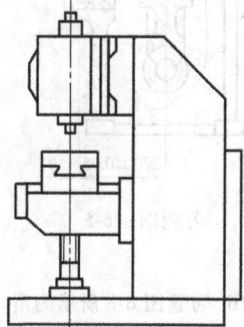

习题图　6-1

11. 如习题图 6-3 所示之主轴部件，为保证弹性挡圈能顺利装入，要求保持轴向间隙为 $A_0 = 0^{+0.42}_{+0.05}$ mm。已知 $A_1 = 32.5$ mm，$A_2 = 35$ mm，$A_3 = 2.5$ mm。试求各组成零件尺寸的上、下偏差。

12. 习题图 6-4 所示为键槽与键的装配尺寸结构。其尺寸是：$A_1 = 20$ mm，$A_2 = 20$ mm，$A_0 = 0^{+0.15}_{+0.05}$ mm。

（1）当大批生产时，采用完全互换法装配，试求各组成零件尺寸的上、下偏差。

（2）当小批生产时，采用修配法装配，试确定修配的零件并求出各有关零件尺寸的公差。

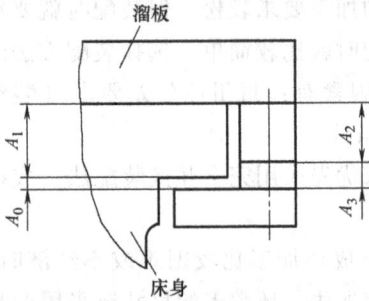
习题图　6-2

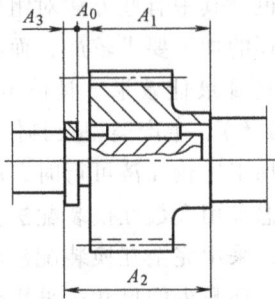
习题图　6-3

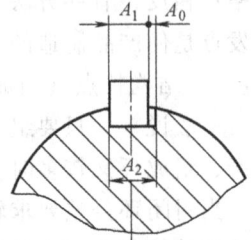
习题图　6-4

13. 习题图 6-5 所示之蜗杆减速器，装配后要求蜗轮中心平面与蜗杆轴线偏移公差为 ±0.065mm。试按调整法标注有关组成零件的公差，并计算加入调整垫片的组数及各组垫片的极限尺寸。（提示：在轴承端盖和箱体断面间加入调整垫片，如图中 N 环）

14. 习题图 6-6 所示齿轮箱部件，根据使用要求齿轮轴肩与轴承端面间的轴向间隙应在 1～1.75mm 范围内。若已知各零件的基本尺寸为 $A_1 = 101$ mm，$A_2 = 50$ mm，$A_3 = A_5 = 2.5$ mm，$A_4 = 140$ mm。试确定这些尺寸的公差及偏差。

15. 习题图 6-7 所示为某一齿轮机构的局部装配图。装配后要求保证轴右端与右轴承端面之间的间隙在 0.05～0.25mm 内，试用极值法和概率法计算各组成环的尺寸公差及上、下偏差，并比较两种计算方法的结果。

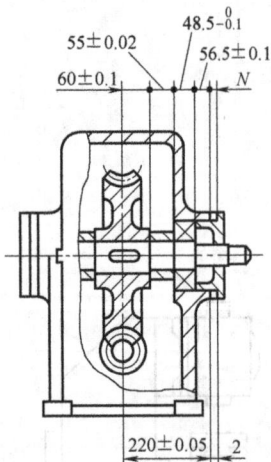
习题图　6-5

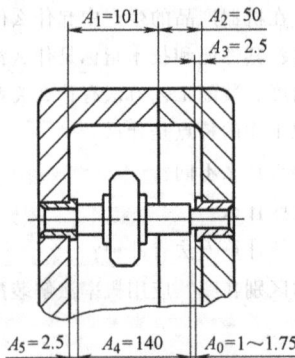
习题图　6-6

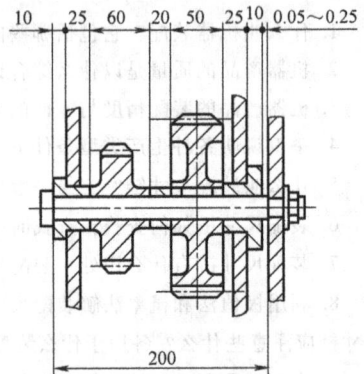
习题图　6-7

16. 习题图 6-8 所示为滑动轴承、轴承套零件图及其装配图。组装后滑动轴承外端面与轴承套内端面间要保证尺寸 $87^{-0.1}_{-0.3}$ mm。但按两零件图上标出的尺寸加工（尺寸 $5.5^{0}_{-0.16}$ mm 及 $81.5^{-0.20}_{-0.35}$ mm，为该尺寸链的组成环），装配后此距离为 $87^{+0.20}_{-0.51}$ mm，不能满足装配要求。该组件属成批生产。试确定满足装配技术要求的合理装配工艺方法。

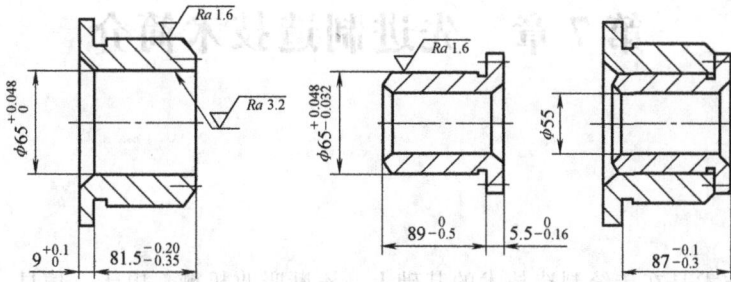

习题图　6-8

17. 什么叫装配工艺规程，包括的内容是什么？有什么作用？

18. 制定装配工艺过程的原则及原始资料是什么？

19. 简述制定装配工艺的步骤。

20. 保证产品精度的装配工艺方法有哪几种？各用在什么情况下？

第7章　先进制造技术简介

7.1　概述

先进制造技术是在传统制造技术的基础上，不断吸收机械、电子、信息、材料、能源及现代管理等技术成果，并将其综合应用于产品设计、制造、检测、管理、售后服务等机械制造全过程，实现优质、高效、低耗、清洁、灵活生产，提高对动态多变的产品市场的适应能力和竞争能力的各种现代制造技术的总称。

先进制造技术的主要特征是强调实用性，以提高企业的综合经济效益为目的，所以被认为是提高制造业竞争能力的主要手段，对促进国民经济的发展有着不可估量的影响。可以说："现代制造技术＝传统制造技术的发展＋信息技术＋现代管理技术"。

7.1.1　先进制造技术的形成和特征

随着计算机、微电子、信息和自动化技术的迅速发展，20世纪末制造业开始一场新的技术变革。进入20世纪80年代以来，各国制造业面临复杂多变的外部环境：科学技术突飞猛进，社会需求多样化，产品更新日新月异，市场竞争日趋激烈，对市场的响应速度要求越来越高。因此，政府和企业界都在寻求对策，以获取全球范围内竞争优势。传统的制造技术已变得越来越不适应当今快速变化的环境，先进的制造技术尤其是计算机技术与信息技术在制造业中的广泛应用，使人们正在或已经摆脱传统观念的束缚，跨入制造业的新纪元。

相对于传统制造技术，先进制造技术具有以下特征。

1. 先进制造技术的实用性

先进制造技术最重要的特点在于，它首先是一项面向工业应用，具有很强实用性的新技术。从先进制造技术的发展过程到其应用范围，特别是达到的目标与效果，无不反映是对国民经济的发展可以起重大作用的实用技术。先进制造技术的发展往往是针对某一具体的制造业（如汽车工业、电子工业）的需求而发展起来的先进、适用的制造技术，有明确的需求导向的特征；先进制造技术不是以追求技术的高新为目的，而是注重产生最好的实践效果，以提高效益为中心，以提高企业的竞争力和促进国家经济增长和综合实力为目标。

2. 先进制造技术应用的广泛性

在应用范围上，传统制造技术通常只是指各种将原材料变成成品的加工工艺，而先进制造技术虽然仍大量应用于加工和装配过程，但由于其组成中包括了设计技术、自动化技术、系统管理技术，因而将其综合应用于制造的全过程，覆盖了产品设计、生产准备、加工与装配、销售使用、维修服务甚至回收再生的整个过程。

3. 先进制造技术的动态特征

由于先进制造技术本身是针对一定的应用目标，不断地吸收各种高新技术逐渐形成、不断发展的新技术，因而其内涵不是绝对的和一成不变的。反映在不同的时期，先进制造技术有其自身的特点；反映在不同的国家和地区，先进制造技术有其本身重点发展的目标和内容。

4. 先进制造技术的集成性

传统制造技术的学科、专业单一独立，相互界限分明；先进制造技术由于专业和学科间的不断渗透、交叉、融合，界线逐渐被淡化甚至消失，技术趋于系统化、集成化，已发展成为集机械、电子、信息、材料和管理技术为一体的新型交叉学科。因此可以称其为"制造工程"。

5. 先进制造技术的系统性

传统制造技术一般只能驾驭生产过程中的物质流和能量流。随着微电子、信息技术的引入，使先进制造技术还能驾驭信息生成、采集、传递、反馈、调整的信息流动过程。先进制造技术是可以驾驭生产过程的物质流、能量流和信息流的系统工程。一项先进制造技术的产生往往要系统地考虑到制造的全过程，如并行工程就是集成地、并行地设计产品及其零部件和相关各种过程的一种系统方法。

6. 先进制造技术的环保性

先进制造技术特别强调环境保护，既要求其产品是所谓的"绿色商品"（对资源的消耗最少、对环境的污染最小甚至为零、对人体的危害最小甚至为零、报废后便于回收利用、发生事故的可能性为零、所占空间最小），又要求产品的生产过程是环保型的（对资源的消耗最少、对环境的污染最小甚至为零、对人体的危害最小甚至为零）。

先进制造技术强调的是实现优质、高效、低耗、清洁、灵活的生产。核心是优质、高效、低耗等基础制造技术。最终目标是提高对动态多变的产品市场的适应能力和竞争能力，对市场变化做出更灵捷的反应，确保生产和经济效益持续稳步地提高，提高企业的竞争能力。

7.1.2 先进制造技术的分类

先进制造技术可分为先进设计技术、先进制造工艺技术、制造自动化技术，和以现代管理理论和方法为基础的先进制造生产管理模式四大类。

1. 先进设计技术

先进设计技术包括现代设计理论与设计方法学、计算机辅助设计 CAD、计算机辅助工程分析 CAE、计算机辅助工艺规程设计 CAPP、设计过程管理与设计数据库、性能优良设计、反求工程技术、快速响应设计、智能设计、模块化设计、并行工程 CE 设计、仿真与虚拟设计、绿色设计等。

2. 先进制造工艺技术

先进制造工艺技术包括精密铸造、精密锻压、精密焊接、优质低耗热处理、精密切割、超精密加工、超高速加工、微米/纳米加工、复杂型面数控加工、特种加工工艺、快速成型制造、少无污染制造、虚拟制造与成形加工技术等。

3. 制造自动化技术

制造自动化技术包括数控技术、工业机器人、柔性制造系统、自动检测及信号识别技术、过程设备工况监测与控制等。

4. 先进制造生产管理模式

先进制造生产管理模式包括敏捷制造、精益生产、并行工程、智能制造、绿色制造、虚拟制造等。

7.2　先进制造工艺技术

7.2.1　快速成形技术

快速成形技术（Rapid Prototyping Manufacturing，RPM）又称快速原型制造，是一种基于离散和堆积原理的崭新制造技术。它将零件的 CAD 模型按一定方式离散成可加工的离散面、离散线和离散点，而后采用物理或化学手段，将这些离散的面、线段和点堆积而形成零件的整体形状。它集材料科学、信息科学、控制技术、能量光电子等技术为一体，是快速产品开发和制造的一种重要技术，主要技术特征是成形的快捷性，被认为是近 20 年制造技术领域的一次重大突破，其对制造业的影响可与数控技术的出现相比，是目前制造业信息化最直接的体现，实现信息化制造的典型代表。

各种快速成形技术的过程流都包括 CAD 模型建立、前处理、原型制作和后处理四个步骤，具体工艺不下 30 余种。根据采用材料及对材料处理方式的区别，主要方法有以下4 种。

（1）光固化法（SLA）　光固化法使用液态光敏树脂作为成形材料。计算机控制光束按零件的分层截面信息逐点扫描树脂表面，使树脂薄层产生光聚合反应而硬化，形成零件的一个薄层，如图 7-1 所示。头一层固化后，工作台下移一层，再次扫描，又在原固化层上产生新的一个薄层，如此反复，直至零件制造完毕。

光固化法的主要特点：

1）制造精度高（0.1mm）、表面质量好、原材料利用率接近 100%。

2）能制造形状特别复杂（如肢体等）及特别精细（如首饰、工艺品等）的零件（尤其适合壳体形零件制造）。

3）必须制作支撑；材料固化中伴随一定的收缩导致零件变形；光固化树脂有一定毒性。

光固化法是目前世界上研究最深入、技术最成熟、应用最广泛的快速成型制造方法。

（2）叠层法（LOM）　首先在基板上铺上一层箔材（如箔纸），再用一定功率的 CO_2 激光器在计算机控制下按分层信息切出轮廓，并将多余部分按一定网格形状切成碎片去除。然后再铺一层箔材，用热辊碾压，黏结在前一层上，再用激光器切割该层的形状。如此反复，直到加工完毕，如图 7-2 所示。

叠层法的主要特点：

1）不需要制作支撑；激光只作轮廓扫描，而不需填充扫描，成形效率高；运行成本低；成形过程中无相变且残余应力小，适合于加工较大尺寸的零件。

2）材料利用率较低，表面质量较差。

（3）烧结法（SLS）　将粉末冶金材料（如蜡粉、塑料粉、金属粉和陶瓷粉等）预热，用辊子铺平，计算机控制 CO_2 激光器按分层截面信息有选择地烧结粉末材料，如图 7-3 所示，一层完成后再重复作下一层烧结，直至零件成形，最后去掉多余粉末。

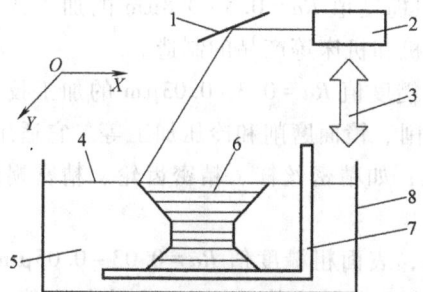

图 7-1 光固化法成形原理

1—扫描镜 2—激光器 3—Z 轴升降台 4—树脂表面
5—光敏树脂 6—零件 7—托 8—树脂槽

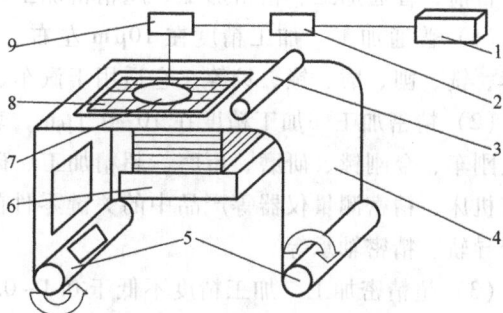

图 7-2 叠层法成形原理

1—激光器 2—光电系统 3—加热器 4—纸料 5—滚筒
6—工作平台 7—零件 8—边角料 9—X/Y 扫描系统

烧结法的主要特点：

1）不需要制作支撑，成形零件的力学性能好，强度高。

2）粉末较松散，烧结后精度不高，Z 轴精度难以控制。

（4）熔融沉积法（FDM） 成形过程中喷头喷出的熔融材料（ABS、尼龙或石蜡等）在 X-Y 工作台的带动下，按截面形状铺在底板上，逐层加工，直至零件成形，如图 7-4 所示。

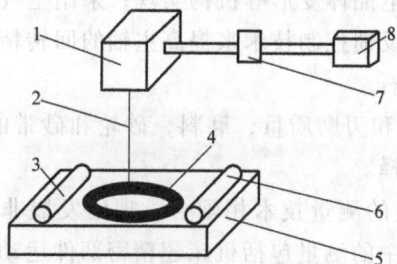

图 7-3 烧结法成形原理

1—扫描镜 2—激光束 3—铺粉装置 4—零件
5—Z 轴升降台 6—刮平辊子 7—透镜 8—激光器

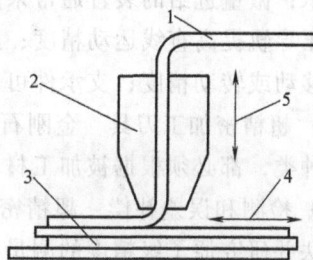

图 7-4 熔融沉积法成形原理

1—丝材 2—加热头 3—零件
4—X/Y 驱动 5—Z 向进给

熔融沉积法主要特点：

1）成形零件的力学性能好、强度高；成形材料的来源广、成本低，可采用多个喷头同时工作。

2）不用激光器，而是由熔丝喷头喷出加热熔融的材料，因此使用维护简单，成本低；原材料利用率较高；用蜡成形的零件原型，可直接用于失蜡铸造。

3）成形精度不高，不适合制作复杂精细结构的零件，主要用于产品的设计测试与评价。

7.2.2 精密与超精密加工技术

1. 基本概念

精密与超精密加工是相对于普通精度等级加工而言，其界限随时间的推移会发生不断变化。目前，普通加工、精密加工、超精密加工可以界定如下。

（1）普通加工　加工精度在 $10\mu m$ 左右、表面粗糙度值 $Ra=0.3\sim0.8\mu m$ 的加工技术，如车、铣、刨、磨、镗、铰等。它适用于汽车、拖拉机和机床等产品的制造。

（2）精密加工　加工精度在 $10\sim0.1\mu m$，表面粗糙度值 $Ra=0.3\sim0.03\mu m$ 的加工技术，如金刚车、金刚镗、研磨、珩磨、超精加工、砂带磨削、镜面磨削和冷压加工等。它适用于精密机床、精密测量仪器等产品中的关键零件的加工，如精密丝杠、精密齿轮、精密蜗轮、精密导轨、精密轴承等。

（3）超精密加工　加工精度不低于 $0.1\sim0.01\mu m$，表面粗糙度值 $Ra=0.03\sim0.05\mu m$ 的加工技术，如金刚石刀具超精密切削、超精密磨料加工、超精密特种加工和复合加工等。它适用于精密元件、计量标准元件、大规模和超大规模集成电路的制造。目前，超精密加工的精度正处在亚微米级工艺，正在向微米级工艺发展。

（4）纳米加工　加工精度达到 $0.001\mu m$，表面粗糙度值 $Ra<0.05\mu m$ 的加工技术，加工方法大多已不是传统的机械加工方法，而是如原子分子单位加工等方法。实际上，纳米加工是超精密加工的一种特殊形式。

2. 实现超精密加工的主要技术条件

（1）超精密机床　超精密机床是实现超精密加工的首要条件，它在结构原理、精度、热平衡及抗振性能方面与普通机床相比有许多特殊要求。例如，轴承采用如空气轴承类型的精密轴承；微量进给的装置通常采用弹性变形或压电晶体变形等机构实现；采用空气静压或液体静压导轨提高直线运动精度；采用在线检测、反馈控制技术来提高主轴的回转精度和工作台的移动或转动精度；支承件可以采用合成花岗石。

（2）超精密加工刀具　金刚石刀具的几何参数和刃磨质量，磨料，砂轮和砂带的型号、规格和种类，都必须根据被加工材料的要求进行选择。

（3）检测和误差补偿　超精密加工需要与相应的测量技术相配合。现已发展非接触式测量方法并研究原子级精度的测量技术。精密加工中的测量包括机床超精密部件运动精度的检测和加工精度的直接检测。要达到最高精度还需要使用在线检测和误差补偿。

（4）超稳定的加工环境　超稳定环境主要包括恒温、防振、超净和恒湿四个方面。超精密加工必须在严密的恒温条件下进行，温度变化应小于 $\pm(0.1\sim0.01)$℃。超精机床一般除用防振沟和很大的地基外，还都使用空气弹簧隔振。对超精密加工车间洁净度要求每立方英尺⊖的空气中直径大于 $0.3\mu m$ 以上的尘埃数应小于 100 个。

3. 超高速加工技术　超高速切削是近年来发展起来的一种集高效、优质和低耗于一身的先进制造工艺技术。超高速切削是指采用超硬材料刀具和能可靠地实现高速运动的高精度、高自动化、高柔性的制造设备，以极大地提高切削速度来达到提高材料切除率和加工质量的现代制造加工技术。其显著标志是使被加工塑性金属材料在切除过程中的剪切滑移速度达到或超过某一阈值，开始趋向最佳切除条件，使被加工材料切除所消耗的能量、切削力、刀具磨损、加工表面质量等明显优于传统切削，加工效率也大大高于传统切削。

对于不同加工方法和不同加工材料，超高速切削的切削速度各不相同。通常认为超高速切削各种材料的切削速度范围为：铸铁达 $900\sim5000m/min$；钢为 $600\sim3000m/min$；铝合金

⊖　英尺（ft）不是法定计量单位。1ft=0.3048m。

为 2000～7500m/min。就加工工种来说，超高速车削的切削速度为 700～7000m/min；铣削的切削速度为 300～6000m/min；钻削为 200～1100m/min；磨削为 150m/s 以上。

超高速切削用刀具材料要求强度高，耐热性能好。常用的刀具材料有：带涂层的硬质合金刀具、陶瓷刀具、立方氮化硼（CBN）或聚晶金刚石（PCD）刀具。试验表明，在同等情况下，其寿命往往比常规速度下的刀具寿命还要长。

超高速机床是实现超高速切削的前提条件和关键因素。超高速切削对机床的主要要求如下：①高速主轴是高速切削的首要条件，电主轴是高速主轴单元的理想结构；轴承可采用高速陶瓷滚动轴承和磁浮轴承；②快速反应的数控伺服系统和进给部件，采用多线螺纹行星滚柱丝杠代替目前的滚珠丝杠，或采用直线伺服电动机；③采用高压大流量喷射冷却系统；④有一个"三刚"（静刚度、动刚度、热刚度）特性都很好的机床支承件，如用聚合物混凝土，即"人造花岗岩"制成的超高速机床的床身或立柱。

7.3　制造自动化技术

7.3.1　CNC 技术

数控技术是指用数字化信号（记录在媒介上的数字信息及数字指令）对设备运行及其加工过程进行控制的一种自动化技术。如果一台设备（如切削机床、锻压机械、切割机、绘图机等）实现其自动工作的命令是以数字形式来描述的，则称其为数控设备。传统的数控系统的核心数字控制装置，是由各种逻辑元件、记忆元件组成的逻辑电路，采用固定接线的硬件结构，数控功能是由硬件来实现的，这类数控系统称之为硬件数控，也称为 NC 数控系统。随着半导体技术、计算机技术的发展，微处理器和微型计算机功能增强，价格下降，数字控制装置已发展成为计算机数字控制装置，即所谓的 CNC 装置，它由软件来实现部分或全部数控功能。这类数控系统称之为软件数控，也称为 CNC 数控系统。CNC 系统是由程序、输入输出设备、计算机数字控制装置、可编程序控制器（PLC）、主轴控制单元及速度控制单元等部分组成，如图 7-5 所示。

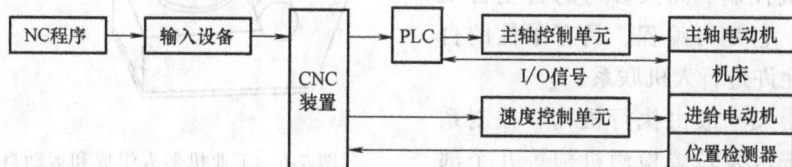

图 7-5　CNC 系统的组成框图

现代 CNC 系统往往包含一台微型计算机或采用多微处理机体系结构，它们都具有高度的柔性，逻辑控制、几何数据处理以及程序的执行由 CPU 统一管理。CNC 系统主要的特点有：①由于微型计算机的应用，减少了硬件，增加了设备的可靠性；②不依赖于硬件而独立使用，可用于不同种类的机床；③改变控制功能比较容易；④后置处理以软件方式实施；⑤编码转换器允许采用不同编码的数控程序（EIA 或 ISO 编码）；⑥插补程序使零件编程变得简便；⑦可以监测和修正刀具磨损；⑧CNC 系统与用户界面友好。

　　计算机数控技术是机械、电子、自动控制理论、计算机和检测技术密切结合的机电一体化高新技术，是实现制造过程自动化的基础，是自动化柔性系统的核心。

　　计算机数控技术向高速化、高精度化、多功能化、多轴控制、智能化、模块化、小型化及开放式结构方向发展。以 32 位 CPU 为核心的 CNC 系统具有极快的数值处理能力，能同时实现几个过程的闭环控制以及完成高阶计算任务，其应用使得数控系统的输入、译码、计算、输出等环节都是在高速下完成，并可提高 CNC 系统的分辨率及实现连续小程序段的高速、高精度加工。现代 CNC 系统具有多种监控、检测及补偿功能，很强的通信功能，自诊断功能，具有丰富的图形功能和自动程序设计功能，便于实现人机对话及高级故障诊断技术。CNC 系统为用户提供了强大的联网能力，便于数控编程、加工一体化及柔性自动化系统联网，扩大数控系统的应用范围。现代数控系统所控制的轴数已多达 24 轴，联动轴数达 6 轴。现代数控系统智能化的发展，目前主要体现在以下一些方面：工件自动检测、自动定心；刀具破损检测及自动更换备用刀具；刀具寿命及刀具收存情况管理；负载监控；数控管理；维修管理；采用前馈控制实时补偿矢动量的功能；依据加工时的热变形，对滚珠丝杠等的伸缩进行实时补偿。总线式、模块化结构的 CNC 装置，采用多微处理机、多主总线体系结构。模块化有利于用户的需要，可构成最大或最小系统。对于技术功能和接口方面的柔性是由结构式软件模块来保证的。标准化硬件模块和专用的可规划软件模块的发展趋势已扩大到驱动装置及控制和驱动之间数字化匹配领域。新一代数控系统体系结构向开放式系统发展。CNC 制造商、系统集成者、用户都希望"开放式的控制器"，能够自由地选择 CNC 装置、驱动装置、伺服电动机、应用软件等数控系统的各个构成要素，并能采用规范的、简便的方法将这些构成要素组合起来。

7.3.2　工业机器人 IR

　　工业机器人是整个制造系统自动化的关键环节之一，是机电一体化高技术的产物。工业机器人是一种可以搬运物料、零件、工具或完成多种操作的专用机械装置；它是由计算机控制、无人参与的自主自动化控制系统；它是可编程、具有柔性的自动化系统，允许进行人机联系。

　　工业机器人一般由执行机构、控制系统、驱动系统以及位置检测机构等几个部分组成，如图 7-6 所示。

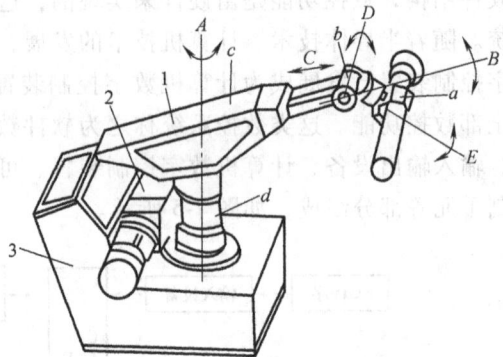

图 7-6　工业机器人组成和运动自由度
1—执行机构　2—驱动系统　3—控制系统
a—手部　b—手腕　c—手臂　d—机座
A—往复旋转　B—垂直偏仰　C—径向伸缩
D—腕部弯曲　E—手部偏摆

　　（1）执行机构　是一种具有和人手臂相似的动作功能、可在空间抓放物体或执行其他操作的机械装置，通常包括机座、手臂、手腕和末端执行器（手部）。末端执行器是机器人直接执行工作的装置，安装在手腕或手臂的机械接口上，根据用途可分为机械式、吸附式和专用工具（如焊枪、喷枪、电钻和电动螺纹拧紧器等）三类。

　　（2）控制系统　即机器人的大脑，支配着机器人按规定的程序运动，并记忆人们给予的指令信息，同时按其控制系统的信息对执行机构发出执行指令。

（3）驱动系统　驱动系统是按照控制系统发出的控制指令，将信号放大以驱动执行机构运动的动力及传动装置。常用的有电气、液压、气动和机械等四种驱动方式。

（4）检测机构　通过各种检测器、传感器来检测执行机构的运动状况，反馈给控制系统，与设定值进行比较后，对执行机构进行调整，以保证其动作符合设计要求，主要是对位置、速度和力等各种外部和内部信息进行检测。

工业机器人的分类方法很多，一般按照下列情况分类：

1）按自动化功能分类：专用机器人、通用机器人、示教再现机器人、智能机器人。

2）按驱动方式分：电力驱动机器人、液压驱动机器人和气压驱动机器人。

3）按控制方式分：点位控制和连续轨迹控制。

4）按坐标形式分：直角坐标式、圆柱坐标式、极坐标式、关节式。

① 直角坐标式机器人。末端执行器在空间位置的改变是通过三个互相垂直的轴线移动来实现的，即沿 X 轴、Y 轴、Z 轴的移动，如图 7-7a 所示。这种机器人位置精度最高，控制无耦合，比较简单，避障性好，但结构较庞大，动作范围小，灵活性差。

② 圆柱坐标式机器人。通过两个移动和一个转动来实现末端执行器空间位置的改变，其手臂的运动由在垂直立柱的平面伸缩和沿立柱的升降两个直线运动及手臂绕立柱的转动复合而成，如

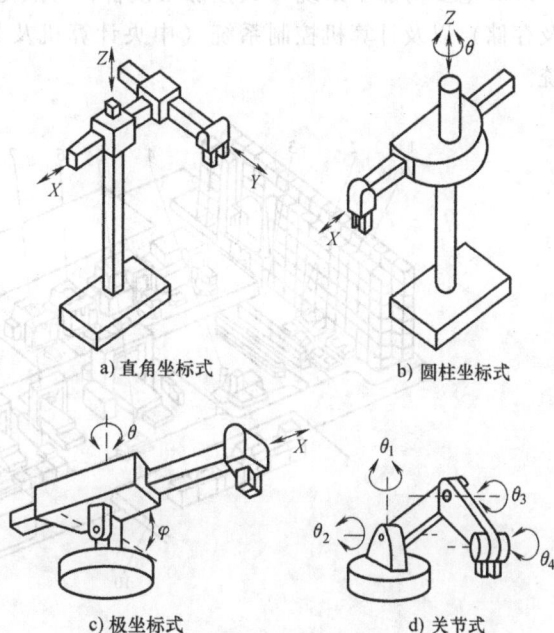

a) 直角坐标式　　　b) 圆柱坐标式

c) 极坐标式　　　d) 关节式

图 7-7　四种不同坐标型机器人

图 7-7b 所示。这种机器人位置精度较高，控制简单，避障性好，工作范围较大，运动速度较高，但随着水平臂沿水平方向伸长，其线位移分辨精度越来越低，结构也较庞大。

③ 极坐标式机器人。手臂的运动由一个直线运动和两个转动组成，即沿手臂方向（X 轴）的伸缩，绕 Y 轴的俯仰和绕 Z 轴的回转，如图 7-7c 所示。这种机器人占地面积小，结构紧凑，位置精度尚可，但避障性差，有平衡问题，其操作比圆柱坐标型更为灵活，并能扩大机器人的工作空间，但旋转关节反映在末端执行器上的线位移分辨率是一个变量。

④ 关节式机器人。操作机由多个关节连接的机座、大臂、小臂和手腕等构成，大小臂既可在垂直于机座的平面内运动，也可实现绕垂直轴的转动，如图 7-7d 所示。其操作灵活性最好，运动速度较高，操作范围大，避障性好，但精度受手臂位姿的影响，实现高精度运动较困难，有平衡问题，控制耦合比较复杂，目前应用越来越多。

工业机器人主要用于机械制造、汽车工业、金属加工、电子工业、塑料成型等行业。从功能上看，这些应用领域涉及机械加工、搬运、工件及工夹具装卸、焊接、涂装、装配、检

验和抛光修正等。除此之外，机器人在核能、海洋和太空探索、军事、家庭服务等领域的应用越来越广泛。随着材料技术、精密机械技术、传感器技术、微电子及计算机技术、人工智能技术的迅猛发展，机器人技术也在不断地发展。

7.3.3　柔性制造系统（FMS）

柔性制造系统是由数控加工设备、物料运储装置和计算机控制系统等组成的自动化制造系统。它包括多个柔性制造单元，能根据制造任务或生产环境的变化迅速进行调整，以适应多品种、中小批量生产。

FMS主要由加工系统（数控加工设备，一般是加工中心）、物料系统（工件和刀具的运输及存储）以及计算机控制系统（中央计算机及其网络）组成。图7-8为典型的柔性制造系统。

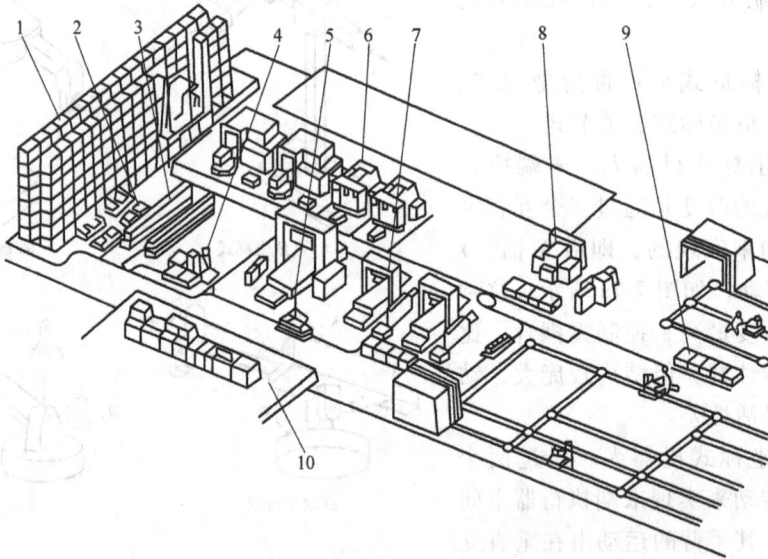

图 7-8　典型柔性制造系统
1—自动仓库　2—装卸站　3—托盘站　4—检验机器人　5—自动小车　6—卧式加工中心
7—立式加工中心　8—磨床　9—组装交付站　10—计算机控制室

（1）加工系统　由两台以上的数控机床、加工中心或柔性制造单元以及其他的加工设备所组成，例如测量机、清洗机、动平衡机和各种特种加工设备等。

（2）物料系统　包括自动化立体仓库、传送带、自动导引小车、工业机器人、上下料托盘、交换工作台等机构，能对刀具、工夹具、工件和原材料等物料进行自动装卸，完成工序间的自动传送和运储。

（3）计算机控制系统　能够实现对FMS的运行控制、刀具管理、质量控制，以及FMS的数据管理和网络通信。

FMS还包括刀具监控和管理系统、冷却系统、切屑系统等附属设备。

FMS的基本工作方式是：各个制造单元沿着中央物料运送系统分布。运料小车将一个特定的零件送到所需的制造单元时，相应的机器人将其拾取并将它安装在制造单元的某台

CNC 机床上进行自动加工；加工后，机器人会把零件返回到运料小车上，送至下一个 CNC 机床或制造单元上，如此重复，直至零件加工完成；机器人卸下零件，送到自动检测站，检测合格后，送到立体仓库。各个制造单元之间的协调和零件的流程控制均在计算机控制系统的统一管理下完成。

按照制造系统的规模、柔性和其他特征，FMS 有以下不同的应用形式：柔性制造单元 FMC、柔性制造系统 FMS、柔性制造线 FMI 和柔性制造工厂 FMF（又称自动化工厂 FA）。

FMS 的主要特点为：设备利用率高，提高产品制造的柔性或灵活性，缩短制造产品的准备时间，减少工厂的库存，提高产品质量和生产率，大幅度降低中小批生产零件的成本。

7.3.4　计算机集成制造系统 CIMS

CIMS 是在自动化技术、信息技术及制造技术的基础上，通过计算机及其软件，将制造工厂全部与生产活动有关的各种分散的自动化系统有机地集成起来，并适合于多品种、中小批量生产的高效率、高柔性的制造系统。CIMS 的基本组成如图 7-9 所示。

1. CIMS 的特征

1）在功能上，CIMS 包含了一个工厂的全部生产经营活动，即从市场预测、产品设计、加工制造、质量管理到售后服务的全部活动。CIMS 比传统的工厂自动化范围大得多，是一个复杂的大系统。

2）CIMS 涉及的自动化不是工厂各个环节的自动化或计算机机器网络的简单相加，而是有机的集成。这里的集成，不仅包括物料、设备的集成，更主要是体现以信息集成为本质的技术集成，当然也包括人的集成。

2. CIMS 的基本组成

从系统的功能角度考虑，一般认为 CIMS 由经营关系信息分系统、工程设计自动化分系统、制造自动化分系统和质量保证信息分系统四个功能分系统，以及计算机通信网络和数据库两个支撑分系统组成。

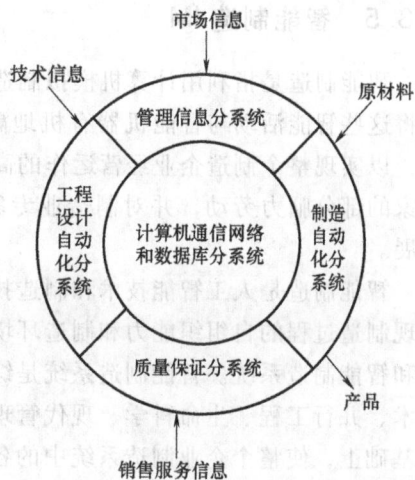

图 7-9　CIMS 的基本组成

（1）管理信息分系统　是 CIMS 的神经中枢，指挥与控制着其他各个部分有条不紊地工作。它通常包括预测、经营决策、各级生产计划、生产技术准备、销售、供应、财务、成本、设备、工具、人力资源等各项管理信息功能模块。

（2）工程设计自动化分系统　包含产品的概念设计、工程与结构分析、详细设计、工艺设计以及数控编程等，即通常所说的 CAD、CAPP、CAM 三大部分。CAD/CAPP/CAM 的集成化是 CIMS 的重要性能指标，可以通过产品数据管理（PDM）实现，其目的是使产品开发活动更高效、更优质、更自动地进行。

（3）制造自动化分系统　通常由 CNC 机床、加工中心、FMC 或 FMS 等组成。制造自动化分系统是在计算机的控制与调度下，按照数控代码将一个个毛坯加工成合格的零件并装配成部件以至产品，完成管理部门下达的任务，并将制造现场的各种信息实时地或经过初步处理后反馈到相应部门，以便及时地进行调度和控制。

（4）质量保证分系统　主要采集、存储、评价与处理存在于产品生命周期的各个阶段中与质量有关的大量数据，利用这些信息有效地促进质量的提高，实现产品的高质量、低成本，提高企业的竞争力。它包括质量决策、质量检测、质量评价、质量信息综合管理与反馈控制等功能。

（5）计算机通信网络和数据库分系统　计算机网络技术是 CIMS 重要的信息集成工具。通过计算机通信网络将物理上分布的 CIMS 各个功能分系统的信息联系起来，支持资源共享、分布处理、分层递阶和实时控制。数据库系统是支持 CIMS 各系统并覆盖企业全部信息的数据库系统，它在逻辑上是统一的，在物理上可以是分布的，以实现企业信息共享和信息集成。

CIMS 的集成已经从原先企业内部的信息集成和功能集成，发展为以并行工程为代表的过程集成和以敏捷制造为代表的企业集成。CIMS 除了具有柔性化和集成化特性，还将向智能化方向发展。

7.3.5　智能制造 IM

智能制造是指利用计算机模拟制造专家的分析、判断、推理、构思和决策等智能活动，并将这些智能活动与智能机器有机地融合起来，将其贯穿应用于整个制造企业的各个子系统，以实现整个制造企业经营运作的高度柔性化和高度集成化，从而取代或延伸制造环境中专家的部分脑力劳动，并对制造业专家的智能信息进行收集、存储、完善、共享、继承和发展。

智能制造是人工智能技术和制造技术结合的产物，它以取代人的部分智能性脑力劳动，实现制造过程的自组织能力和制造环境的全面智能化为目标。智能制造系统包括智能制造技术和智能制造系统。智能制造系统是综合应用人工智能技术、信息技术、自动化技术、制造技术、并行工程、生命科学、现代管理技术和系统工程理论与方法，在国际标准化和互换性的基础上，使整个企业制造系统中的各个子系统分别智能化，并使制造系统成为网络集成、高度自动化的一种制造系统。

智能制造系统具有以下特征：

1）自组织能力。各组织单元能够依据工作任务的需要，自行组成一种最佳结构，按最优的方式运行，完成任务后，该结构自行解散，并在下一个任务中集结成新的结构。

2）自律能力。即收集与理解环境信息和自身的信息，并进行分析判断和规划自身行为的能力。

3）自学和自维护能力。能以原有的专家知识为基础，在实践中不断进行学习，完善系统的知识库。同时，还能对系统故障进行自我诊断、排除和修复。

4）人机一体化。一方面突出人在制造系统中的核心地位，同时在智能机器的配合下，能更好地发挥人的潜能，使人机之间表现出一种相互理解、相互协作的关系，人和机在不同的层次上各显其能，优势互补，相辅相成。

5）虚拟现实。人机结合的新一代智能界面，使得可用虚拟手段智能地表现现实，它是智能制造的一个显著特征。

6）智能集成。在强调各子系统智能化的同时，更注重整个制造系统的智能集成。它包括了经营决策、采购、产品设计、生产计划、制造装配、质量保证和市场销售等各子系统，并把它们集成为一个整体，实现整体的智能化。

复习思考题

1. 简述先进制造技术的概念与涉及的主要内容。
2. 什么是超精密加工？实现超精密加工的主要技术条件有哪些？
3. 超高速切削对机床有哪些主要要求？
4. 简述快速成形技术的含义及其常用的方法。
5. 试述工业机器人的结构组成、分类及其在生产中的应用。
6. 简述 FMS 的组成与分类。
7. 什么是 CIMS？简述其功能模块与作用。
8. 简述智能制造的含义。

参 考 文 献

[1] 王先逵. 机械制造工艺学 [M]. 3 版. 北京：机械工业出版社，2013.

[2] 熊良山. 机械制造技术基础 [M]. 2 版. 武汉：华中科技大学出版社，2012.

[3] 朱焕池. 机械制造工艺学 [M]. 2 版. 北京：机械工业出版社，2016.

[4] 中国机械工业教育协会. 机械制造基础 [M]. 北京：机械工业出版社，2002.

[5] 赵黎. 机械加工工艺与夹具设计 [M]. 武汉：华中科技大学出版社，2013.

[6] 陈宏钧. 机械加工工艺方案设计及案例 [M]. 北京：机械工业出版社，2011.

[7] 陈磊，吴暐，缪燕平. 机械制造工艺 [M]. 北京：北京理工大学出版社，2010.

[8] 陈宏钧. 实用机械加工工艺手册 [M]. 4 版. 北京：机械工业出版社，2016.

[9] 朱耀祥，浦林祥. 现代夹具设计手册 [M]. 北京：机械工业出版社，2010.

[10] 吴拓. 现代机床夹具设计及实例 [M]. 北京：化学工业出版社，2015.

[11] 贾振元，王福吉. 机械制造技术基础 [M]. 北京：科学出版社，2011.

[12] 王细洋. 现代制造技术 [M]. 2 版. 北京：国防工业出版社，2017.